冶金工业出版社

普通高等教育"十四五"规划教材

氢能概论

主　编　邓安强

副主编　高志杰　张　巍　王海龙　刘　飞

本书数字资源

北　京

冶　金　工　业　出　版　社

2025

内 容 提 要

本书共分为 5 章，内容主要包括：氢的基础知识、氢气制备、氢气的储运、氢的应用和氢安全。

本书面向能源、化工、材料、环境等领域的科研人员、工程技术人员及高校相关专业师生。既可作为高等院校氢能课程的教材，为科研人员提供技术研发参考，也可作为产业从业者的科普图书，帮助理解氢能产业链各环节的技术要点与发展趋势。

图书在版编目（CIP）数据

氢能概论 / 邓安强主编. -- 北京：冶金工业出版社，2025. 8. --（普通高等教育“十四五”规划教材）.
ISBN 978-7-5240-0307-6

Ⅰ. TK91

中国国家版本馆 CIP 数据核字第 2025PL2549 号

氢能概论

出版发行	冶金工业出版社	**电　话**	(010)64027926
地　址	北京市东城区嵩祝院北巷 39 号	**邮　编**	100009
网　址	www.mip1953.com	**电子信箱**	service@mip1953.com

责任编辑　夏小雪　美术编辑　吕欣童　版式设计　郑小利
责任校对　郑　娟　责任印制　范天娇
三河市双峰印刷装订有限公司印刷
2025 年 8 月第 1 版，2025 年 8 月第 1 次印刷
710mm×1000mm　1/16；16.5 印张；324 千字；256 页
定价 45.00 元

投稿电话　(010)64027932　投稿信箱　tougao@cnmip.com.cn
营销中心电话　(010)64044283
冶金工业出版社天猫旗舰店　yjgycbs.tmall.com
（本书如有印装质量问题，本社营销中心负责退换）

前　　言

在全球能源格局加速重构与“双碳”目标全面落地的背景下，氢能以其零碳属性、高能量密度及跨产业适配性，成为破解化石能源依赖、构建新型能源体系的核心战略方向。国际能源署（IEA）预测，2050年氢能将贡献全球18%的终端能源需求，而我国《氢能产业发展中长期规划》亦将氢能定位为“未来国家能源体系的重要组成部分”。本书在此背景下，整合基础科学、工程技术与产业实践，致力于为读者搭建贯通“理论研究—技术创新—场景应用”的全链条知识体系。

本书以“制取-储运-应用”为主线，首章追溯氢的科学本质，解析其物理化学特性与能源属性；继而围绕制取、储运、应用三大核心环节，展开技术原理与工程案例的深度探讨，涵盖化石燃料高效转化、电解水绿氢技术、高压/低温储氢装备、燃料电池系统集成等前沿领域。特别关注我国在煤制氢耦合CCUS、固态储氢材料、氢能重卡等领域的创新实践，展现“产学研用”协同发展的中国路径。

本书由宁夏大学邓安强担任主编，山东航空学院高志杰、宁夏大学张巍和王海龙、宁夏宝丰能源集团股份有限公司刘飞担任副主编。本书在编写过程中，秉持“科学性与实用性并重”原则，既注重基础理论的系统性，又突出技术应用的可操作性，辅以国内外发展现状对比与成本效益分析，引导读者建立全生命周期的技术评估思维。在章节设置上，兼顾学术深度与产业需求，同时触入了课程思政等元素，既适合高校师生作为专业教材，亦可为工程师提供技术参考。

本书在出版之际，感谢相关科研机构、企业在资料整理与案例调研中给予的支持，感谢编辑团队田野、常浩、谭周勋、李龙强、王英杰、叶成欣的付出。期待本书成为读者探索氢能领域的钥匙，共同推动我国氢能技术创新与产业升级，为构建清洁低碳的能源体系贡献力量。

本书获宁夏大学教材出版基金、宁夏回族自治区教育厅高等学院科学研究项目和贺兰山实验室项目等资助，特此感谢！

本书在编写过程中，参考了有关文献资料，在此对其作者表示衷心感谢。

由于编者水平有限，书中不妥之处在所难免，敬请广大读者批评指正。

编　者

2025年6月

目　录

1 氢的基础知识

在当今能源领域与科学探索中，氢宛如一颗璀璨的“明星”，备受瞩目。作为宇宙中含量最丰富的元素，氢不仅在宇宙演化和物质构成中发挥关键作用，而且在解决人类面临的能源危机与环境问题上展现出巨大潜力。从浩瀚宇宙中恒星的形成，到地球上各类化合物的组成，氢无处不在。随着清洁能源需求的与日俱增以及科学技术的持续进步，深入探究氢的基础知识显得尤为重要。其独特性质、多样存在形式以及广泛应用前景，使得全面而深入地研究氢成为必要，涵盖从发现历程到基本特性，从同位素奥秘到相变与物态变化，从氢气性质到氢能开发利用等各个方面，每一方面都蕴含丰富科学知识和无限应用可能。本章将引领读者走进氢的世界，揭开其神秘面纱，探索基础科学原理与应用价值。

1.1 氢的发现历程

1.1.1 早期探索

氢原子的发现可以追溯到1766年，法国化学家亨利·卡文迪许（Henry Cavendish）在研究氧气和燃气时，发现了一种与氧气不同的无色无味气体，他称这种气体为“燃气体”，并且在1781年证明了它是一种新的元素。亨利·卡文迪许还发现了这种气体与氧气反应会生成水，并且在1784年证实了它就是我们现在所知道的氢[1]。

在19世纪，英国化学家和天文学家威廉·富莱伯格（William Hyde Wollaston）以及英格兰·达维斯（Humphry Davy）分别进一步研究了氢原子的性质和特性，他们发现氢气在加热时能够燃烧，并发出光和热量。1806年，德国化学家贾宾·沃尔姆（Jacob Berzelius）首先提出氢原子的概念，并确立了氢原子在周期表中的位置。

1.1.2 近现代研究

随着科学技术的发展，人们对氢原子的研究日益深入。1889年，爱尔兰物理学家约翰·威廉·斯特拉森（John William Strutt）通过电离氢分子的实验，证明了氢原子的存在。20世纪初，丹麦物理学家尼尔斯·波兹曼（Niels Bohr）在研究原子结构时，提出了氢原子的原子模型，并预测了氢原子的轨道理论。

20世纪60年代，美国物理学家理查德·费米（Richard P. Feynman）和伯尼·德布罗（Freeman Dyson）等人进一步研究了氢原子的量子特性，并建立了量子电动力学理论。该理论解释了氢原子的电子运动规律，并预测了氢原子的光谱特性。

随着氢能源的研究和应用，氢原子在21世纪成为人们关注的焦点。氢能源具有高效率、高能密度和可再生的特点，被视为未来可持续发展的重要能源。氢原子的研究也为氢能源的发展和应用提供了重要的理论基础和实验依据，20世纪以来，氢的研究与应用深度融入国家能源战略与科技自立自强的征程。我国科学家在氢能领域的探索中，始终秉持科技报国的初心。例如，“两弹一星”元勋钱学森先生，放弃国外优渥条件，突破重重封锁回国，在极端艰苦的条件下推动核能与氢能相关研究，将个人理想与国家能源安全紧密结合。这种“以科技之我，报家国之恩”的精神，正是哈尔滨工业大学“八百壮士”科研报国精神的生动写照，也是新时代青年应传承的价值追求。

当前，我国在氢能基础研究与应用技术上持续突破，如固态储氢材料研发、绿氢制备技术创新等，均体现了“集中力量办大事”的社会主义制度优越性，以及科研工作者“知难而进、精益求精”的工匠精神。

总之，氢原子的发现和研究是化学、物理学和天文学等领域的重要里程碑，为人类理解元素的本质和构成带来了重大进展。氢原子的特性和应用也为人类发展可持续能源和探索宇宙提供了重要的思路和方向，图1.1所示为氢的发展历史。

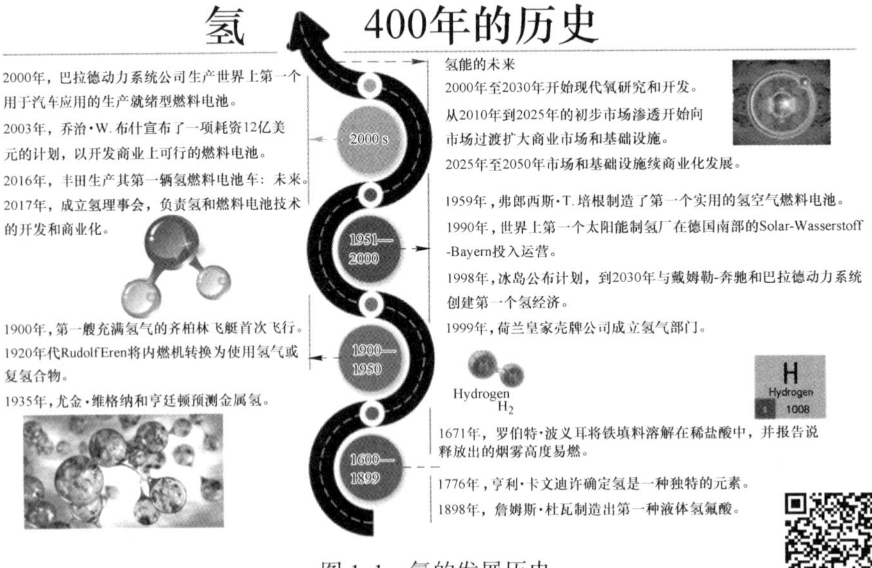

图1.1 氢的发展历史

图1.1彩图

1.2　氢的基本特征

氢是宇宙中最丰富的元素，它的化学符号是 H，原子序数是 1，相对原子质量是 1.00784。它是一种单原子气体，常温下是无色、无味、无臭的，且极易燃烧，是地球上最轻的气体。氢在地球上几乎不会以氢分子的状态存在，主要以化合态存在于化合物中，例如水、石油、煤、天然气以及各种生物的组成中。在自然界中，水是地球上含量最丰富的化合物，大约占地球表面 70%的水体，而水中的氢元素占据了水分子的大部分。因此，虽然氢元素在地壳中的总量相对较少，但通过水和其他含氢化合物，它在地球上的总质量中占据了显著的比例。在地壳中，氢元素主要以化合物的形式与氧、硅、铝等元素结合存在于矿物中，如硅酸盐矿物。氢气的基本物理性质如图 1.2 所示[2]。

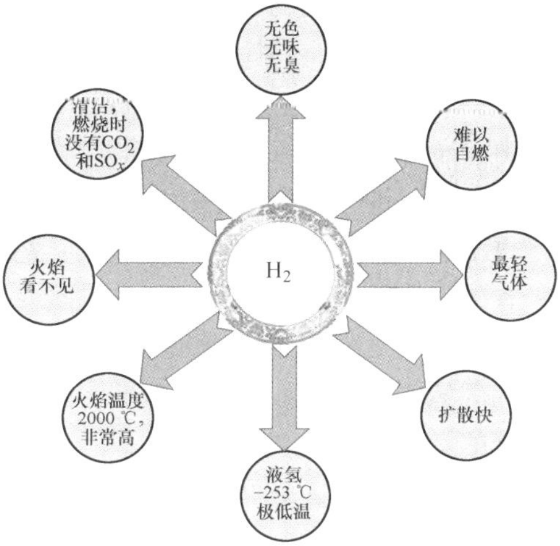

图 1.2　氢的物理性质

图 1.2 彩图

氢的主要物理性质如下：

（1）无色、无味、无臭的气体；

（2）最轻的气体，扩散速度快；

（3）极易燃烧，燃烧时与空气中的氧组成水，发射大量热量；

（4）氢是一种绝缘物，不具有导电性；

（5）在-253 ℃会液化。

在整个宇宙中，氢资源非常丰富。宇宙中的物质，94.2%的原子占比、约 75%的质量占比由氢（含氢的同位素）组成，如图 1.3 所示[3]。

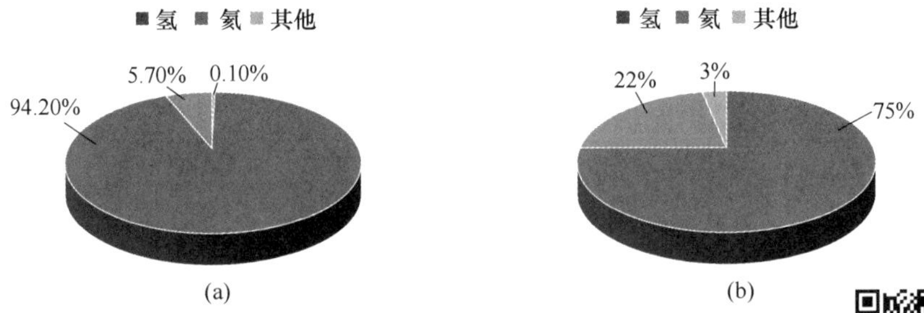

图 1.3 氢的占比

(a) 氢（含同位素）在宇宙中原子占比；

(b) 氢（含同位素）在宇宙中质量占比

图 1.3 彩图

氢原子的原子序数为 1，意味着它只有一个质子，通常情况下也只有一个电子。氢原子的结构十分简单，由一个带正电的质子和一个带负电的电子组成。质子位于原子核中，电子则在原子核外围的电子云中运动，电子与质子之间的电磁吸引力使电子被束缚在原子核周围。在基态下，电子处于能量最低的轨道，即 1 s 轨道。这个轨道是球形对称分布，电子在这个轨道上的概率密度最大。

氢原子的能级结构由量子力学描述，特别是由薛定谔方程来描述。根据量子力学，电子的能量是量子化的，即只能取某些特定的值。这些能量值对应于电子在不同的轨道上运动，每个轨道都有特定的能量和形状。当电子从一个能级跃迁到另一个能级时，会吸收或发射特定频率的光子，这种现象可用来解释氢原子的光谱线。氢原子的光谱包括可见光区域的几条明亮线，这些线被称为巴尔末系。此外，还有在紫外和红外区域的线系，如莱曼系、帕申系等，这些线系的存在揭示了氢原子内部电子能级的量子化特性。

氢原子在化学反应中非常活跃，它可以与几乎所有的元素形成化合物，表 1.1 为氢原子的基本特征。最常见的氢化合物是水（H_2O），但氢也与其他元素形成多种化合物，如氢化物、氢酸等。氢原子可以失去电子成为氢离子（H^+），也可以获得电子成为氢负离子（H^-）。在生物化学中，氢原子参与了许多重要的生化反应，如 ATP 的合成和分解等。

表 1.1 氢原子的基本特性[4]

氧化态	+1，-1
原子质量	1.00794 g/mol
电子构型	1 s
电负性（Pauling）	2.20
第一电离能	1312.0 kJ/mol
电子亲和能	73 kJ/mol

续表 1.1

共价半径	(31±5) pm
范德瓦尔斯半径	120 pm

1.3 氢的同位素

氢的同位素是指具有相同原子序数（即相同数量的质子），但中子数不同的氢原子。氢有三种天然存在的同位素，它们分别是普通氢（$^{1}_{1}H$）、氘（$^{2}_{1}H$ 或 D）和氚（$^{3}_{1}H$ 或 T）。这些同位素在物理和化学性质上有所不同，主要是因为它们的质量不同。氢的同位素如图 1.4 所示。

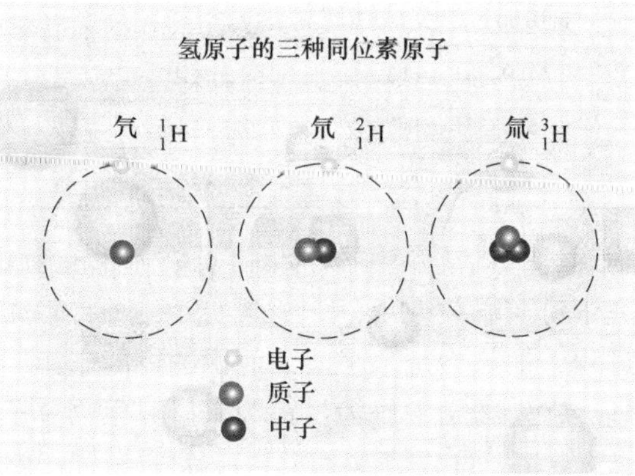

图 1.4 氢的同位素

图 1.4 彩图

普通氢，也称为质子氢或轻氢，是最常见的氢同位素，其原子核由一个质子组成，没有中子。普通氢占据了自然界中氢元素的绝大部分，约占 99.98%。由于其质量轻，普通氢在化学反应中非常活跃，是许多有机和无机化合物的重要组成部分。

氘，也称为重氢，是氢的第二种同位素，其原子核由一个质子和一个中子组成。氘在自然界中的丰度较低，约占氢的 0.015%。氘的化学性质与普通氢相似，但由于其质量较重，反应速率通常较慢。氘在科学研究中非常重要，因为它可以用来标记化合物，以便追踪化学反应的过程。此外，氘也被用于核反应堆中，作为重水（D_2O）的组成部分，重水可以作为中子减速剂，帮助控制核反应的速率。

氚，是氢的第三种同位素，其原子核由一个质子和两个中子组成。氚是一种放射性同位素，半衰期约为 12.3 年，它会通过 β 衰变转变为氦-3(^{3}He)。氚在自然界中的丰度极低，主要通过核反应产生。由于其放射性，氚在科学研究、医学和工业中有多种应用，例如在氚灯、放射性示踪剂和核武器中。

除了这三种天然存在的同位素，氢还有其他人工合成的同位素，如氢-4(^4H)、氢-5(^5H)、氢-6(^6H) 和氢-7(^7H)，这些同位素都非常不稳定，存在时间极短，因此它们在科学研究中的应用有限。氢的一些同位素的基本性质见表 1.2。

表 1.2 氢同位素基本性质

符号	质子数(p)	中子数(n)	相对原子质量/u	半衰期	原子核自旋	丰度/%
^1H	1	0	1.00782503207（10）	稳定[$>2.8\times10^{23}$年]	1/2+	0.999885（70）
^2H	1	1	2.0141017778（4）	稳定	1+	0.000115（70）
^3H	1	2	3.0160492777（25）	12.32[5]年	1/2+	痕量
^4H	1	3	4.02781（11）	1.39[5] $\times10^{-22}$ s	2-	
^5H	1	4	5.03531（11）	7.995×10^{-23} s	（1/2+）	
^6H	1	5	6.04494（28）	2.848×10^{-22} s	2-	

氢的同位素在物理学、化学、生物学和核能领域都有着重要的应用。例如，氘和氚在核聚变研究中扮演着关键角色。核聚变是一种将轻元素合并成更重元素并释放巨大能量的过程，被认为是未来清洁能源的可能来源。此外，氘也被用于研究化学反应的机理，在生物学中作为示踪剂来研究生物分子的代谢途径等。

1.4 氢的相变

氢，作为宇宙中最丰富的元素，其相变与物态变化是物理学中的一个重要研究领域。在常温常压下，氢主要以双原子分子 H_2 的形式存在，呈现为无色无味的气体。当温度降低至 20.27 K（-252.88 ℃）时，氢气会经历液化过程，转变为液态氢，液态氢的密度为 0.07099 g/cm^3，这是一种透明且流动性极强的液体。进一步降低温度至 14.01 K（-259.14 ℃），液态氢会凝固成为固态氢，这种透明结晶固体具有六方密排（hcp）晶体结构，密度为 0.086 g/cm^3，此时的氢呈现出金属性质，能够导电。在极端的高压条件下，氢还可以经历从分子态到原子态，再到金属态的转变，这一过程在地球表面难以实现，但在木星等巨型气体行星的内部，由于巨大的压力，氢可能以金属态存在。氢的相变过程，即从气态到液态再到固态，涉及复杂的热力学和动力学原理，如图 1.5 所示。与此同时，氢的同位素（如氕、氘和氚）在相变温度和物理性质上同样具有显著差异，氘的液化和固化温度分别为-249.69 ℃和-254.58 ℃，比普通氢略高。

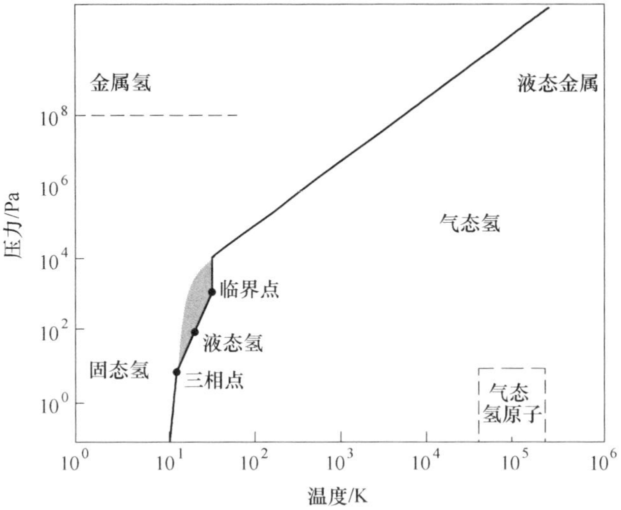

图 1.5　氢的相图

综上所述，氢的这些相变不仅展示了物质状态随温度和压力的变化，也揭示了物质在极端条件下的奇异性质，对理解宇宙中物质的分布和行为具有重要意义。表 1.3 为几种氢同位素双原子分子的三相点和临界点。

表 1.3　几种氢同位素双原子分子的三相点和临界点

项　　目		n-H_2	n-D_2	n-T_2	HD	HT	DT
三相点	温度/K	13.96	18.73	20.62	16.60	17.63	19.71
	压力/kPa	7.3	17.1	21.6	12.8	17.7	19.4
临界点	温度/K	32.98	38.35	40.44	35.91	37.13	39.42
	压力/kPa	1.31	1.67	1.85	1.48	1.57	1.77
	正常沸点/K	20.39	23.67	25.04	22.13	22.92	24.38

1.5　氢气的性质

1.5.1　氢气的物理性质

氢气（Hydrogen）是氢元素形成的一种单质，化学式为 H_2，分子质量为 2.01588 g/mol，常温常压下氢气是一种无色无味极易燃烧且难溶于水的气体。氢气的密度为 0.089 g/L(101.325 kPa，0 ℃)，只有空气的 1/14，是世界上已知的密度最小的气体。因此，氢气极其轻盈，常用于气球和飞艇的填充气体。因为氢气的密度小，这不仅使它能够轻松上升到大气层的高处，还使其扩散速度极快。氢气的扩散系数在空气中约为 0.61 cm^2/s，比大多数其他气体高[5-6]。

氢气是一种双原子气体分子，有两个氢原子通过共用一对电子构成，其成键模型可以简单地描述为两个氢原子各提供一个电子，形成一个共价键，两个电子自旋相反，因此 H_2呈抗磁性，如图 1.6 所示。

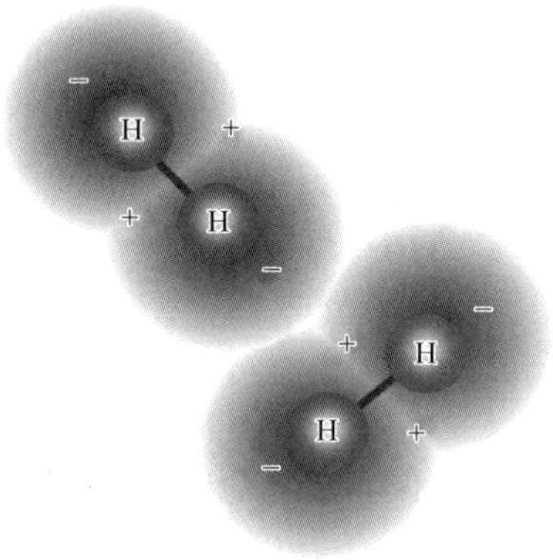

图 1.6　氢原子结构

图 1.6 彩图

此外，氢气具有极高的导热性，其导热系数在 0 ℃时约为 0.1805 W/(m·K)，是空气导热系数的 7 倍，这意味着氢气能够快速传导热量，因此在一些需要高效热传导的应用中具有重要价值，例如在冷却系统和某些工业过程中的热交换器中。氢气的比热容（在恒压下）约为 14.304 J/(g·K)，显著高于大多数其他气体，这使得氢气在热管理和冷却应用中具有明显优势，因为它能够吸收或释放大量的热量。氢气在水中的溶解度较低，在 0 ℃时为 1.62 mg/L。虽然氢气在水中的溶解度较低，但在有机溶剂如乙醇和甲醇中的溶解度相对较高，这对其在化学反应和工业应用中的行为有重要影响。氢气分子极小，因此能够渗透通过许多材料，这一特性在金属氢化物的研究和储氢技术中尤为重要。除此之外，氢气的光谱特性也非常重要。在紫外光到可见光范围内，氢气的分子谱线显示出独特的吸收和发射特性，这对物理学和天文学研究具有重大意义。例如，通过观测氢气的光谱线，科学家可以研究星际介质、恒星和星系的性质，表 1.4 为氢气的主要物理性质。

表 1.4　氢气的主要物理性质

性　　质	数　　值
相对分子质量	2.016
沸点（1 atm 下）/K	20.28

续表 1.4

性　质	数　值
气体密度（标准状态）/g·m^{-3}	89.9
液体密度（标准沸点）/g·cm^{-3}	0.0708
临界压力/atm	12.8
临界温度/K	33.19
临界点密度/g·cm^{-3}	0.0314
蒸发热/J·g^{-1}	445.59
熔化热/J·g^{-1}	58.23
升华热/J·g^{-1}	507.39
恒压比热（标准状态）/J·(g·K)$^{-1}$	14.30
比热比（C_p/C_v）	1.383
恒压比热（标准沸点，液体）/J·(g·K)$^{-1}$	9.69
三相点压力/atm	0.071
三相点温度/K	13.95
声速（标准状态）/m·s^{-1}	1294
压缩系数（标准状态）	1.0006
自动点火温度（标准状态）/K	858
空中燃烧速度/m·s^{-1}	2.7
火焰温度/K	2323
HHV（高热值）/kJ·g^{-1}	141.86
LHV（低热值）/kJ·g^{-1}	119.93
爆炸极限（空气中，体积分数）/%	18.3~65
爆炸极限（氧气中，体积分数）/%	15~90
燃烧极限（空气中，体积分数）/%	4~75
燃烧极限（氧气中，体积分数）/%	4~96
最小点火能量（空气中）/mJ	0.02

注：1 atm=101.325 kPa。

1.5.2 氢气的化学性质

在常温下，氢气是一种稳定的分子，不易与其他物质发生化学反应，但在高温或催化剂的作用下，氢气能与许多元素和化合物发生反应，如与氧气反应生成水，这一过程释放大量能量，是氢能源应用的基础。氢气还具有良好的还原性，能将许多金属氧化物还原为金属，这在冶金工业中有着广泛应用。此外，氢气在低温下可以液化，液态氢是一种高效的冷却剂和火箭燃料。在高压下，氢气甚至能转变为具有金属性质的固态，这一现象对于材料科学和物理学研究具有重要意义。

1.5.2.1 氢原子的电子结构与成键特征

氢原子的电子结构由一个电子组成，电子处于原子的 1 s 轨道中，该轨道可容纳最多 2 个电子。由于氢原子只有一个电子，因此氢原子在 1 s 轨道只有一个电子，这个电子以 1 s 轨道的形式运动。氢原子在与其他原子结合时，可以形成一个共价键，成为氢气分子。氢原子的成键特征是通过两个氢原子在 1 s 轨道之间的共享电子对形成的。具体来说，两个氢原子的 1 s 轨道会发生重叠，两个电子会在重叠区域中共同运动，形成一个电子对，这个电子对就是氢气分子中的一个共价键。由于氢气分子中只有一个共价键，因此氢气分子的结构是线性的，两个氢原子在空间中排列成直线。以水为例，氧原子和氢原子共有的一对电子主要在两个原子中间活动，而氢原子只有这一对电子，因此就好像是一个被剥去一半皮的橘子，有相当一部分原子核裸露着，会呈现出一定强度的正电性。氧原子则坐拥着 8 个电子，会呈现一定强度的负电性。当一个水分子中的氧原子和另一个水分子中的氢原子靠近时，就会产生电荷的吸引，形成氢键，如图 1.7 所示。

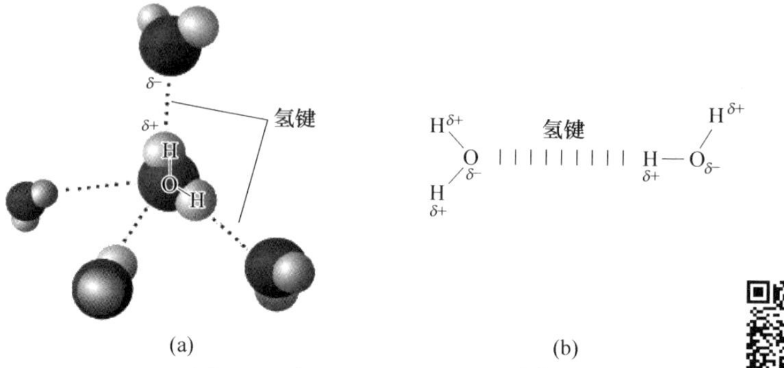

图 1.7 水分子间氢键的形成[7]

（a）示意图；（b）分子式

图 1.7 彩图

需要注意的是，氢原子在成键时会发生电子配对，即两个电子在共价键中的自旋方向会相反，这是成键过程中的一种能量最小化原则。因此，氢气分子中的两个电子在共价键中的自旋方向是反向的。

氢的电子构型是 $1s^1$，从电子构型上看，可以失去一个价电子，形成氢正离子 H^+；还可以得到一个价电子，形成氢负离子 H^-；还可以通过共享电子对形成共价键。从化合价上看，氢的化合价是+1 或-1。元素周期表中，氢与碱金属同属 IA 族，因此虽然没有碱金属的强金属性，但在成键方面和碱金属有很多类似之处；同时，氢原子的电子构型与该周期的饱和电子结构只差一个电子，从这个角度上讲，氢与卤素元素也有类似之处。

1.5.2.2 氢与金属反应

氢与金属的反应是一类重要的化学反应，氢气与金属的反应通常会产生金属氢化物。金属原子具有多余的电子，这些电子会与氢原子的电子共享，形成金属氢化物。金属氢化物是一类稳定的化合物，主要是因为金属原子与氢原子通过共价键结合。氢与碱金属和碱土金属的反应中，与钠（Na）、钾（K）等碱金属以及钙（Ca）、镁（Mg）等碱土金属在高温下直接反应生成相应的金属氢化物，这些金属氢化物通常呈现白色或灰色固体，具有离子性质。同样，氢气与过渡金属如铁（Fe）、镍（Ni）和钛（Ti）反应生成金属氢化物，这些反应常用于金属表面处理和催化剂制备。

氢与铝（Al）的反应产生氢化铝，这是一种常见的金属氢化物。氢化铝是一种稳定的金属氢化物，在工业中有着广泛的应用。氢气与镁（Mg）的反应产生氢化镁，这是一种高纯度的金属氢化物，在半导体和电子学领域具有重要作用。氢气与锌（Zn）的反应产生氢化锌，这是一种常见的金属氢化物，具有很强的还原性。氢气与镍（Ni）的反应产生氢化镍，这是一种稳定的金属氢化物，在金属表面处理中具有重要作用。

氢气与碳酸钠（Na_2CO_3）的反应产生碳酸氢钠（$NaHCO_3$），这是一种常见的碱性物质，在食品和药品等领域有着广泛的应用。氢气与碱性金属氧化物，如氧化钠（Na_2O）、氧化钾（K_2O）等反应产生相应的氢金属盐，如氢化钠（NaH）、氢氧化钾（KOH）等。这些反应揭示了氢的还原性和电子共享能力，对环境和工业应用有着重要的作用。

氢气与锂（Li）的反应产生氢化锂，这是一种稳定的金属氢化物，在电池和电子学领域具有重要作用。氢气与钠（Na）的反应产生氢化钠，这是一种稳定的金属氢化物，在电池和电子学领域具有重要作用。图 1.8 所示为氢与金属的反应过程。

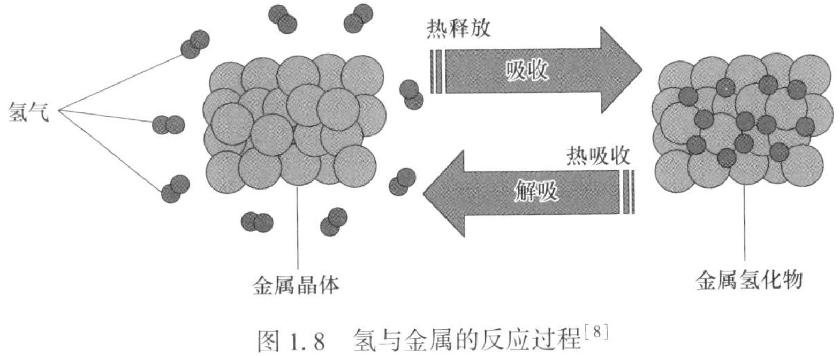

图 1.8 氢与金属的反应过程[8]

总之，氢气与金属的反应丰富多样，生成的金属氢化物和氢化合物在多个领域中具有重要应用。从有机合成中的还原剂到储氢材料，再到金属表面处理和精炼工艺，氢气的强还原性和反应活性使其在现代化学和工业中占据重要地位。随着科技的进步，这些反应的应用将进一步扩大，推动材料科学、能源技术和化学工业的发展。氢气在金属反应中的广泛应用不仅展示了其化学性质的多样性，也为未来能源和材料技术的发展提供了丰富的可能性。

1.5.2.3 氢与过渡金属反应

氢与过渡金属的反应是一系列复杂而多样的化学过程，这些反应通常涉及氢分子（H_2）与过渡金属原子之间的电子转移和共享，形成各种类型的金属氢化物。过渡金属由于其未填满的 d 轨道，具有较强的电子接受和提供能力，使得它们与氢的反应更加丰富和多变。

过渡金属，如铁（Fe）、镍（Ni）、钛（Ti）、钯（Pd）和铂（Pt），能够与氢气在高温或特定催化条件下反应，形成金属氢化物。这些反应不仅涉及简单的物理吸附，还包括化学吸附和化合物的形成。例如，氢气与钛在高温下反应生成氢化钛（TiH_2），氢化钛具有高储氢容量，被广泛研究作为储氢材料。此外，氢化钛在核工业中用于调节反应堆中的中子吸收特性。

过渡金属与氢的反应不仅限于形成简单的氢化物，还可能涉及更复杂的化学结构，如金属有机框架（MOFs）中的氢吸附。在这些结构中，氢分子可以被吸附在金属中心周围，形成稳定的氢化物。氢气与过渡金属的反应也在材料科学中起着关键作用。例如，通过化学气相沉积（CVD）技术，氢气与金属有机化合物反应在基材表面沉积出高纯度的金属薄膜。这种技术在半导体工业中被广泛应用，用于制造超薄金属层和功能性纳米材料。此外，氢气还用于金属的表面处理和退火过程中，通过氢气氛环境改善金属的力学性能和抗腐蚀性。[9]

在催化和储氢应用之外，氢气与过渡金属的反应在能源技术中也展现出巨大潜力。氢化镁（Mg_2NiH_4）和氢化钛等金属氢化物被广泛研究作为潜在的储氢材料，具有高储氢密度和良好的可逆性。这些材料在氢燃料电池技术中具有重要应用前景，为实现高效、可持续的氢能存储提供了可能性。图 1.9 所示为过渡金属与复杂氢化物形成的配合物。

1.5.2.4 氢与非金属反应

氢是化学元素周期表中第一位的元素，因其独特的原子结构和化学行为，它与非金属元素的反应是基础化学反应之一。氢原子只有一层电子，其最外层只有一个电子，这使得它倾向于与其他原子共享电子以达到稳定的电子配置。在与非金属元素，如碳、氮、氧和卤素等反应中，氢分子表现出强大的还原性和亲和性，形成稳定的共价键。在与氧气的反应中，氢气剧烈燃烧生成水，释放出大量的能量（$\Delta H = -286$ kJ/mol），这个反应不仅是化学中的基础反应之一，也是氢

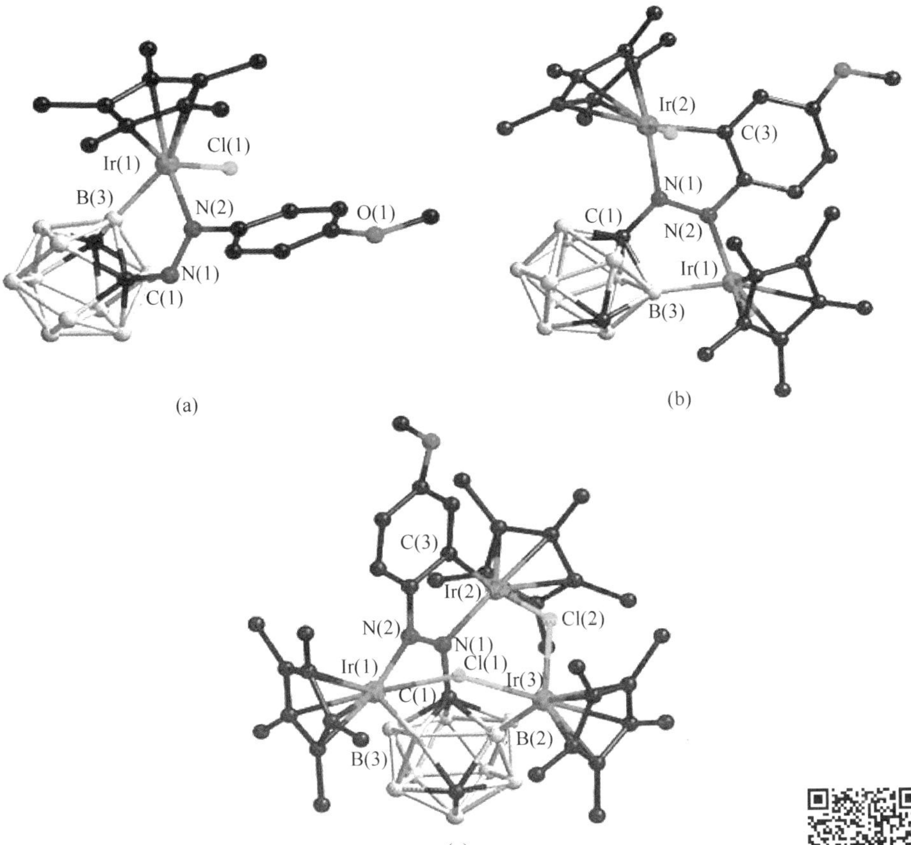

图 1.9 过渡金属与复杂氢化物形成的配合物

（a）2a；（b）2b；（c）2c

图 1.9 彩图

燃料电池的关键反应，具有重要的工业和能源应用价值。氢气还可以与卤素（如氟、氯、溴和碘）发生反应，生成相应的卤化氢。例如，氢气与氯气反应生成氯化氢（HCl），该反应在光照或加热条件下进行。氯化氢是重要的工业原料，广泛用于制造氯气、盐酸以及多种有机化合物。氢气与氮气在高温高压和催化剂（如铁催化剂）存在下反应生成氨气（NH_3），这是 Haber-Bosch 法制氨的基础，氨气是生产化肥和各种化学品的重要原料。氢气还可以与硫反应生成硫化氢（H_2S），该反应通常在高温下进行，硫化氢是制造硫化物和其他硫化合物的重要中间体。此外，氢气与碳在高温下反应生成甲烷（CH_4），这是合成天然气的基本过程。氢气与碳的其他反应还可以生成一氧化碳（CO），再与氢气进一步反应生成甲醇（CH_3OH），甲醇是重要的化工原料和燃料。氢气与磷反应生成磷化氢（PH_3），这种反应在高温下进行，磷化氢在半导体工业中有重要应用。[10]

总体而言，氢气与非金属的反应种类繁多且产物多样，这些反应在化工生产、能源转化和材料制造中具有重要作用，展现了氢气丰富的化学性质和广泛的应用前景。

1.6 氢　　能

氢能是氢分子和氧分子反应生成水时放出的能量，准确地说应该是水相对于氢气和氧气的能量。因为大气中有大量的氧气，可以不在意氧气，而只关注氢气，并把氢气和氧气反应释放的能量称为氢能。1 mol 的氢气能量即是 1 mol 的 H_2 与 0. 5 mol 的 O_2 所具有的能量与 1 mol 的 H_2O（液体）具有的能量差。标准状态下（1 atm＝101. 325 kPa，25 ℃），标准焓变是−285. 830 kJ/mol，标准自由能的变化是−237. 183 kJ/mol[11]。焓变是全部能量的变化，自由能的变化是从焓变中可以取出来的能量，可以通过电池的方式作为电能取出来。没能以电能的形式取出的部分则是以热的形式释放出来，如图 1. 10 所示。

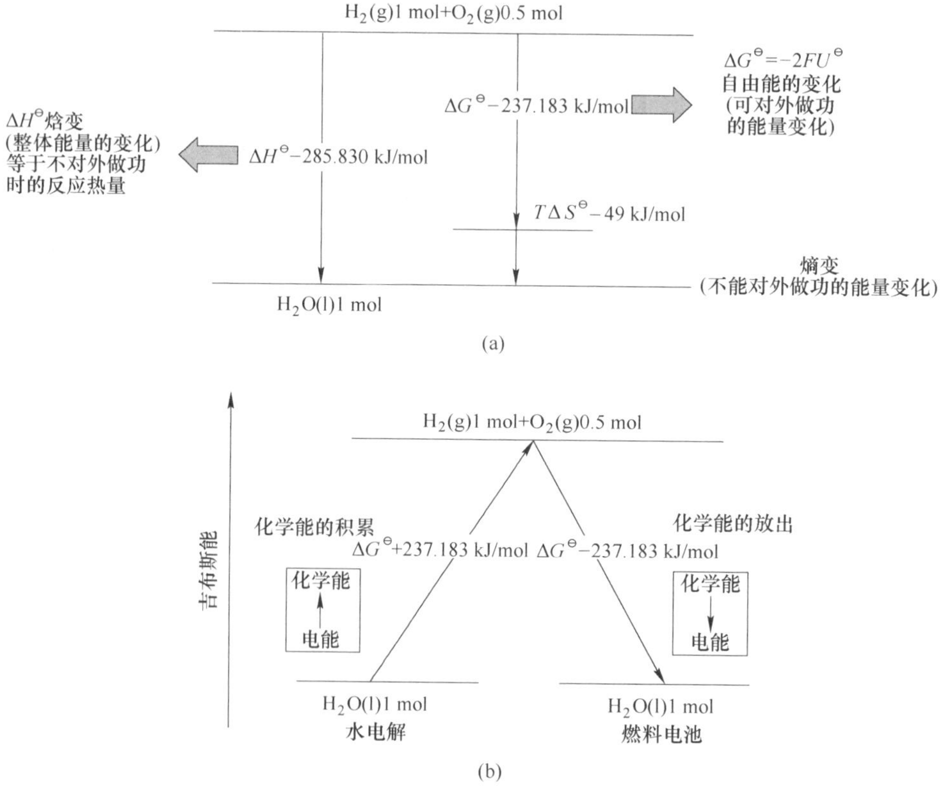

图 1. 10　氢气与氧气反应的能量变化

（a）摩尔氢分子的氢（伴随水形成的焓变、吉布斯能变化、熵变的关系）；（b）化学能和电能的转换

氢气作为一种能源载体，与其他常见燃料相比，具有很大的储能容量，而且氢气存储能源的方式有很多；同时，氢气密度小、扩散能力强、导热系数大、易燃易爆。表 1.5~表 1.7 为氢气与其他燃料的性能与性质比较。

表 1.5 主要燃料的燃烧反应焓变和自由能变化

燃料	$\Delta H^{\ominus}/kJ \cdot mol^{-1}$	$H^{\ominus}/kJ \cdot g^{-1}$	$\Delta G^{\ominus}/kJ \cdot mol^{-1}$	$\Delta G^{\ominus}/kJ \cdot g^{-1}$
氢气(H_2)	-286	-143	-237	-118
甲烷(CH_4)	-890	-55.6	-818	-51
乙烷(CH_3CH_3)	-1560.5	-52	-1468.2	-48.9
丙烷($CH_3CH_2CH_3$)	-2220	-50.5	-2108.3	-47.9
甲醇(CH_3OH)	-727	-22.7	-702	-21.9
乙醇(CH_3CH_2OH)	-1366.9	-29.7	-1325.4	-28.8
一氧化碳(CO)	-283	-10.1	-257	-9.2
碳(C)	-394	-32.8	-394	-32.8
肼(N_2H_4)	-622	-23.9	-624	-19.5
二甲醚(CH_3OCH_3)	-1460	-31.7	-1390	-30.2
氨(NH_3)	-383	-22.5	-339	-19.9

表 1.6 各种燃料携带氢的特性（0.1 MPa，2410 K）

物性	NH_3	甲基环己烷(C_7H_{14})	CH_3OH/H_2O	$(CH_3)_2O/3H_2$	液体氢气(H_2)
相对分子质量	17.03	98.19	32.04/18.02	46.07/54.05	2.016
沸点/K	240	374	338	249	20.3
密度/$g \cdot cm^{-3}$	0.682	0.769	0.792/1.00	0.67（0.5 MPa，293 K)/1.00	0.0706
氢气质量密度/%	17.8	6.16	12.1	12.1	100
氢气体积密度/$kg \cdot L^{-1}$	0.121	0.0473	0.103	0.0986	0.0706
能量密度/$kJ \cdot g^{-1}$	21	7	14	16	118
世界需求量/亿吨	230	790	230	170	37

表 1.7 氢气性质与其他燃料的比较

项目	单位	汽油	CH_4	H_2	CO_2	空气	N_2	O_2	水蒸气
发热值	MJ/m^3	15380	8550	2570					
发热值	kJ/g	43.1	55.6	143					
密度	kg/m^3	0.725	0.717	0.0899	1.977	1.293	1.25	1.429	0.833
密度倍数	倍	8.1	7.98	1	22	14.5	13.9	16	9.27
燃点	℃	410~530	537	585					
爆炸范围(空气中)	%	1.3~6.0	6.5~12	18.3~59					
爆炸范围(氧气中)	%	4~74.2		15.0~90					
自扩散系数	cm^2/s	0.11		1.29	0.104	0.2	0.2	0.189	
自扩散系数倍数	倍	0.63		7.4	0.59	1.14	1.14	1.08	
导热系数	W/(m·K)		0.03	0.2163	0.0137	0.025	0.025	0.025	0.016
导热系数倍数	倍		1.2	13.52	0.92	1	1	1	0.64
900 ℃定压比热	$J/(m^3·℃)$			0.314×4.1868	0.521×4.1868	0.333×4.1868	0.339×4.1868	0.348×4.1868	0.402×4.1868

氢是多用途的，如今已有的技术使氢能够以不同的方式生产、储存、移动和使用能源。各种各样的燃料能够产生氢气，包括可再生能源、核能、天然气、煤炭和石油。它可以通过管道以气体的形式运输，也可以通过船舶以液体的形式运输，就像液化天然气（LNG）一样。它可以转化为电力和甲烷，为家庭和实体工业提供动力，也可以转化为汽车、卡车、轮船和飞机的燃料。

1.6.1 国内外氢能现状

1.6.1.1 国内方面

在“双碳”目标引领下，我国氢能产业呈现政策驱动与区域协同发展的显著特征。经过多年科技攻关，我国已掌握了部分氢能基础设施与燃料电池相关的核心技术，制定出台了国家标准 112 项次，具备一定的产业装备及燃料电池整车的生产能力。

当前我国氢能产业整体特点如下。

一是行业快速发展，许多省份纷纷出台文件：加快培育一批拥有氢能源产业关键技术、核心装备和创新能力的企业，并且开始布局关键材料和核心部件以及制氢、储运、加氢站、燃料电池汽车、燃料电池发电系统等重点项目，国内氢能源产业呈现出快速发展的态势。

二是大型能源企业开始入局，随着“推动充电、加氢等设施建设”列入

2019 年国务院政府工作报告，以及中国石油化工集团有限公司、国家能源集团、中国石油天然气集团有限公司、国家电力投资集团公司等大型能源企业加大氢能产业布局，氢能基础设施领域投资逐步开展。

三是区域性特征明显，在区域产业集聚效应也初步显现，例如：北部的北京、张家口、天津，中部的武汉、郑州，东部的济南、青岛、潍坊，长江三角洲的上海、苏州、宁波，西南地区的成都，珠江三角洲的佛山、广州等，根据自身资源禀赋研究编制地方氢能产业发展规划，并先行先试推动氢能源及燃料电池产业化发展。除了这些城市外，宁夏也加速破局，其出台的《氢能产业发展规划（2021—2035 年）》明确“十四五”绿氢产能目标 8 万吨，宁东基地对绿氢耦合煤化工项目给予最高 5.6 元/kg 补贴，推动绿氢替代传统灰氢，形成“政策+产业”双轮驱动的西部增长极，这种区域性布局不仅彰显了我国因地制宜的发展智慧，更体现了社会主义市场经济集中资源办大事的优势。

对比国际氢能产业，我国氢能产业虽起步稍晚，但在政府顶层设计（如《氢能产业发展中长期规划》）与企业创新（如宁德时代、国家电投等布局氢能装备）的双重推动下，已实现“弯道超车”。2023 年我国加氢站数量突破 300 座，居全球第一，燃料电池汽车保有量超 9 万辆，展现出“中国速度”与“中国方案”的竞争力，增强了学生对我国能源转型战略的制度自信与道路自信。图 1.11 和图 1.12 所示为宁夏宝廷氢能助力自行车与氢能公交车。[12-13]

图 1.11　宁夏宝廷氢能助力自行车

图 1.11 彩图

图 1.12　宁夏宝廷氢能公交车

图 1.12 彩图

1.6.1.2　国外方面

氢能产业同样呈现蓬勃发展态势。欧盟、日本、韩国、美国等国家和地区均出台了氢能发展战略，制定了详细的目标和措施。欧盟的《氢能战略》计划到

2050年建成一个强大的氢能生态系统，推动绿色氢能的大规模应用。日本作为氢能技术的先行者，早在2014年就发布了《氢能与燃料电池战略路线图》，计划在2030年实现氢能社会。日本在氢能汽车、家庭用燃料电池系统以及氢能发电等方面均取得了显著进展。韩国则计划到2040年普及580万辆氢燃料电池汽车，并建设1200座加氢站。美国在氢能技术研发和商业化方面投入巨大，尤其在氢能与燃料电池技术创新方面居于领先地位。表1.8为世界主要国家和地区的氢能产业政策及发展概况。

表1.8 世界主要国家和地区的氢能产业政策及发展概况[14]

国家和地区	氢能产业相关政策	氢能产业发展情况
美国	1970年，美国开始布局氢能技术研发，20世纪末，先后颁布《1990年氢气研究、开发及示范法案》《氢能前景法案》等； 2002年，美国能源部发布《国家氢能发展路线图》，标志着美国氢能产业从设想阶段转入行动阶段； 2004年，美国能源部发布《氢立场计划》，确认了氢能产业发展要经过研发示范、市场转化、基础建设和市场扩张、完成向氢能社会转化等四个阶段，并从2004年至今持续开展氢能与燃料电池项目计划； 2014年，美国颁布《全面能源战略》，确定了氢能在交通转型中的引领作用	2016年，加利福尼亚州启动GFO-15-605项目，支持加氢站建设，总投入将达3300万美元； 2016年，氢能与燃料电池项目计划获得国会拨款1.49亿美元； 2017年，能源部继续投入1580万美元支持30个氢能和燃料电池项目的研究工作； 已建成加氢站71座
日本	1973年，成立氢能源协会，开展氢能源技术研讨与技术研发； 1981年，通产省在“月光计划”中启动了燃料电池的开发； 1993年，新能源和产业综合开发机构NEDO牵头开展了为期10年的氢能源系统技术研究开发项目； 2013年，推出《日本再复兴战略》，把发展氢能上升为国策，将大力普及家用和工业用的燃料电池； 2014年，经济产业省发布《第四次能源基本计划》，确定了建设氢能社会的战略方向； 2018年，经济产业省发布《第五次能源基本计划》，强调将节能和氢能利用作为应对气候变化政策的重要抓手	2009年，家用微型燃料电池热电联供装置Ene-farm上市，政府对购置用户提供50%左右的补贴并做出长期补贴的承诺； 2014年，日本丰田公司开始推出新型氢燃料电池汽车Mirai，政府向用户提供约30%的补贴； 日本政府为新建加氢站的建设费提供补贴，由“下一代汽车振兴中心”具体管理和发放，日本已建成加氢站100座

续表 1.8

国家和地区	氢能产业相关政策	氢能产业发展情况
欧洲	2003 年，欧盟 25 国开展了合作研究“European Research Area”项目，其中包括建设欧洲氢能和燃料电池技术平台，重点攻关氢能和燃料电池的关键技术； 2009 年，欧盟开始开展天然气管道输氢研究； 2015 年、2016 年，先后启动了 Hydrogen Mobility Europe H2ME1 计划和 H2ME2 计划，两个计划共计划投资 1.7 亿欧元建设 49 座加氢站、1400 辆氢燃料电池汽车； 2019 年 2 月，欧洲燃料电池和氢能联合组织发布《欧洲氢能路线图：欧洲能源转型的可持续发展路径》，提出了面向 2030 年、2050 年的氢能发展路线图，报告认为，欧盟氢能产业产值 2030 年将达到 1300 亿欧元，到 2050 年将达到 8200 亿欧元	2003 年，欧盟 25 国开展了合作研究“European Research Area”项目，其中包括建设欧洲氢能和燃料电池技术平台，重点攻关氢能和燃料电池的关键技术； 2009 年，欧盟开始开展天然气管道输氢研究； 2015 年、2016 年，先后启动了 Hydrogen Mobility Europe H2ME1 计划和 H2ME2 计划，两个计划共计划投资 1.7 亿欧元建设 49 座加氢站、1400 辆氢燃料电池汽车； 2016 年，德国修订氢能源交通战略规划并推出氢能和燃料电池技术国家创新计划； 2019 年 2 月，欧洲燃料电池和氢能联合组织发布《欧洲氢能路线图：欧洲能源转型的可持续发展路径》，提出了面向 2030 年、2050 年的氢能发展路线图，报告认为，欧盟氢能产业产值 2030 年将达到 1300 亿欧元，到 2050 年将达到 8200 亿欧元

1.6.2 氢能产业链

图 1.13 是氢能利用的流程图，包括利用各种能源资源制造氢气、应对各种条件进行氢气的输运和储存、通过各种方法进行氢气的供给、在不同场合和不同用途的氢能利用等环节。为了实现氢能广泛利用的氢社会，需要对氢气制造、输运、储存和供给的设备进行技术开发和导入，也需要对加氢站等配套设施以及氢能源使用管理体系进行完善。

在氢产业领域，低碳要求的来源具有多样性，可能涉及多个不同部门，而制氢、储运以及应用等各个环节所采用的方式都应当满足低碳这一关键需求。值得注意的是，市场收益在不同的地域范围以及不同的应用领域呈现出明显的差异性。从氢气生产起始，直至终端用户使用这一完整过程中，对于每一个潜在的市场而言，投资与政策在规模和时间两个维度上都需要达成同步协调的状态。在整个市场培育的漫长过程里，为了有效协调投资，建立相互之间的信任关系是不可或缺的，这 过程往往需要耗费一定的时间，并且在某些情况下可能需要重新构建合同关系。此外，在特定情境下，政府和企业必须突破部门局限进行思考，并积极采取全新的行动策略，以此充分挖掘氢能所具备的灵活性潜力。

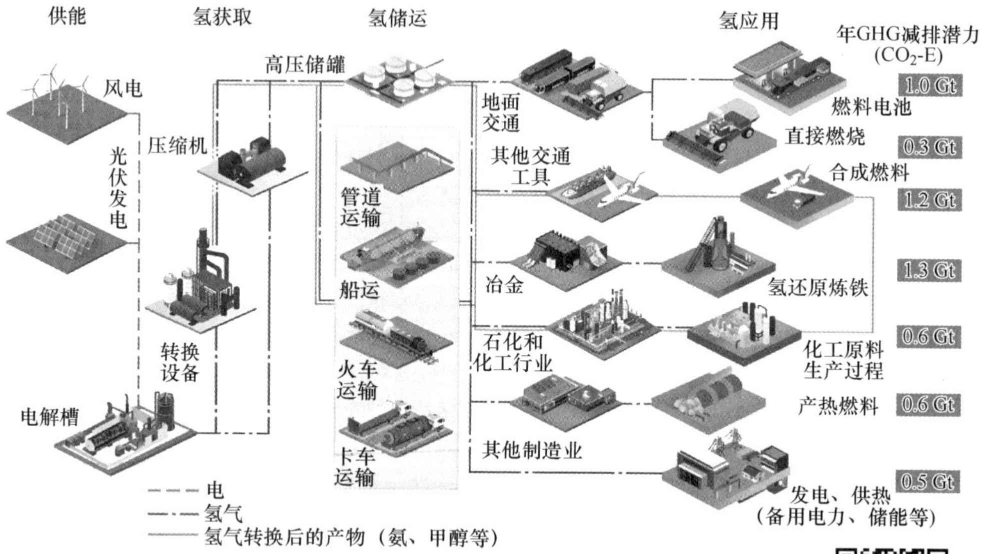

图 1.13 氢能利用流程图

图 1.13 彩图

氢气输运网络和加氢站等基础设施建设对于氢能产业的蓬勃发展有着至关重要的意义。尽管氢气在一定程度上可以实现本地生产，但其储存和运输环节在很大程度上依赖于规模经济效应。特别是在利用化石燃料生产氢气时，集中供应的方式在成本方面更具优势。在交通领域推动氢能市场拓展的进程中，加氢站基础设施的建设是燃料电池车得以广泛使用的基本前提条件。然而，当前加氢站基础设施建设的缓慢速度严重制约了燃料电池车的进一步发展。在众多国家和地区，政府在大型基础设施投资方面的能力通常是有限的，政府与企业联合投资的模式虽然在一定程度上能够缓解这一困境，但同时也可能会使整个过程变得更为复杂。在某些特定情况下，这些投资项目甚至需要在跨国层面进行协调与合作。

氢能源社会的实现大致可划分为以下三个重要阶段。

第一阶段的重点在于大力拓展并持续完善氢气供给系统，积极建设大型制氢设施，从而有效降低供氢成本。与此同时，需要全方位推进燃料电池在个人生活、办公环境以及产业活动中的应用，不断扩大其应用规模，促进燃料电池车的广泛普及，并实现车辆价格的逐步降低。此阶段作为氢能产业的初期市场阶段，发展氢能供给系统具有优先性，应当构建一个独立于政府补贴之外的市场体系。

在此过程中，降低氢气价格成为关键任务，其价格目标应与混合动力车燃料价格水平相当。在燃料电池及其应用相关方面，需要迅速提升燃料电池的生产规模，降低生产成本，积极开展燃料电池车的市场投放工作；同时，加强加氢站设备和设施的建设力度，并对相关安全法规进行适当的修改和放宽，使燃料电池车的价格具备与混合动力车同等的市场竞争力。

第二阶段的核心目标是建立大规模的氢气供应链，正式引入氢气发电技术，并大力推进氢气涡轮的研发工作，实现家庭氢气涡轮机发电的实用化，构建起完善的国内和国际氢气供应链体系，逐步在企业内部实现氢气涡轮机发电的应用。

第三阶段旨在建立无二氧化碳排放的氢供应链。这需要将可再生能源、褐煤等尚未充分利用的能源与二氧化碳捕捉、封存技术有机结合起来，从而确立一个整体不排放二氧化碳的氢气供给系统。

总之，为了保障氢能能够以社会可接受的价格实现稳定供应，氢气制造、储存、运输以及利用等各个环节必须紧密贯通、协同发展。

1.6.3 氢能与环境

能源可呈现多种形式，并且可以相互转换，是自然界中能为人类提供某种形式能量的资源。在现阶段，人类的生产生活利用的主要能源是化石能源。随着人口的增多以及生活水平的提高，能源消费问题越来越突出。氢能作为一种清洁、高效的能源，被视为未来能源系统的重要组成部分。随着全球对环境保护和可持续发展的重视，氢能的潜力和优势逐渐受到关注。

首先，氢能的来源主要有两种：化石燃料和可再生能源。传统上，氢气主要通过化石燃料重整法（如天然气重整）生产，这种方法虽然技术成熟且成本较低，但会排放大量二氧化碳，与当前的减排目标背道而驰。为了克服这一缺点，科学界和工业界正积极探索利用可再生能源生产氢气的方法。电解水制氢是其中一种关键技术，通过风能、太阳能等可再生能源提供电力，将水分解为氢气和氧气。由于这一过程不产生温室气体，因此被认为是实现绿色氢能的重要途径。

其次，氢能的应用范围广泛，从交通运输到工业生产、再到能源储存等领域都有广阔的前景。在交通运输领域，氢燃料电池汽车（FCEV）由于其高能量密度和零排放特性，成为替代传统内燃机汽车的重要候选。FCEV 在运行过程中只排放水，对环境友好。此外，氢能在重型运输（如卡车、火车、船舶等）中的应用也在不断拓展。对于工业生产，氢气可以作为清洁的工业燃料和原料，尤其是在钢铁、化工等高耗能、高排放行业，有望大幅降低碳排放。能源储存方面，氢气作为一种高效的储能介质，可以缓解可再生能源发电的波动性问题，提升电网稳定性。

氢能对环境的影响主要体现在其生产和使用过程中。通过可再生能源电解水制氢，可以大幅减少温室气体排放，有助于缓解气候变化问题。同时，氢气燃烧或在燃料电池中使用时，不会产生二氧化碳、硫氧化物、氮氧化物等污染物，减少空气污染，提高空气质量。然而，氢能的广泛应用仍面临一些挑战。首先是生产成本高，目前绿色氢气的成本显著高于传统化石燃料制氢；其次是基础设施建设不足，包括制氢、储氢、运氢和加氢站等需要大量投资和技术突破。此外，氢气的储存和运输也存在技术难题，氢气作为最轻的元素，具有高挥发性和高爆炸性，安全性问题需要得到充分保障。

作为一种二次能源，氢能来源广泛、能量密度高、零污染排放，与现有的能源系统易兼容，可以通过燃料电池和电解水实现氢—电相互转化。

为了推动氢能的发展，全球各国政府和企业正在积极采取行动。政策方面，许多国家制定了氢能发展战略，提供资金支持和税收优惠，推动技术研发和市场推广。例如，欧盟发布了《氢能战略》，计划在 2030 年前实现大规模的氢能应用。技术创新方面，科研机构和企业不断攻克制约氢能发展的技术瓶颈，如高效电解水技术、低成本催化剂、先进储氢材料等。国际合作也在加强，各国通过合作研究、技术交流和示范项目，共同推动氢能产业链的发展。

1.6.4 氢能的发展趋势

氢能作为实现“双碳”目标的核心载体，其发展深度契合我国高质量发展与人类命运共同体理念。随着科技的进步和政策的推动，氢能在生产、储存、运输和应用等方面展现出显著的发展趋势。

首先，氢能生产技术的不断进步是其发展的基础。当前，传统的化石燃料制氢方法依然占据主导地位，但绿色制氢技术，特别是电解水制氢正在迅速发展。利用风能、太阳能等可再生能源进行电解水制氢，不仅能够实现零碳排放，还能有效利用波动性较大的可再生能源，平衡电网负荷。近年来，电解水制氢技术在催化剂材料、能效提升和成本降低方面取得了重要突破。例如，固体氧化物电解池（SOEC）和高温电解水（HTE）技术的进展，使得电解水制氢的效率大幅提升。此外，生物质制氢和光解水制氢等新兴技术也在不断探索中，为未来提供了更多可能[15]。

其次，氢能的储存和运输技术正在逐步完善。氢气作为一种密度低、易挥发的气体，其储存和运输一直是技术难点。目前情况下，高压储氢和低温液化储氢是最常见的储氢方式。高压储氢技术已经较为成熟，适用于固定场所和交通工具；低温液化储氢技术则更适合大规模储运。与此同时，金属氢化物储氢、液态有机氢载体（LOHC）和化学氢储存等新兴技术也在不断发展，旨在提高储氢密度和安全性。随着这些技术的进步，氢能的储存和运输成本将逐步降低，安全性也将显著提升。

氢能在市场应用方面的前景广阔，尤其在交通运输、工业和能源储存等领域，交通运输领域是氢能应用的重点方向之一。氢燃料电池汽车（FCEV）以其高能量密度、快速加氢和长续航里程等优势，成为替代传统内燃机汽车的理想选择。

此外，氢能在工业领域的应用也在扩展，如在钢铁、化工等高耗能行业，氢气作为清洁能源和原料，可以显著减少碳排放。能源储存方面，氢气可以作为可再生能源发电的储能介质，缓解可再生能源供应的不稳定性，提高电网的可靠性和灵活性。

氢能的发展正呈现出技术进步、市场应用扩展、政策支持加强和国际合作深化的趋势，随着电解水制氢、储运技术的不断突破，氢能在交通、工业和能源储存等领域的应用将越来越广泛。政策的支持和国际合作将进一步推动氢能产业链的发展，降低成本，提升安全性和效率。展望未来，氢能有望在全球能源体系中占据重要地位，成为实现碳中和目标和可持续发展的关键力量。通过多方努力，氢能产业必将迎来更加辉煌的前景，为全球绿色低碳转型做出重要贡献。这一过程中，青年学生需深刻理解“绿水青山就是金山银山”的科学内涵，认识到氢能发展不仅是技术问题，更是关乎国家能源安全、全球气候治理的战略选择。正如习近平总书记所言，“应对气候变化是中国可持续发展的内在要求，也是负责任大国应尽的国际义务，这不是别人要我们做，而是我们自己要做”。氢能技术突破将为我国在全球能源治理中争取更多话语权，助力构建清洁低碳、安全高效的能源体系，培养学生的大国担当与全球视野。

课后习题

1-1 简答题：

（1）氢的三种天然同位素是什么，它们的原子核结构有何差异？

（2）氢的相变过程包括哪些阶段，对应的温度和压力条件是什么？

（3）氢能作为能源载体的核心优势有哪些？

1-2 论述题：

（1）对比国内外氢能产业发展现状，简述我国氢能发展的区域性特征及政策驱动因素。

（2）从环境可持续角度，论述氢能在减少温室气体排放和空气污染中的作用机制。

（3）氢的同位素（氘、氚）在科学研究和能源技术中有哪些特殊应用？试举例说明。

（4）氢能产业链包括哪些关键环节，各环节目前面临的主要技术挑战是什么？

参 考 文 献

[1] 科苑．发现氢气的伟大学者——卡文迪许［J］．今日科苑，2012（24）：4.

[2] WINTER C J. Hydrogen energy—Abundant, efficient, clean: A debate over the energy-system-

of-change [J]. International Journal of Hydrogen Energy, 2009, 34 (14): S1-S52.
[3] 王培红. 人工智能技术在电站锅炉燃烧优化中的应用研究 [J]. 中国电机工程学报, 2004 (4): 184-188.
[4] 李星国. 氢与氢能 [M]. 北京: 科学出版社, 2022.
[5] 潘国荣. 氢的独特性质与广泛用途 [C]//第二届化学教育学术交流会论文集, 2013.
[6] 王明, 李强, 张华, 等. 氢气的性质 [J]. 能源与环境, 2018 (4): 45-50.
[7] 李艳. 基于含氢键授受体的硫杂杯芳烃自组装构建的纳米管 [D]. 武汉: 武汉大学, 2011.
[8] 高媛, 禹国军, 张利智, 等. 浅谈金属氢化物储氢及常用的金属储氢材料 [J]. 应用化工, 2022, 51 (10): 1-10.
[9] 朱远益. 金属氢氧化物/氧化物超级电容器电极材料的研究 [D]. 包头: 内蒙古科技大学, 2020.
[10] 袁野. 几种典型非金属氢化物高压下的结构行为研究 [D]. 绵阳: 中国工程物理研究院, 2019.
[11] 毛宗强. 氢能——21世纪的绿色能源 [M]. 北京: 化学工业出版社, 2005.
[12] 赵玉晴, 蒋文明, 刘扬. 氢能产业发展现状及未来展望 [J]. 安全、健康和环境, 2023, 23 (1): 1-12.
[13] 凌文, 李全生, 张凯. 我国氢能产业发展战略研究 [J]. 中国工程科学, 2022, 24 (3): 80-88.
[14] 高慧, 杨艳, 赵旭, 等. 国内外氢能产业发展现状与思考 [J]. 国际石油经济, 2019, 27 (4): 9.
[15] 张训, 李亚康, 赵巍, 等. 阴离子交换膜电解槽中各项技术因素对电解水性能的影响 [J]. 矿物冶金与材料学报(英文版), 2023, 30 (11): 2259-2269.

2 氢气制备

近百年来化石能源支撑人类社会的高速发展，功莫大焉，但是越来越多的证据表明大量使用化石能源已经损坏了环境，引发了全球气候的变化。同时，化石能源属于不可再生能源，其中石油按照现在的消耗速度很可能在100年内消耗殆尽，而且化石能源的分布存在明显的地理分布不均匀性，对能源的争夺越来越激烈，由此也带来了能源安全的问题。

在这种情况下，可再生能源越来越受到人们的重视，其中氢能以高热值、零污染和多用途的优点引起人们的广泛关注。氢气与传统的化石燃料不同，它不能经过长时间的聚集而天然地存在，因此氢气作为二次能源，必须通过一定方法才能将它制备出来，氢气的制备是未来人类步入氢能社会首先要解决的问题。

制氢方法根据不同分类原则，主要可分为热化学法、工业含氢副产品提纯及电解水等，如图2.1所示。

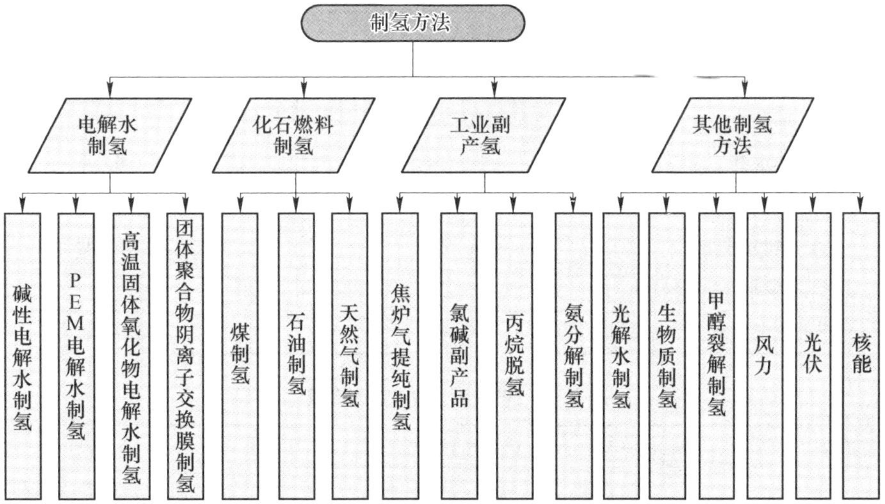

图2.1　制氢方法

根据原料来源不同，可将制成的氢气分为灰氢、蓝氢和绿氢，如图2.2所示。灰氢是以传统化石燃料为原料制取而来的氢气，其发展最为成熟，经济效益较高，但存在能耗高、二氧化碳排量大等缺点。蓝氢是利用碳捕集和储存技术来减少二氧化碳排放而制取出来的氢气，其经济效益和环境效益中等水平。绿氢则通过使用可再生能源生产氢气，具有较高的能源效益和环境友好性，但目前技术仍在发展阶段，尚未成熟并且成本相对较高。

图 2.2 彩图

图 2.2　氢气的分类

氢气制备方式的优劣一般可以从技术性、安全性和稳定性、环保性以及经济性等多个维度来综合评价，表 2.1 与表 2.2 中列出了目前几种常见制氢方式的特点与制氢成本。从表 2.1 和表 2.2 中可以看出，不同的制氢技术具有不同的优势和劣势，总的来看目前很难有一种制氢技术可以同时满足多个维度的要求。

表 2.1　常用制氢技术及制氢成本[1]

制氢技术	能源效率/%	氢气出售价格/美元 · kg^{-1}
甲烷蒸汽重整	83	0.75
甲烷部分氧化	70~80	0.98
自热重整	71~74	1.93
煤气化	63	0.92
直接生物质气化	40~50	1.21~2.42
电解水	45~55	1.95
光催化电解水	10~14	4.98

表 2.2　常用制氢方式的特点[1]

方法	产业化阶段	安全和稳定性	环保性	经济性
化石燃料制氢	进入产业化阶段	可以大规模安全生产	有二氧化碳排放	技术的成熟和规模化有利于成本下降
副产物制氢	方法种类多样，技术成熟	技术成熟，氢气只是某些工业产品的副产物	氢气作为副产物，所以没有额外增加环境负担	充分利用副产物，有效提高经济性
电解水（火电）	进入产业化阶段	可以大规模安全生产	火电的污染	会造成一定的能源浪费

续表 2.2

方法	产业化阶段	安全和稳定性	环保性	经济性
电解水（可再生能源）	技术研发完备，需研究降低可再生能源电解水的成本	生产效率受可再生能源发电的功率影响，不稳定	环保性高	利用可再生能源制氢有效提高经济性
高温热分解	研究开发阶段（部分已经开始实证研究）	可以做到稳定供给	高温裂解消耗较多能源	现阶段成本较高
生物质转化	研究开发阶段	供给的较为分散	环保性高	现阶段成本较高
光解水	仍处于基础研究阶段（现在转化效率只有0.5%）	受天气影响	环境友好	现阶段成本较高

本章结合目前氢能的理论研究和产业化发展方向，从原理和发展现状两个角度重点介绍化石燃料制氢、电解水制氢、工业副产氢气的回收提纯、生物制氢和光催化制氢等制氢手段，以便于读者能够认识制氢产业的现状和发展趋势。

2.1 化石燃料制氢

化石燃料是世界上最丰富的一次能源之一，如果利用化石燃料制氢，其成本会很低廉，但是化石燃料会在制氢过程中排放大量的 CO_2，CO_2 是“温室气体”的主要成分。可遗憾的是，在先进的、成熟的制氢方法出现之前，该种制氢方式可能仍会在未来几十年内扮演重要角色。如果可以将化石燃料清洁、高效地利用，化石燃料制氢将是能源储存丰富国家实现“氢经济”战略的首选。据英国石油公司（BP）发布的《世界能源统计》报道，截至2020年，全世界已探明煤炭总储量约为10.75万亿吨标准煤，美国、俄罗斯、澳大利亚、中国、印度排名前五，其份额分别为23.18%、15.1%、13.99%、13.33%和10.34%。较为丰富的煤炭资源和低廉的价格，使得以煤炭为代表的化石能源制氢也将在一段时间内成为我国氢气的主要来源方式。图2.3所示为全球和我国的氢气生产结构。

本节将从煤炭制氢、天然气制氢和石油制氢三种化石燃料制氢的基本原理和发展现状进行介绍。

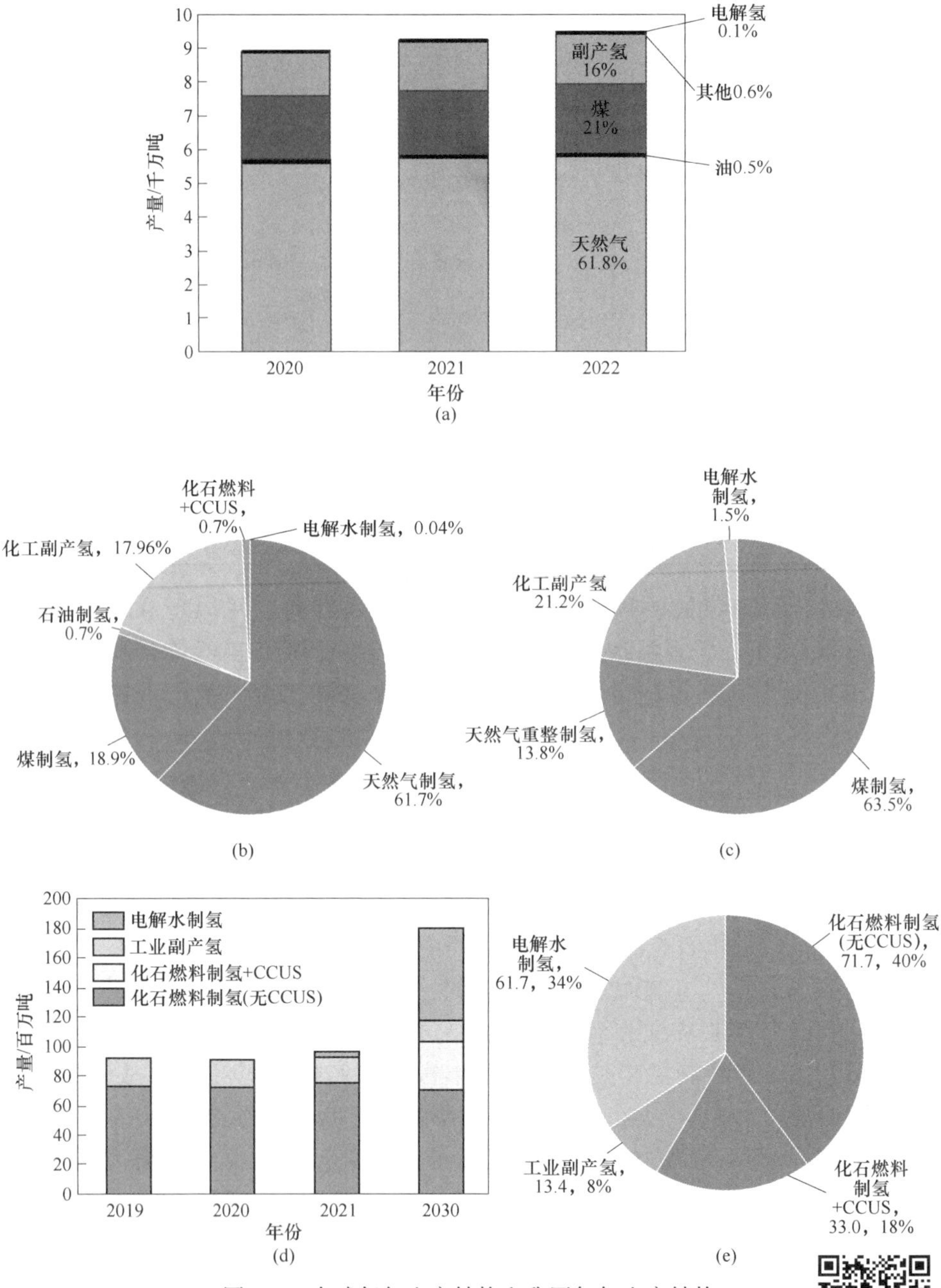

图 2.3 全球氢气生产结构和我国氢气生产结构

（a）全球氢气年产量结构统计图；（b）全球氢气生产结构（2021 年）；（c）我国氢气生产结构（2019 年）；（d）全球氢气产量及制备路线分布；（e）2030 年全球制氢路线分布

图 2.3 彩图

2.1.1 煤炭制氢

我国作为煤炭资源大国，煤炭制氢在保障能源安全与工业用氢需求中扮演重要角色。面对“双碳”目标的挑战，我国科研团队勇挑重担，在煤气化技术上取得关键突破。例如，华东理工大学开发的多喷嘴对置式水煤浆气化技术，使碳转化率超过98%，显著降低污染物排放，展现了“产学研用”深度融合的创新力量。这种技术突破不仅提升了我国在煤炭清洁利用领域的国际话语权，更体现了“把论文写在祖国大地上”的科研担当。

当前，我国正加快推进煤制氢与CCUS（碳捕集、利用与封存）技术耦合，目标到2030年实现煤制氢碳排放强度降低40%。这一过程中，科研工作者攻克了高温煤气净化、CO_2高效捕集等关键战略性技术，彰显了社会主义制度集中力量办大事的优势，也为全球化石能源低碳转型提供了“中国方案”。

2.1.1.1 煤焦化制氢

煤炭制氢历史悠久，工艺成熟。煤焦化制氢是指煤炭在隔绝空气条件下，在焦炉内经过高温干馏（1000 ℃左右）转化成焦炭、焦炉煤气和化学产品。其中，焦炉煤气中含氢55%~60%（体积分数）、甲烷23%~27%，一氧化碳6%~8%，以及其他少量气体。一般1 t干煤可制0.65~0.75 t焦炭、副产300~420 m^3焦炉煤气，焦炉煤气可经净化后作为城市煤气，也可作为制取氢气的原料，通过变压吸附可得到纯度很高的氢气[2]。

$$\text{煤} \xrightarrow{900\sim1000\ ℃} H_2 + CH_4 + CO + \text{其他气体} \tag{2.1}$$

焦炉及其附属机构如图2.4所示。

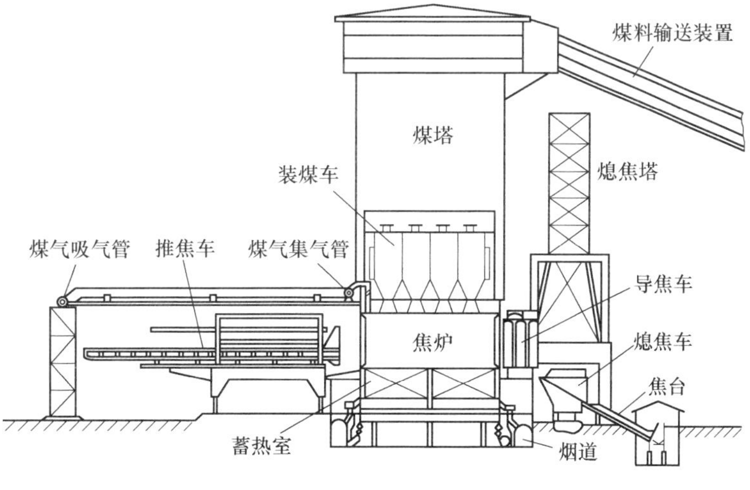

图2.4 焦炉及其附属机构[3]

2.1.1.2 煤气化制氢技术

煤气化制氢是指煤炭在一定温度、压力下，以空气、富氧、水蒸气、二氧化碳或氢气为气化介质，对煤炭进行热化学加工，使煤炭经过部分氧化和还原反应，将其所含碳、氢等物质转化为一氧化碳、氢气、甲烷等可燃组分为主的气体产物的多相反应过程。

煤炭气化分为干燥、热解、气化和燃烧四个阶段。干燥是物理变化，煤中水分受热蒸发；其余为化学变化，燃烧可归为气化部分。煤在气化炉干燥后，经热解产生挥发性物质并形成半焦，半焦再与气化剂反应生成含一氧化碳、氢气等成分的粗煤气。气化反应多样，碳与氧的燃烧反应为气化供热。

煤气化过程中的主要反应如下。

（1）水蒸气转化反应：

$$C + H_2O \longrightarrow CO + H_2 \tag{2.2}$$

（2）水煤气变化反应：

$$CO + H_2O \longrightarrow CO_2 + H_2 \tag{2.3}$$

（3）部分氧化反应：

$$C + \frac{1}{2}O_2 \longrightarrow CO \tag{2.4}$$

（4）完全氧化（燃烧）反应：

$$C + O_2 \longrightarrow CO_2 \tag{2.5}$$

（5）甲烷化反应：

$$CO_2 + 4H_2 \longrightarrow CH_4 + 2H_2O \tag{2.6}$$

（6）Boudouard 反应：

$$C + CO_2 \longrightarrow 2CO \tag{2.7}$$

煤气化制氢技术的工艺过程一般包括煤的气化、煤气净化、CO 转变以及 H_2 提纯等主要生产过程。

在煤气化炉中，煤料（包括煤、半焦或焦炭等）和气化剂（氧气、水蒸气等）发生作用生成含有 CO、H_2、CO_2，以及其他含硫气体的粗煤气。粗煤气经脱硫净化之后进入 CO 变换器与水蒸气发生反应，产生 H_2 与 CO_2。最后是 H_2 提纯过程，先采用湿法（低温甲醇洗、氨水或者乙醇胺等）或者干法（碱性氧化物、纳米碳吸附、变压吸附等）将 CO_2 脱除，然后采用变压吸附技术将 H_2 纯度提高到 99.9%以上。

2.1.1.3 煤气化制氢工艺介绍

传统煤气化制氢典型工艺流程如图 2.5 所示，一般包括煤气化、煤气净化、CO 变换以及氢气提纯，最终生产出产品 H_2。

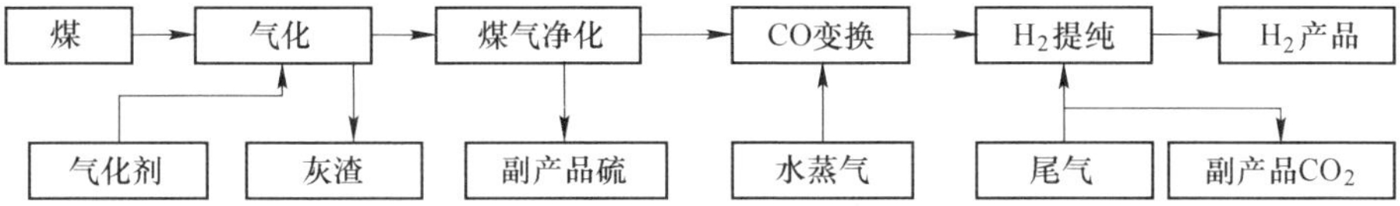

图 2.5 煤制氢典型工艺流程

A 煤气化

煤气化是以煤（或煤焦）为原料，以空气（或氧气）、水蒸气作为气化剂，在高温高压下通过化学反应将煤炭中可燃部分转化为合成气的工艺过程。合成气主要由一氧化碳、氢气和少量杂质组成。

煤气化工艺的优劣在很大程度上影响着产品氢气的成本和煤气化效率，高效、低能耗、无污染的煤气化工艺是发展煤制氢的前提。煤气化技术的形式多种多样，但按煤料与气化剂在气化炉内流动过程中的不同接触方式，通常分为固定床气化、流化床气化、气流床气化等。

每种煤气化技术都有各自的优缺点，选择时要考虑自身的条件，选用合适的气化方式制取氢气。大型炼煤厂的制氢装置规模较大，需要采用成熟可靠的大型气化技术。我国的水煤浆气化技术已经十分成熟，可以应用于炼煤厂的煤制氢装置，但水煤浆气化技术对原料煤的成浆性和灰熔点的要求较严格。我国粉煤气化技术也已实现工业化应用，但仍需要长周期的运行考验。表 2.3 列出了两种典型气流床煤气化的技术指标。

表 2.3 两种典型气流床煤气化的技术指标[3]

技术指标	水煤浆气化技术	粉煤气化技术
气化压力/MPa	0.1~7.0	2.0~4.0
气化温度/℃	1250~1400	1400~1700
单炉最大处理量/$t \cdot d^{-1}$	2000	2000
有效气（CO+H）（体积分数）/%	72~82	92~95
碳转化率/%	96~98	98~99
冷煤气效率/%	72	82
比氧耗（标态）/$m^3 \cdot kN \cdot m^{-3}$	400	320
比煤耗/$kg \cdot kN \cdot m^{-3}$	600	520

B 煤气净化

净化是为了把合成气中的杂质去掉。合成其中含有很多如硫化物、苯系物质、灰尘等杂质，这些杂质会对后续催化剂和设备造成腐蚀和毒化，造成氢气纯度降低。因此，需要对合成气进行净化处理。

（1）去硫化物：合成气中的硫化物会影响后续催化剂的活性和寿命。常用的去除硫化物的方法有物理吸附、化学吸附、氧化反应等。其中最常用的方法是物理吸附，一般将合成气通入含有活性炭或金属氧化物的床层中，使硫化物被吸收。

（2）去苯系物质：苯系物质是合成气中的另一种主要污染物，其存在会影响催化剂的活性和选择性。常见的去除苯系物质的方法主要包括吸附、洗涤和催化转化等，其中吸附法是较为常用且有效的方法，通过将合成气通入含有活性炭或分子筛等材料的床层中，使苯系物质被吸附。

（3）颗粒去除：合成气中可能存在灰尘等颗粒杂质，这些颗粒会对设备造成堵塞和磨损。常用的颗粒去除方法包括过滤、离心分离和电除尘等，过滤是常用且简便的方法，将合成气通入过滤器中，使颗粒杂质被截留。

C　一氧化碳变换

一氧化碳变换是将合成气中的 CO 变换为 H_2 和 CO_2，调节气体成分，使之满足后部工序的要求。一氧化碳变换技术依据变换催化剂的发展而发展，变换催化剂的性能决定变换的流程及其先进性。表 2.4 列出了一些典型变换催化剂工艺及其特征。

表 2.4　典型变换催化剂工艺及其特征[3]

催化变换工艺	操作温度/℃	煤气中硫质量分数要求/%	耗能
Fe-Cr 系催化剂	350~550	$<80\times10^{-4}$	高
Cu-Zn 系催化剂	200~280	$<0.1\times10^{-4}$	高
Co-Mo 系催化剂	200~550	无上限要求	低

一氧化碳变换反应式为：

$$CO + H_2O \longrightarrow CO_2 + H_2 \qquad (2.8)$$

一氧化碳变换率直接反应装置产出氢气的多少，变换率越高，一氧化碳转化为氢气组分越多，装置产氢能力越高。因此，选用活性优良、活性稳定周期长的优质催化剂，并根据催化剂特性制定不同使用周期的操作参数，才能保证装置较长周期的高一氧化碳变换率，进而保证装置具有较高的产氢能力。

D　氢气提纯

一氧化碳变换后，还需要对合成气中的二氧化碳、水蒸气等杂质进行进一步去除，以得到高纯度的氢气，使氢气纯度达到使用要求。常用的氢气提纯方法有吸附法、膜分离法和深冷分离法等。

（1）吸附法。吸附法是一种常用的氢气提纯方法，通过将合成气通入含有特定吸附剂（如分子筛、活性炭等）的床层中，使二氧化碳、水蒸气等被吸附而将纯净的氢气输出。

（2）膜分离法。膜分离法是一种基于物质在膜上传递速率差异的方法，通过选择适当的膜材料和操作条件，使二氧化碳、水蒸气等杂质被截留在膜上，而氢气通过膜的选择性传递而得到纯净的氢气。

(3) 深冷分离法。深冷分离法的工作原理是根据混合气体中各组分冷凝液化温度梯度，将混合气体降温到一定温度，使冷凝温度高于此温度的气体液化而达到气体分离的目的。

氢气提纯常用的方法是吸附法中的变压吸附法（PSA）。变压吸附法是利用固体吸附剂对不同气体的吸附选择性及气体在吸附剂上的吸附量随压力变化而变化的特性，在一定压力吸附下，通过降低被吸附气体分压、被吸附气体解吸的气体分离方法。表 2.5 为三种氢气提纯技术对比。

表 2.5 主要 H_2 提纯技术对比[3]

H_2 提纯方法	PSA	膜分离法	深冷分离法
H_2 纯度/%	>99.9	90~98	90~96
H_2 回收率/%	75~92	85~95	90~98
原料压力/MPa	1~4	2~16	0.5~7.5
原料 H_2 含量（质量分数）/%	>40	25~50	>10
投资	中等	低	高

2.1.1.4 煤制氢发展现状

国内外煤气化技术多达上百种，但实际实现工业化应用的只有 30 多种，我国是拥有煤气化炉数量和种类最多的国家。目前，我国的煤气化工艺已逐渐完成了由传统的 UCI 炉块煤间歇气化向先进的固定床、气流床、流化床加压纯氧连续气化工艺的过渡。据不完全统计，我国采用国内外先进大型洁净煤气化技术已投产和正在建设的气化炉达 700 余台，并且 60%以上的气化炉已投产运行。图 2.6 所示为某煤制氢工厂实物照片。

图 2.6 彩图

图 2.6 某煤制氢工厂实物照片

各种气化炉的技术特性指标见表2.6。

表2.6 各种气化炉的技术特性指标[3]

气化炉型	工艺类型	气化炉压力/MPa	有效气体（$CO+H_2$）的体积分数/%[4]	碳转化率/%[4]
德士古炉	水煤浆加压气化	2.6~8.5	80	94~96
清华炉	水煤浆加压气化	4.0~8.0	83	约98
壳牌炉	粉煤加压气化	2.0~4.0	89	约99
东方炉	粉煤加压气化	2.5~4.0	>90	约99
鲁奇炉	固定床加压气化	2.0~3.2	65（另含CH_4：8~12）	约99
航天炉	粉煤加压气化	2.0~4.0	>90	约99
华东理工炉	水煤浆加压气化	1.0~4.0	82	约98
西北化工院炉	多元料浆加压气化	1.3~6.5	80~86	—

2.1.1.5 煤制氢技术的优缺点

中国煤碳资源要相对丰富，在风能、太阳能、地热能及生物质能等新能源和可再生能源制氢实现大规模商业化应用之前，煤气化制氢仍将在中国占据主导地位。

煤制氢工艺具有较好的技术经济性、抗风险能力，较强的市场竞争力。当前我国氢气产量超过3000万吨，其中煤制氢约占60%，广泛应用于石油炼化、甲醇、合成氨等工业领域。伴随着我国工业快速发展，我国煤气化制氢发展很快，但也存在一些问题，主要表现在如下方面：[5]

(1) 目前在中国运行的气化炉中，仍存在工艺落后的常压固定床气化炉，该工艺操作复杂、气化效率低、污染物处理难度大；

(2) 中国“三高煤”储量大，但目前的煤气化技术都不适用于“三高煤”，技术攻关困难；

(3) 煤化工对环境的影响巨大，因为它既是高水耗行业，也是高碳排放和高污水排放行业。

2.1.2 石油制氢

石油作为世界上最重要的非再生能源，其储量和应用一直是能源科研的核心议题。由于石油燃烧过程中产生的大量温室气体排放和环境问题，如何更有效、更清洁地利用石油资源成了一个迫切的问题。氢能作为一种高热值、零排放的能源，具有广泛的应用前景，尤其是在交通和工业领域。传统的氢能生产方法如电解水等存在成本高、效率低等问题，而石油制氢技术则为氢能生产提供了一种经济、高效的途径。在此背景下，深入研究石油制氢技术的工程应用，旨在为实现高效、安全、清洁的氢能生产提供理论与技术支持。

在工业上通常不直接用石油制氢，而是用石油初步裂解后的产品，如石脑油、重油、石油焦以及炼油厂干气制氢。中国石油第一个规模化可再生能源制氢项目制氢装置于 2024 年 3 月在玉门油田成功投产，如图 2.7 所示。

图 2.7 彩图

图 2.7 中国石油第一个规模化可再生能源制氢项目制氢装置

石脑油是蒸馏石油的产品之一，是以原油或其他原料加工生产的用于化工原料的轻质油，又称粗汽油，一般含烷烃 55.4%、单环烷烃 30.3%、双环烷烃 2.4%、烷基苯 11.7%、苯 0.1%、茚满和萘满 0.1%；平均相对分子质量约 114，密度约为 0.76 g/cm^3，爆炸极限 1.2%~6.0%。

石油焦是重油再经热裂解而成的产品。石油焦为形状、尺寸都不规则的黑色多孔颗粒或块状，其中质量分数 80%以上为碳，其余的为氢、氧、硫和金属元素。

重油是原油提取汽油、柴油后的剩余重质油，其特点是分子量大、黏度高。重油的密度一般在 0.82~0.95 g/cm^3，其成分主要是烃，另外含有部分的硫及微量的无机化合物。重油中的可燃成分较多，碳质量分数为 86%~89%，氢质量分数为 10%~12%，其余成分氮、氧、硫等很少。重油的发热量很高，一般为 40000~42000 kJ/kg。它的燃烧温度高，火焰的辐射能力强，是钢铁生产的优质燃料。

炼厂干气是指炼油厂炼油过程中如重油催化裂化、热裂化、延迟焦化等，产生并回收的非冷凝气体（也称蒸馏气），主要成分为乙烯、丙烯和甲烷、乙烷、丙烷、丁烷等，主要用作燃料和化工原料。其中催化裂化产生的干气量较大，一般占原油加工量的 4%~5%。催化裂化干气的主要成分是氢气（体积分数为 25%~40%）和乙烯（体积分数为 10%~20%），延迟焦化干气的主要成分是甲烷和乙烷。

2.1.2.1 石油脑制氢

石脑油制氢工艺是一种在化学工业中应用广泛的技术，该工艺过程主要有：石脑油脱硫转化、CO 变换、PSA，如图 2.8 所示。其主要目的是通过一系列复杂的化学反应将石脑油转化为氢气，以满足能源和化工产品的需求。

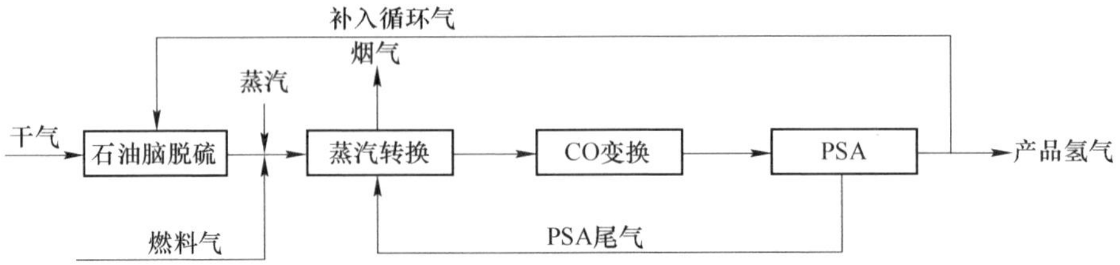

图 2.8 石油脑制氢工艺流程

首先，石脑油在进入反应系统前需进行严格的预处理，以去除可能对催化剂有毒害作用的硫、氮等杂质，保证后续反应的顺利进行。接着，石脑油与水蒸气混合后进入蒸汽重整炉，在 700～900 ℃的高温和镍基催化剂的作用下，石脑油中的烃类分子发生重整反应，生成氢气和一氧化碳。为了提高氢气产率，生成的气体混合物将进入水煤气变换反应器，在适当的温度和催化剂条件下，一氧化碳与水蒸气反应生成更多的氢气和二氧化碳。随后，通过变压吸附或膜分离技术对混合气体进行分离，获得高纯度的氢气。

在整个工艺流程中，尾气的处理同样至关重要，需要通过焚烧或其他环保措施，确保排放的尾气符合环保标准。石脑油制氢工艺不仅要求高效、节能，还需考虑安全生产和环境保护，因此在设计、操作和维护过程中都要严格遵守相关规范，确保工艺的稳定性和产品的质量。

2.1.2.2 重油制氢

重油与水蒸气及氧气反应可制得含氢气体产物，部分重油燃烧提供转化吸热反应所需的热量及一定的反应温度，气体产物主要组成（体积分数）有：氢气 46%、一氧化碳 46%、二氧化碳 6%。我国建有大型重油部分氧化法制氢装置，用于制取合成氨的原料。重油制氢工艺流程如图 2.9 所示。

2.1.2.3 石油焦制氢

石油焦具有高热值、低挥发分、低灰分的特点，其品质接近无烟煤，高硫石油焦价格低廉是制氢和多联产石化产品的理想原料。采用炼油厂副产的廉价高硫石油焦为原料，制取炼油过程所需的氢气，实现大幅度降低工业氢气的生产成本，提高企业的整体经济效益，增强企业的抗风险能力。同时，制氢过程中通过硫回收得到副产品硫，达到效益和环保兼收的目的。高硫石油焦制氢主要工艺流程如图 2.10 所示。

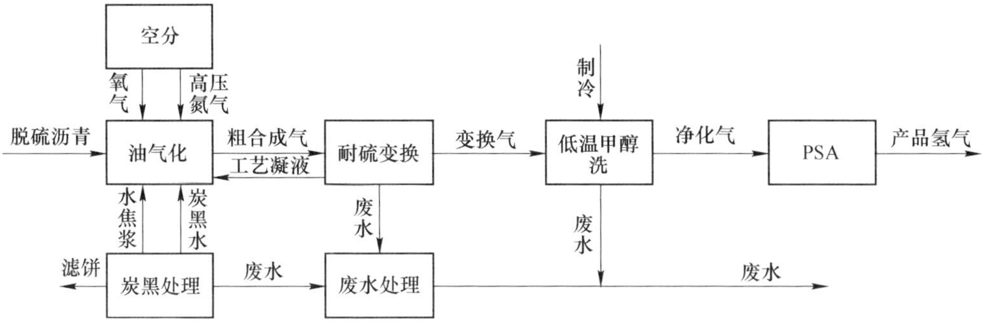

图 2.9 重油制氢工艺流程

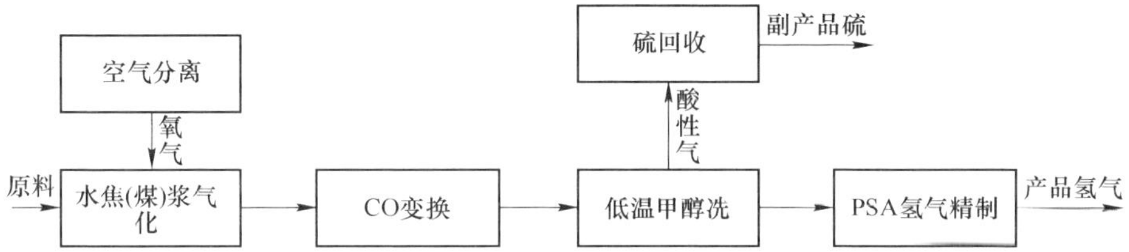

图 2.10 高硫石油焦制氢的主要工艺流程

原料（石油焦+煤）及石灰石（调整灰熔点）经过料浆制备单元制成合格料浆后，与空气装置提供的氧气一起进入气化单元的气化炉。原料料浆在气化炉内发生部分氧化反应得到粗合成气，粗合成气主要组成为氢气和一氧化碳，在气化单元粗合成气经急冷和洗涤除尘后，进入一氧化碳变换单元发生变换反应，反应使一氧化碳变换为氢气；经过废热回收及冷却洗涤后进入低温甲醇洗单元，变换气在低温甲醇洗单元脱除所含的硫（主要以硫化氢形式存在）和二氧化碳后，进入 PSA 系统进行精制，得到合格纯度的工业氢气产品后外送低温甲醇洗单元产生的富含硫化氢的酸性气体在硫回收单元得到副产品硫。

2.1.2.4 炼厂干气制氢

炼厂干气制氢主要是轻烃水蒸气重整加上变压吸附分离法，目前已有多家公司采用这种方法来制氢。干气制氢工艺流程包括干气加氢压缩脱硫、干气蒸汽转化、CO 变换、PSA 提纯，干气制氢工艺流程与天然气制氢非常相似，其工艺流程如图 2.11 所示。

2.1.2.5 石油制氢的优缺点

石油制氢的优点有：

（1）石油资源相对较为丰富。目前，石油在全球范围内的储量和产量都比较可观，这为石油制氢提供了较为稳定的原料来源。

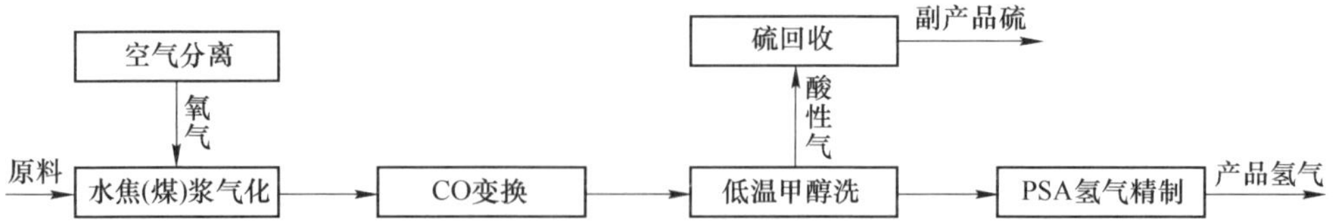

图 2.11　炼厂干气制氢的工艺流程

（2）石油制氢技术相对成熟。经过多年的发展和实践，石油制氢的工艺流程已经较为完善，技术可靠性较高。

（3）石油制氢可以与现有的石油化工产业相结合。在石油化工生产过程中，会产生大量的副产品和废气，其中一些可以作为制氢的原料，实现资源的综合利用。同时，石油制氢可以为石油化工产业提供氢气，用于加氢反应等工艺，促进产业的协同发展。

石油制氢的缺点有：

（1）石油制氢会产生大量的温室气体。在石油制氢的过程中，无论是蒸汽重整还是部分氧化，都会消耗大量的能源，并排放出二氧化碳等温室气体。

（2）石油制氢对石油资源的依赖较大。随着全球石油资源的逐渐减少和价格的波动，石油制氢的成本和稳定性可能会受到影响。另外，过度依赖石油制氢可能会加剧能源安全问题，一旦石油供应出现中断或紧张，氢气的生产也将受到严重影响。

（3）石油制氢的过程中还可能会产生一些污染物，如硫氧化物、氮氧化物等。这些污染物需要进行处理和净化，增加了制氢的成本和复杂性。

综上所述，石油制氢具有一定的优点，如资源丰富、技术成熟、可与石油化工产业结合等，但也存在着温室气体排放量大、对石油资源依赖大、可能产生污染物等缺点。在未来的能源发展中，需要综合考虑各种制氢方法的优缺点，寻找更加清洁、可持续的制氢途径。

2.1.3　天然气制氢

天然气是地球三大化石能源之一，储量巨大（最近盛行的页岩气、可燃冰成分也与它近似），其主要成分是甲烷（CH_4），其中储氢量为 25%。在美国等天然气资源丰富的国家，天然气制氢很早就成为最主流的工业氢气制备技术。在天然气制氢领域，我国坚持“引进消化吸收再创新”，从 20 世纪 60 年代大庆炼油厂首套装置投产，到如今浙江 10^5 m^3/h 大型制氢装置实现国产化，几代科研人员接力攻关，突破国外技术垄断，形成了具有自主知识产权的天然气水蒸气重整技术体系。这种“从跟跑到并跑”的跨越，是我国科技自立自强的生动写照。

甲烷化学结构稳定制氢技术路线多样，主要包括水蒸气重整、高温裂解及直接无氧芳构化等制氢技术。水蒸气重整是采用便宜易得的水蒸气、氧气介质与甲烷反应，先生成合成气，再经化学转化与分离，制备氢气；甲烷直接无氧芳构化技术，可以得到不含 CO 的气体及大量高价值的芳烃产品；天然气高温裂解，可以得到不含 CO 的气体及大量高价值的碳纳米材料产品[6]。

天然气制氢主要采取四种方式：天然气水蒸气重整制氢、天然气部分氧化制氢、天然气自热重整制氢和天然气高温裂解制氢。天然气不同制氢方法的比较见表 2.7，本节将介绍四种方法的原理及工艺。

表 2.7　天然气不同制氢方法的比较[7]

制氢种类	制氢方法	特　　点
天然气制氢	天然气水蒸气重整制氢	（1）需吸收大量的热，制氢过程能耗高，燃料成本占生产成本的 60%左右； （2）反应需要昂贵的耐高温不锈钢管作反应器； （3）水蒸气重整是慢速反应，因此该过程制氢能力低，装置规模大和投资高
	天然气部分氧化制氢	（1）与水蒸气重整相比，部分氧化反应速率更快，但甲烷的转化效率较低，其转化率为 55%~65%； （2）由于需要向反应中输入纯氧，所以需要为装置配备空分系统，因此，部分氧化制氢工艺的建设投资较大
	天然气自热重整制氢	（1）同重整工艺相比，变外供热为自供热，反应热量利用较为合理； （2）其控速步骤依然是反应过程中的慢速水蒸气重整反应； （3）由于自热重整反应器中强放热反应和强吸热反应分步进行，因此仍需耐高温的不锈钢管作反应器，这就使得天然气自热重整反应过程存在装置投资高、生产能力低的问题，制约了其规模的扩大
	天然气高温裂解制氢	天然气经高温催化分解为氢和碳。其关键问题是所产生的碳能够具有特定的重要用途和广阔的市场前景，否则，若大量氢所副产的碳不能得到很好利用，必将限制其规模的扩大

2.1.3.1　天然气制氢发展现状

我国 20 世纪 60 年代成功研制了烃类蒸汽转化技术，并在大庆炼油厂成功建设了第一套以天然气为原料的制氢装置。经过长期的工业化和生产实践，我国在研发设计、施工建设天然气制氢装置的能力已接近世界先进水平。近年来，天然气制氢相关技术日趋成熟，工业化制氢装置不断大型化。2024 年 6 月，我国单系列最大规模 10^5 m^3/h 天然气制氢装置在浙江投料开车，如图 2.12 所示。

图 2.12 $10^5\ m^3/h$ 天然气制氢装置

图 2.12 彩图

2.1.3.2 天然气制氢基本原理

甲烷分子性质稳定，活化过程往往需要高温条件，这一过程可以根据反应环境的不同分为两大类：一类是在含氧介质中进行，另一类则是在无氧条件下进行。含氧介质中常用的原料有 H_2O、CO_2、空气以及 O_2 等，它们都是既经济又易获取的大宗物资。制备合成气的化学方程式为：

$$CH_4 + H_2O \longrightarrow 3H_2 + CO \quad 强吸热 \tag{2.9}$$

$$CH_4 + \frac{1}{2}O_2 \longrightarrow 2H_2 + CO \quad 强放热 \tag{2.10}$$

$$CH_4 + CO_2 \longrightarrow 2H_2 + 2CO \quad 强吸热 \tag{2.11}$$

在实际进行过程中，CO 具有反应活性且有毒害，直接排放既是极大的资源浪费，又会污染环境带来危害，因此不能随便排放。为最大化地获得氢气，必须引入以下反应：

水煤气变换反应 $$CO + 2H_2O \longrightarrow 2H_2 + CO_2 \tag{2.12}$$

这样从物质流角度分析，上述三个过程的总反应方程式依次变为：

$$CH_4 + 2H_2O \longrightarrow 4H_2 + CO_2 \tag{2.13}$$

$$CH_4 + \frac{1}{2}O_2 + H_2O \longrightarrow 3H_2 + CO_2 \tag{2.14}$$

$$CH_4 + CO_2 + 2H_2O \longrightarrow 4H_2 + 2CO_2$$

再变为： $$CH_4 + 2H_2O \longrightarrow 4H_2 + CO_2 \tag{2.15}$$

第一个与第二个总反应说明，CO_2 为制备过程碳的最终排放物。第三个反应引入 CO_2 为介质的反应，属于特殊性反应案例，不具普遍意义。

然而，从能量流角度分析，制备合成气的 3 个反应分别为高温位的强吸热、强放热与强吸热反应。水蒸气转化过程常需要燃烧相当于 1/3 原料气的燃料来为反应提供热能，CO_2 重整过程约需要燃烧相当于42%原料气的燃料来为反应提供热能，而水煤气变换为低温位的中等反应。但制备水煤气变换反应的热能并不能为前面的合成气制备反应服务，因此利用 CO_2 为介质的过程代价巨大。

如果将原料与燃气一并考虑，以水蒸气转化过程为例：

$$CH_{4(原料)} + 2H_2O_{(原料)} + \frac{1}{3}CH_{4(原料)} + \frac{2}{3}O_2 \longrightarrow 4H_{2(产品)} + \frac{3}{4}CO_{2(排放)} + \frac{2}{3}H_2O_{(排放)} \tag{2.16}$$

由此总反应关系式（2.16）可以看出，每生产 1 t 氢气，约放出 7.3 t CO_2。事实上，由于分离过程的存在，以及天然气开采、基建等过程的各类损失折算，每生产 1 t 氢气，释放出的 CO_2 要远大于这个数值，达到 10~11 t。同时，在与有氧介质反应的过程中，如在氧气存在条件下的直接燃烧反应，既可以得到纯合成气，也可共同生产出乙炔等高附加值产品，其中的共性问题是变成合成气后，如何最大化生产氢气的问题，工艺流程示意图如图 2.13 所示[8]。

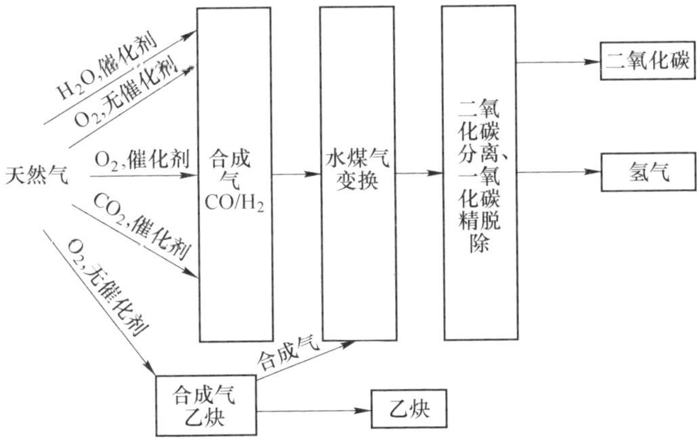

图 2.13 天然气制备氢气的几条主要工艺流程图

其中的特性问题是甲烷在不同高温介质（水蒸气、CO_2、O_2）及有无催化剂条件下如何活化、转化的问题。

2.1.3.3 天然气水蒸气重整制氢

天然气水蒸气重整（SMR）是利用甲烷与水蒸气在高温条件下发生反应制造氢气。天然气在水蒸气重整之前要进行净化。天然气中最主要的杂质是含硫化合物，包括 H_2S、COS 和有机硫化物，所以，在天然气重整制氢之前，必须进行脱硫，而且脱硫后硫的质量浓度应低于 0.3 mg/m^3。脱硫工艺有高温脱硫和低温脱硫。高温脱硫（氢化脱硫，HDS，Hydrodesulphurization）适用于大规模制氢，将天然气中加入少量氢气，通过 350~400 ℃的催化床，催化剂通常是以氧化铅为载体的氧化钴和氧化钼；低温脱硫适用于短期、小规模制氢，采用吸附剂（活性炭和分子筛）吸附硫化物，提高吸附温度，吸附剂可以再生。

天然气水蒸气重整以 Ni 为催化剂，在 500 ℃以上进行，主要反应有重整反应式：

$$CH_4 + H_2O \longrightarrow CO + 3H_2 \qquad \Delta H^{\ominus}_{298\ K} = - 206\ kJ/mol \tag{2.17}$$

$$CH_4 + 2H_2O \longrightarrow CO_2 + 4H_2 \qquad \Delta H^{\ominus}_{298\ K} = - 41\ kJ/mol \tag{2.18}$$

天然气首先要通过 ZnO 床，在这里 H_2S 被去除，从而不会造成催化剂中毒。然后，经过处理后的天然气与压力为 2.6 MPa 的高压蒸汽混合，进入重整装置发生化学反应，得到混合气体，其主要成分（摩尔分数）为 H_2（72.6%）、CO（12%）、CO_2（10%）以及 CH_4（1.3%）。在此过程中，95%以上的 CH_4 都已参加了反应。

紧接着混合气体被输入水蒸气变换装置（WGS），通过变换反应，CO 将在这里转化为 H_2。通常 WGS 有高温变换（HTS）和低温变换（ITS）两级。混合气体先进入反应温度为 370 ℃的 HTS，反应后气体经过冷却，然后进入到反应温度为 200~215 ℃的 ITS。WGS 输出气体的典型构成为（摩尔分数）H_2（77%）、CO（0.30%）、CO_2（18%）以及 CH_4（4.7%）。

反应后气体通过变压吸附（PSA），得到高纯度的气。PSA 的尾气成分（摩尔分数）包括 CO（55%）、H_2（27%）、CH_4（14%）、CO（3%）、N_2（0.4%）以及水蒸气。该尾气可作维持生产用的燃料。生产过程中会产生一定量的高压蒸气（4.8 MPa），除维持反应外，还有盈余的部分，通常这部分水蒸气可以另作他用，而不是被浪费掉。图 2.14 为我国首套自主研发的橇装天然气制氢装置在佛燃能源明城综合能源站正式投用。该套装置满负荷条件下 4.8 m^3 天然气可制取 11 m^3 氢气，制氢纯度达到 99.999%。

图 2.14 彩图

图 2.14 橇装天然气制氢装置

天然气水蒸气重整是大规模工业制氢的主要方法，它的工艺流程如图 2.15 所示。

图 2.15　天然气水蒸气重整制氢工艺流程

天然气水蒸气转化制氢技术是未来最具有经济价值的化石能源制氢工艺，转化炉是关键环节，需要根据实际情况进行调整。此外，高温变化相对于中温变化，在经济性和可靠性方面的优势较为明显。通过对天然气水蒸气转化制氢工艺流程的核算，可以得出优化策略，主要包括：

（1）降低燃烧空气的预热温度，可以增加副产外送的水蒸气量；

（2）提高转化器的出口温度，会导致设备投资费用的增加；

（3）提高水碳比例，可以保证原料消耗总量的降低。

在工艺设计环节，需要根据实际情况，比如原料气体、燃烧气体的来源和价格，以及部分产品的成本等，根据以上结论对制氢工艺进行优化。

2.1.3.4　天然气氧化制氢

天然气部分氧化法制氢是天然气原料与氧气在催化剂作用下发生不完全氧化产生一氧化碳和氢气，该反应流程需在 1300~1400 ℃高温下进行，因此对设备材质、催化剂抗高温特性等要求相对较高，且反应过程需注入纯氧，增设的空气分离系统增加了全流程投资成本。

部分氧化反应是一个轻放热反应，且反应速率较重整反应快 1~2 个数量级，生成的 CO、H_2 摩尔比为 1∶2，是费托过程制甲醇和高级醇的理想 CO/H_2 配比。目前，甲烷部分氧化制合成气的方法受到了各国产业界和学术界的重视。

部分氧化反应的反应方程式为：

$$CH_4 + \frac{1}{2}O_2 \longrightarrow CO + 2H_2 \qquad \Delta H_{298\ K} = -36\ kJ/mol \tag{2.19}$$

$$CH_4 + \frac{3}{2}O_2 \longrightarrow CO + 2H_2O \qquad \Delta H_{298\ K} = -607\ kJ/mol \tag{2.20}$$

$$CH_4 + 2O_2 \longrightarrow CO_2 + 2H_2O \qquad \Delta H_{298\ K} = -802\ kJ/mol \tag{2.21}$$

反应通过控制加入氧气的量来控制反应温度，所需燃料很少，成本也得到控制。由于反应复杂，反应过程难以控制，空气的加入会大大降低合成气中氢气的浓度，对后续提纯工段增加压力；如果采用纯氧，价格较高，因此必须考虑廉价的来源。催化剂床层的温度分布均匀性也不易控制，床层容易局部高温过热造成催化剂失活。

伴随着上述主反应的发生，反应器内还可能发生一些副反应，如甲烷裂解等。当氧化反应采用空气，而不是纯氧作氧化剂时，空气中的氮气也会参加反应，也可能发生副反应：

$$N_2 + 3H_2 \longrightarrow 2NH_3 \quad \Delta H_{298\ K} = -98\ kJ/mol \tag{2.22}$$

$$N_2 + 2H_2 \longrightarrow N_2H_4 \quad \Delta H_{298\ K} = -95\ kJ/mol \tag{2.23}$$

$$N_2 + 2O_2 \longrightarrow 2NO_2 \quad \Delta H_{298\ K} = 68\ kJ/mol \tag{2.24}$$

$$N_2 + O_2 \longrightarrow 2NO \quad \Delta H_{298\ K} = 181\ kJ/mol \tag{2.25}$$

$$N_2 + 2O_2 \longrightarrow N_2O_4 \quad \Delta H_{298\ K} = 10\ kJ/mol \tag{2.26}$$

$$2N_2 + O_2 \longrightarrow 2N_2O \quad \Delta H_{298\ K} = 163\ kJ/mol \tag{2.27}$$

天然气部分氧化制氢主要工艺路线：天然气经过压缩、脱硫后，与水蒸气混合，预热到 500 ℃，氧或富氧空气经压缩后也预热到约 500 ℃，这两股气流分别进入反应器顶的喷嘴在此充分混合，进入反应器进行部分氧化反应。一部分天然气与氧作用生成 H_2O 及 CO_2，并产生热量供给剩余的烃与水蒸气，供其在反应器中部催化剂层中发生转化反应。反应器下部出的转化气温度为 900~1000 ℃，氢含量为 50%~60%（体积分数）。转化气经冷凝水淬冷，再经热量回收并降温，然后送 PSA 装置提取纯氢。该工艺是利用内热进行烃类蒸汽转化反应，因而能广泛地选择烃类原料并允许较多杂质存在（重油及渣油的转化大都采用部分氧化法），但需要配备气体分离装置或变压吸附制氧装置。

天然气部分氧化制氢技术的使用与传统技术相比消耗的能源较少，并且原材料成本较为低廉，但是，值得注意的是：在进行化学反应的过程中主要使用的是高温无机陶瓷透氧膜，将廉价的制氧方式和具有较高水平的工艺材料进行结合，能够一定程度上增强工艺的实行效率，降低生产成本，也是未来能够得到广泛使用的方式之一。图 2.16 所示为天然气部分氧化制氢工艺图。

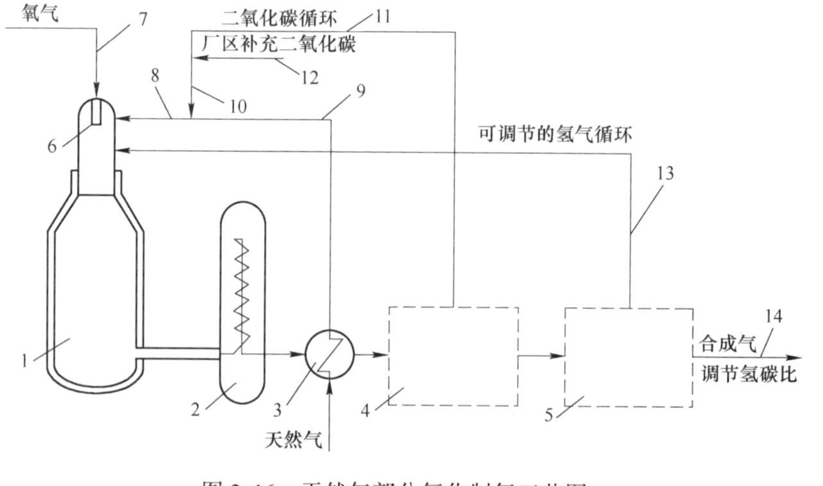

图 2.16 天然气部分氧化制氢工艺图

1—反应器；2—换热设备；3—热交换器；4—初步分离装置；5—精细除杂装置；
6—氧气分布器；7—氧气输送管；8—混合气输送管；9—二氧化碳循环管；
10—二氧化碳补充管；11—二氧化碳循环管线；12—厂区外二氧化碳补充管线；
13—氢气循环管线；14—合成气输出管线

2.1.3.5 天然气裂解制氢

甲烷直接裂解制氢是一项高效的制氢技术，其特点在于不产生 CO 和 CO_2 等副产物，所得氢气纯度高，适用于 PEMFC 等严格要求燃料质量的领域。此技术不仅能产出氢气，还能同时生成碳纳米材料（如碳纳米管、石墨烯等），这些材料在增强材料结构、吸附及导电等领域有着广泛的应用前景。

综上所述，甲烷直接裂解制氢技术不仅高效环保，还为碳纳米材料的制备提供了新思路，推动了氢能及纳米科技的发展。甲烷裂解制备氢气的化学反应方程式如下：

$$CH_4 \longrightarrow C + 2H_2 \qquad \Delta H_{298\ K} = 163\ kJ/mol \tag{2.28}$$

由于甲烷分子具有 sp^3 杂化的正四面体结构，具有非常高的稳定性，表现为不易与其他物质反应，很难被热裂解和催化剂裂解。热力学计算表明，当以石墨为最终碳生成物的形态，气态产品为氢气时，在 600 K 时甲烷才开始转化，并且随着温度的升高转化率升高，若要得到 90%以上的转化率，理论上的最低温度约为 1073 K。

在工业化进程中，甲烷裂解制氢工艺受到催化剂和反应条件等方面的影响，选择合适的催化剂和反应条件对提升甲烷裂解制氢的效率至关重要。近几年的甲烷裂解制氢工艺的综述主要集中在催化剂方面。张涛等介绍了甲烷制氢的主要技术途径及甲烷裂解制氢的反应机理和催化剂的研究进展，并简述了微波辐射、等离子体等甲烷催化裂解制氢新技术。曹梦杰等阐述了催化剂的制备方法、载体、助剂以及等离子体对甲烷裂解制氢性能的影响，并对甲烷催化裂解制氢的反应机理、催化剂的失活与再生进行了概述。不同甲烷裂解制氢工艺对比见表 2.8[9]。

表 2.8 不同甲烷裂解制氢工艺对比

工艺	反应温度/℃	碳副产物	能耗/kW·h·kg^{-1}	优点	缺点	发展现状
等离子体甲烷裂解制氢	700~5500	碳黑	15~50	CH_4 转化率高（可达 100%）	能耗高	中试
流化床中催化甲烷裂解制氢	700~1200	碳纳米管	5.5	能耗低	催化剂易失活（1~50 h）	实验室阶段
熔融介质法甲烷裂解制氢	900~1300	碳黑、石墨烯	5.7	碳材料易分离	CH_4 转化率低（20%~50%）	中试

A 流化床中催化甲烷裂解制氢工艺

催化甲烷裂解制氢是一种利用催化剂来促进 CH_4 分解成 H_2 和碳材料的过程。目前，催化甲烷裂解工艺的研究主要集中在两个关键领域：一个是开发可行的催化剂以降低反应活化能从而降低反应温度，提高 CH_4 转化率和 H_2 选择性；另一个是对碳材料进行调控和分离。在催化甲烷裂解制氢中，反应器通常采用流化床结构。

甲烷首先通过进料口进入流化床反应器（见图 2.17），并由气体分散器分散；随后气体流经固体颗粒，使固体颗粒保持悬浮状态，形成流化床。反应过程中，热量和质量在流化床内迅速传递，有助于维持反应的稳定性和效率。反应后的气体与固体颗粒在流化床顶部分离器中分离，分离后的催化剂通常被回收到反应器底部，再次参与反应过程，反应后碳材料通过碳材料分离调理装置分离。流化床反应器因可以通过粒子的持续运动减轻积碳，成为催化甲烷裂解制氢工艺的常见反应器。

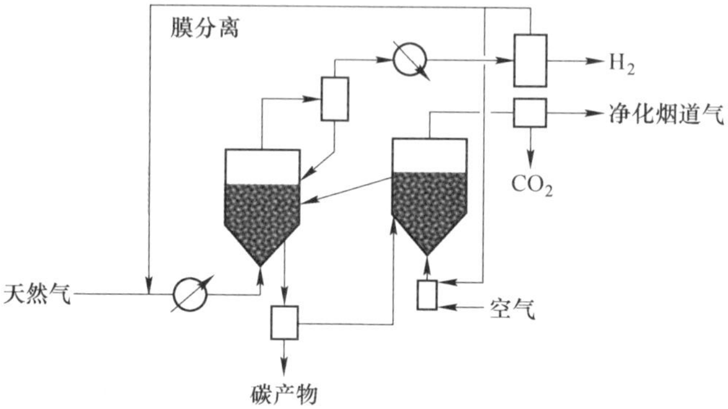

图 2.17 流化床反应装置示意图[10]

由于催化剂能够降低 CH_4 分解所需的能量，从而使得反应更加高效。在流化床中，催化甲烷裂解制氢工艺相较于传统的非催化甲烷裂解制氢工艺，具有反应速率快、选择性高和碳材料质量较好等优点。由于该工艺只能减轻积碳，催化剂仍然容易失活，需要频繁更换和再生，操作成本较高，因此使得该技术在商业化应用中面临挑战。

SIRIWARDANE 等研究了一种带有双过滤器的连续收集碳的流化床反应器，并填充了 Fe/Al_2O_3 催化剂用于甲烷和乙烷裂解制氢，如图 2.18 所示。

在图 2.18 中装置的反应器周围安装了 3 个电加热器，将反应器加热到目标温度 700 ℃。反应器出口处安装了双过滤器用于捕获反应器产生的含碳细粒，滤芯孔径尺寸为 0.01 mm、长度为 17.8 cm、内径为 3.175 cm。每 4 h 在两个过滤器之间改变气流方向，并在此期间清洗每个过滤器。在温度为 700 ℃时，CH_4 转化率保持在 80%以上（160 h 内），同时反应生成了纳米碳。PINILLA 等使用 Ni-Cu-Al 催化剂研究了中试流化床中甲烷气体流速对甲烷的热催化分解反应的影响，该流化床反应装置如图 2.19 所示。流体动力学研究结果表明，当甲烷流速为最小流化速率的 2 倍时，反应可以在流化床反应器中进行，且不会造成反应器堵塞。甲烷裂解产生的碳材料主要沉积在加热炉表面，阻碍了反应器内气体的流动。因此，PAN 等提出了当甲烷气体以足够的流速在流化床反应器中通过固体催化剂时，使固体金属催化剂颗粒悬浮在流化床中的方法。

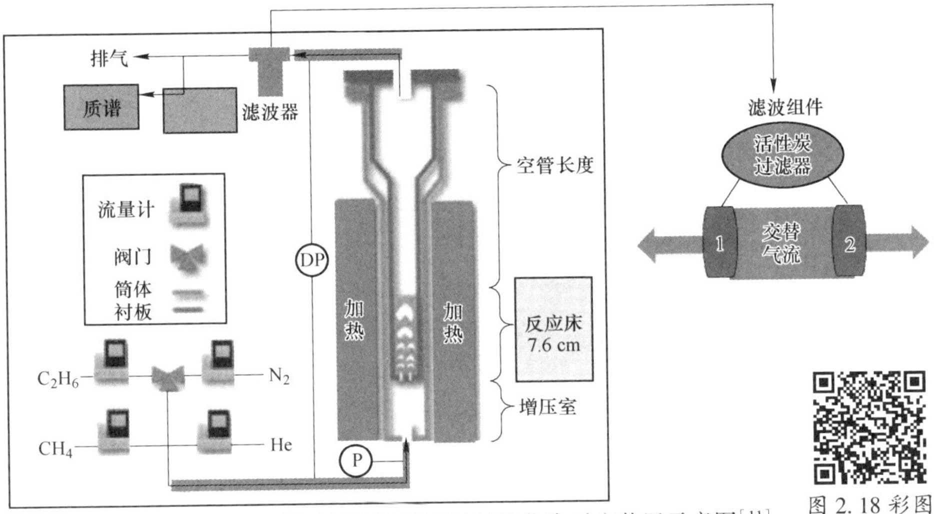

图 2.18　双层过滤器连续集碳的流化床反应装置示意图[11]

1—进气口；2—出气口

图 2.18 彩图

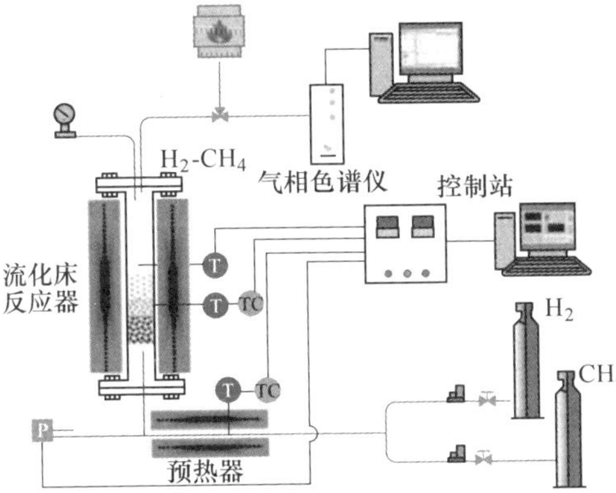

图 2.19　流化床反应装置示意图[12]

图 2.19 彩图

在流化床内部，催化剂颗粒与反应器表面之间发生剧烈摩擦，从而减少了在炉体表面的碳沉积。同时，被碳材料包裹的催化剂可以被甲烷气流带出反应器，并在旋风分离器中进一步分离，如图 2.20 所示。

尽管催化甲烷裂解制氢工艺在提高反应选择性、降低反应能耗方面取得了显著进展，但仍在防止催化剂的积碳失活、反应器堵塞以及高价值碳材料的定向生成和收集方面需展开进一步技术创新，并提出解决方案。此外，尽管流化床反应器在减少积碳、提高传热传质效率方面表现出色，其商业化应用仍面临较高的操作成本和催化剂再生的复杂性。因此，未来的研究发展方向为：

（1）开发新型高性能、低成本且易于回收再利用的催化剂；

（2）优化流化床反应器设计，进一步提高其在大规模生产中的稳定性和经济性；

（3）探索更高效的碳材料分离和纯化技术，尤其是对于高附加值的纳米碳材料的收集。

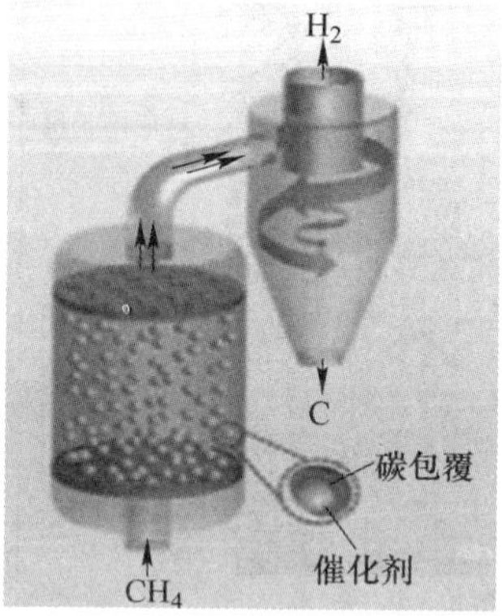

图 2.20 碳分离装置示意图[13]

图 2.20 彩图

B 等离子体甲烷裂解制氢工艺

等离子体甲烷裂解制氢工艺是通过向气体（通常是甲烷和可能的惰性气体混合物）施加高能量（如高电压电流、微波和射频能等），使气体电离成等离子体，然后利用等离子体的高温特性对甲烷进行裂解制氢的工艺，该装置示意图如图 2.21 所示 。同时，可以通过调控反应条件，如温度、压力和等离子体特性，实现对产物组成和比例的精密控制，从而获得 H_2 和高质量碳黑、碳管和石墨碳等多种碳材料。等离子体可分为热等离子体和非热等离子体两大类，根据等离子体类型的不同，甲烷裂解制氢效率和碳产物的类型也不同。

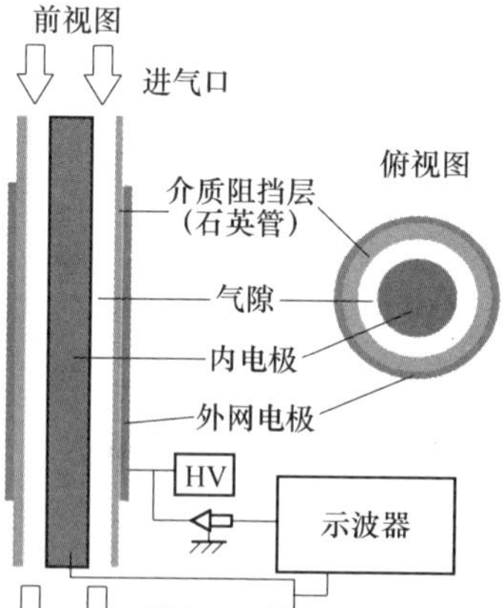

图 2.21 等离子体甲烷裂解制氢装置示意图[14]

图 2.21 彩图

不同等离子体甲烷裂解制氢工艺对比见表 2.9。由表 2.9 可知，热等离子体工艺通常在 700~4700 ℃的温度下运行，具有 CH_4转化率高、反应速率快等优点，适用于大规模生产碳黑，但其能耗较高，并且难以精确控制碳材料的结构和组成。

表 2.9　不同等离子体甲烷裂解制氢工艺对比[15-16]

工　艺	反应温度/℃	碳副产物
热等离子体甲烷裂解制氢	700~4700	H_2、碳黑
非热等离子体甲烷裂解制氢	<900（冷脉冲、冷电弧放电和电子束）	H_2、碳纳米管
耦合热等离子甲烷裂解制氢	900~1100（微波催化）	H_2、石墨碳

非热等离子体工艺可以在低于 900 ℃的温度下运行生产碳纳米管，能耗较低，对设备的要求也较低，但相对于热等离子工艺，其产物的产率较低，技术复杂度也更高。耦合热等离子工艺可以在 900~1100 ℃的条件下得到较高的 H_2 产率和石墨碳。图 2.22 所示为热等离子体甲烷裂解制氢装置示意图。

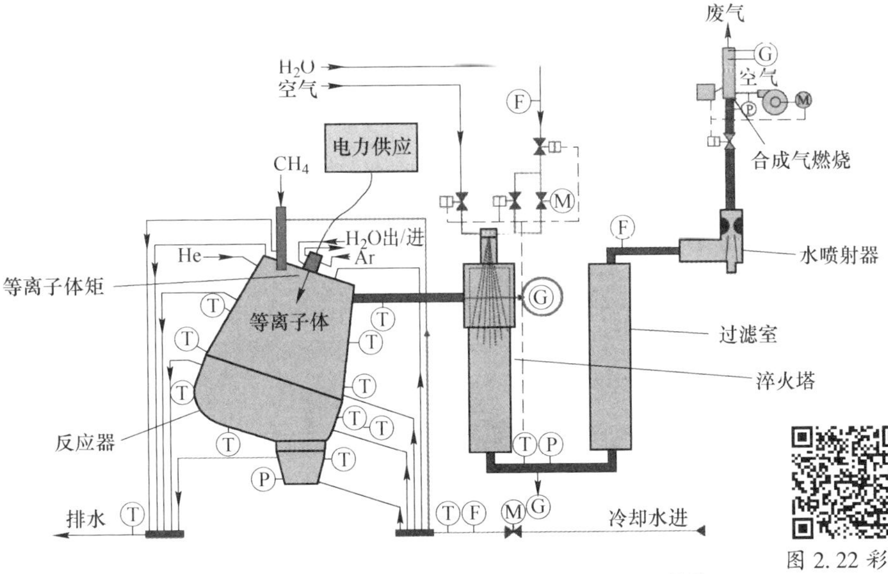

图 2.22 彩图

图 2.22　热等离子体甲烷裂解制氢装置示意图[16]

C　熔融介质法甲烷裂解制氢工艺

熔融介质法甲烷裂解制氢是一种利用高温下的熔融态媒介（通常是熔融金属或熔盐）作为催化剂的反应过程，反应装置如图 2.23 所示。

熔融介质法甲烷裂解制氢的主要工艺流程是：0.5~1.0 MPa 的天然气经过气体分布器以气泡群进入 900~1150 ℃的熔融金属相，停留时间 0.5~1.0 s。气体分布器非常重要，影响气泡分布、气泡尺寸分布、密度分布及气泡动力行为，进而影响甲烷转化率。小尺寸气泡能增加气液接触面积，有利于提高甲烷转化率。转化率随温度升高而升高，随天然气流量的增大而降低。气泡进入液态金属相后会在气液接触面迅速发生天然气裂解反应，随着气泡上升而体积增大。生成的固体碳随气泡因浮力上升，气泡至反应器顶部破裂，固体碳在顶部逐渐积累。这些固体碳可以采用类似于高炉除渣的浮选池技术连续分离出来，经过冷却、洗涤、过滤和精制作为碳产品。1065 ℃下 27% Ni 与 73% Bi 熔融合金作用下，甲烷转化率可以达到 95%。

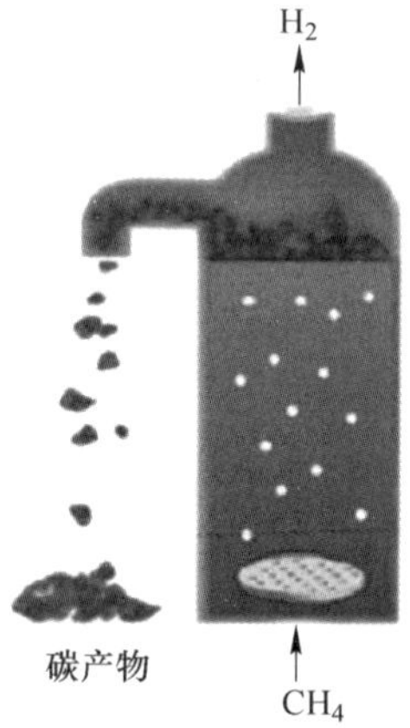

图 2.23 彩图

图 2.23　熔融介质法甲烷裂解制氢装置示意图[17]

气体产物主要有氢气和甲烷，经过换热冷却和膜分离或变压吸附（PSA）后制取高纯度氢气产品，分离出的未反应完全的甲烷循环重新进入反应器或用作燃料供热，如图 2.24 所示。

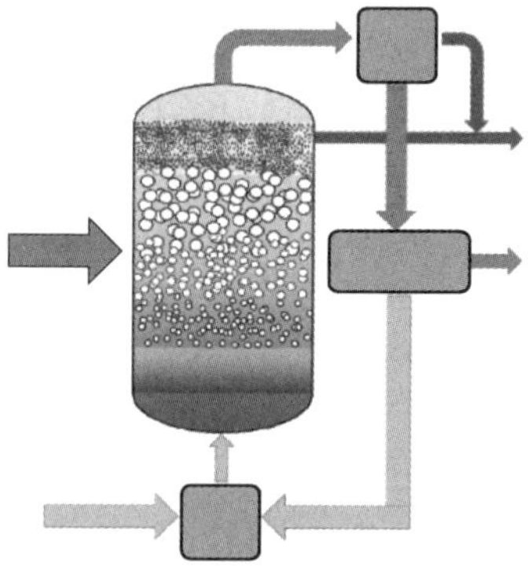

图 2.24 彩图

图 2.24　天然气催化裂化液态金属鼓泡床反应器[13]

液态金属鼓泡床反应器材料多采用石英或不锈钢，温度高于 900 ℃时熔融金属会对不锈钢材料产生腐蚀，需要选择耐高温、耐腐蚀的不锈钢材料。规模化生产的反应器宜选用不锈钢材料，小规模的反应器宜选用石英材料。

随着能源结构转型的加速，清洁高值利用天然气势在必行。甲烷裂解制氢工艺可以同时制得高纯度 H_2 和碳材料，具有良好的发展前景。流化床和微波辅助技术提高了 CH_4转化率并延长了催化剂寿命，但催化剂的快速失活和高能耗限制了其工业化进程。等离子体裂解甲烷制氢虽然具有高 CH_4转化率和反应速率，但受到高能耗和电极积碳问题的制约。熔融介质法裂解甲烷制氢因解决了催化剂失活和碳材料分离的问题，展现了在大规模甲烷资源处理和降低能源消耗方面的潜力。

面对现有技术的局限性，未来的研究和发展趋势应聚焦于以下几个方面：

（1）进一步优化催化剂和反应系统设计，以提升 CH_4转化率和延长催化剂寿命；

（2）解决等离子体甲烷裂解制氢中的高能耗和电极积碳问题，通过技术创新降低能源输入；

（3）对于熔融介质法裂解甲烷制氢，寻找更有效和稳定的熔融媒体及催化剂，同时优化工艺以提高效率和经济性。

2.1.3.6 天然气制氢的优缺点

A 天然气制氢的优点

（1）技术成熟。目前，天然气制氢在世界氢气制取市场占比排第一位，我国天然气制氢的占比排在第二，约占 15%，位于煤制氢之后。

（2）成本适中。天然气制氢成本远低于电解水制氢，但高于煤制氢。天然气制氢的成本主要是天然气，占比超过 70%，燃料气、制造费用等其他成本占比相对较低。氢气成本与天然气价格的关系，见表 2.10。

表 2.10 氢气成本与天然气价格的关系

氢气（标准状态）成本/元 · m^{-3}	氢气（标准状态）成本/元 · kg^{-1}	天然气价格/元 · m^{-3}
0.87	9.74	1.67
0.94	10.53	1.88
1.01	11.31	2.10
1.08	12.10	2.31
1.15	12.88	2.52

考虑到燃料电池汽车用氢气纯度更高，需要进一步提纯天然气制取的氢气。目前提纯车用氢气主要采用变压吸附法，成本为 3~7 元/kg。如果不考虑变压吸附法氢气提纯，当天然气价格为 1.88 元/m^3 时，制氢成本约为 10.53 元/kg；当天然气价格为 2.52 元/m^3 时，制氢成本为 12.88 元/kg。如果考虑变压吸附法氢气提纯，当天然气价格为 1.88 元/m^3 时，制氢成本约为 15.53 元/kg；当天然气价格为 2.52 元/m^3 时，制氢成本为 17.88 元/kg。

(3) 生产效率高。相比于其他制氢方法，天然气制氢的生产效率高，能够快速、大规模地生产氢气。

B 天然气制氢的缺点

(1) 天然气资源有限。我国天然气资源供给有限且硫含量高，预处理复杂，制氢经济性远低于国外。

(2) 环境污染。天然气制氢过程中还会产生 CO_2 等有害气体，其对环境造成的污染也是天然气制氢的一大问题。但与煤制氢相比，天然气制氢产生的 CO_2 等有害气体要少。

(3) 虽然天然气属于化石燃料，在生产蓝氢时也会产生温室气体。如果使用碳捕集、利用与封存（CCUS）等先进技术，温室气体被捕获，则能够减轻对地球环境的影响，实现低排放生产。

2.2 工业副产氢

工业副产氢是指现有工业在生产目标产品的过程中生成的氢气，工业副产氢相较于化石燃料制氢流程短、能耗低，且与工业生产结合紧密，配套公辅设施齐全，下游氢气利用和储运设施较为完善，因此工业副产氢被认为是一种较为理想的氢气来源。

工业副产氢约占全球制氢总量的 7%，工业副产氢主要有焦炉煤气制氢、氯碱副产制氢、乙烷裂解副产氢和丙烷脱氢等，四种副产氢的占比如图 2.25 所示。

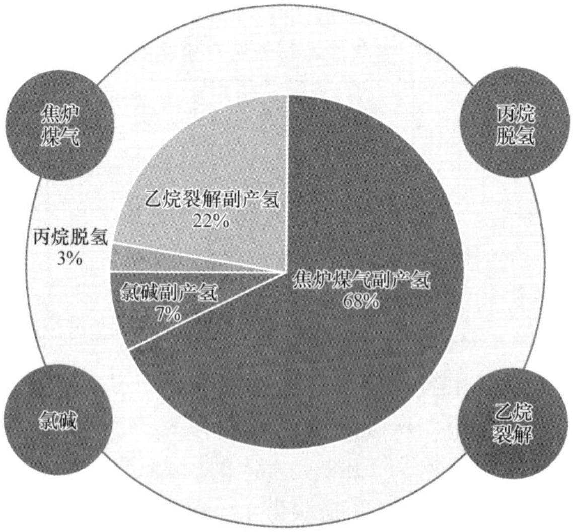

图 2.25 彩图

图 2.25 四种副产氢占比

本节主要介绍焦炉煤气制氢、氯碱副产品制氢、氨分解制氢和丙烷脱氢四种制氢方式的工艺方法。

2.2.1 焦炉煤气制氢

焦炉煤气是指焦煤在炼焦过程中，煤炭在炉中经过高温干馏后，产生焦油和焦炭的同时，伴生的一种可燃性气体。典型的焦炉煤气组成见表2.11，从表中可以看出，焦炉煤气组成中氢气占比超过一半，非常有利于焦炉煤气作为氢能经济的氢气来源。

表2.11 典型的焦炉煤气组成[3] (%)

成分	H_2	CH_4	CO	C_nH_m	N_2	CO_2	O_2
体积占比	57.2	25.8	7.4	3.1	2.9	3.2	0.4

焦炉煤气制氢有两种途径：一是从焦炉煤气中直接提纯制氢；二是先将CO和CH_4经重整反应转化为富氢混合气，再提纯制氢。

2.2.1.1 焦炉煤气直接提纯制氢

焦炉煤气先经煤气压缩机Ⅰ增压后进入预处理工序，除去焦油、苯、奈、氨、有机硫、无机硫等杂质；净化后的煤气送至净化煤气压缩机Ⅱ继续增压，再进入变压吸附（PSA）提纯工序；塔顶氢气中含少量O_2，再经过脱氧、干燥等工序，生成产品H_2；塔底气作为预处理的再生气源，再生后的尾气返回上游焦炉作为自热燃料，其工艺流程如图2.26所示。经过PSA提纯、脱氧、干燥后，可获得99%~999999%纯度的氢气。

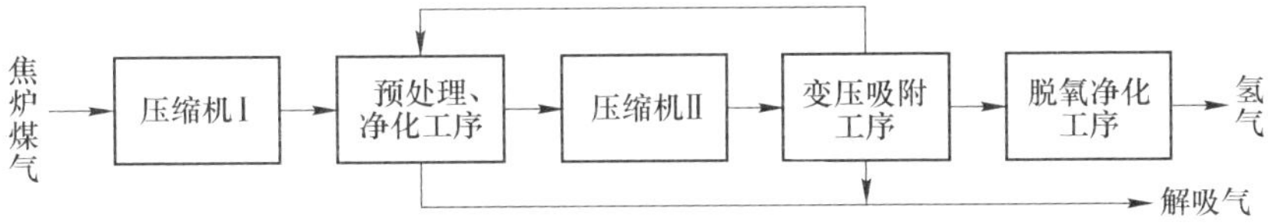

图2.26 焦炉煤气直接提纯制氢工艺流程

2.2.1.2 焦炉煤气转化制氢

焦炉煤气先经煤气压缩机Ⅰ增压后进入预处理工序，除去焦油、苯、茶、氨、有机硫、无机硫等杂质；净化后的煤气送至净化煤气压缩机Ⅱ继续增压进行加氢脱硫处理后，经过甲烷（CH_4）蒸汽转化和CO变换，进入PSA提纯，可获得更多的产品H_2，再生尾气可用于转化炉燃料，剩余再生尾气返回焦炉作为自热燃料。其工艺流程如图2.27所示。

采用焦炉煤气转化制氢技术，尽管增加了甲烷（CH_4）转化与一氧化碳

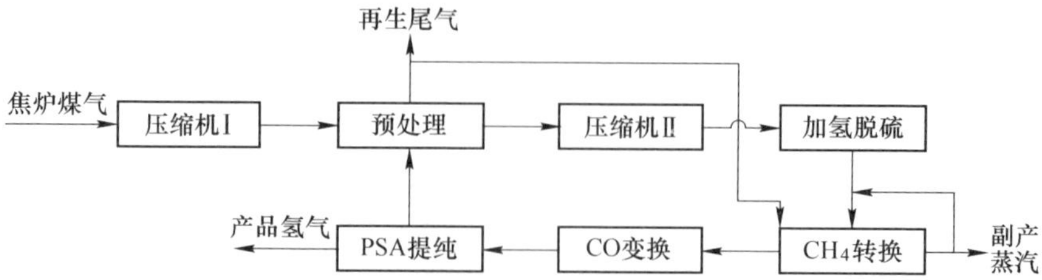

图 2.27 焦炉煤气转化制氢工艺流程

(CO) 变换的步骤，并相应地提升了投资成本，但该技术在氢气产量上实现了显著提升。此外，鉴于焦炉煤气的成本相较于天然气具有明显优势，因此，与天然气制氢工艺相比，焦炉煤气转化制氢仍展现出其独特的经济优势。

煤气压缩机作为焦炉煤气制氢工艺中的关键设备之一，其工作原理及工艺流程如图 2.28 所示。该设备主要由机身、气缸、进气与排气缓冲罐、冷却器以及气液分离器等核心部件构成。在压缩机运行过程中，煤气首先通过一级进气缓冲罐进行初步缓冲，随后进入一级气缸进行压缩；当气体被压缩至一定压力后，经由一级排气缓冲罐导入中间冷却器进行冷却处理，再进入气液分离器以实现气液的有效分离。完成初步处理后，气体进入精脱工序，经过进一步净化后，通过二级进气缓冲罐进入二级气缸；继续被压缩至更高压力，随后依次经过二级排气缓冲罐、中间冷却器及气液分离器。最终，气体通过三级进气缓冲罐进入三级气缸，被压缩至额定压力，再经过三级排气缓冲罐、三级冷却器及三级分离器的处理后，进入后续工艺系统。

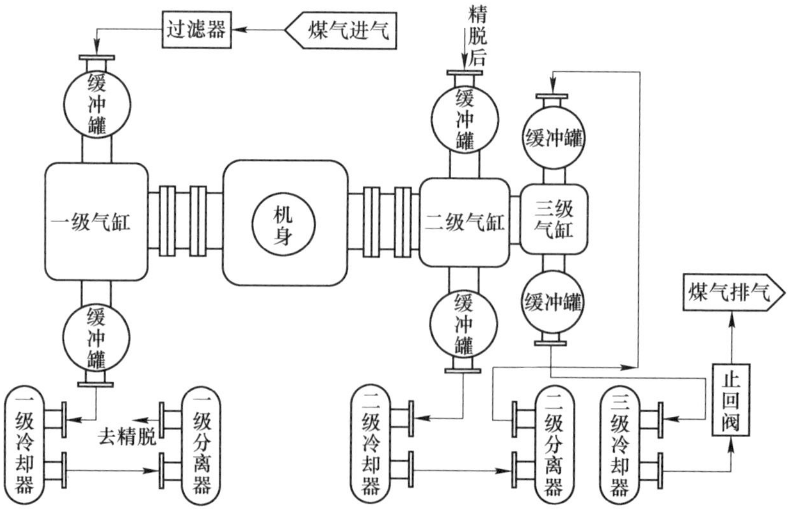

图 2.28 三级煤气压缩机原理与工艺流程

2.2.2 氯碱副产制氢

氯碱副产制氢是以食盐水（NaCl）为原料，采用离子膜或者石棉隔膜电解槽生产烧碱（NaOH）和氯气，同时得到副产品氢气的工艺方法。之后，再使用PSA等技术去除氢气中的杂质即可得到纯度高于99%的氢气。

富含氢气的氯碱尾气主要有氯酸钠尾气及聚氯乙烯（PVC）尾气。氯酸钠主要由电解工艺生产，每生产1 t氯酸钠可副产约620 m^3 氢气。氯酸钠尾气中氢气含量高，原料气处理关键在于脱氯脱氧和PSA分离纯化，流程简单，其工艺流程如图2.29所示。

图2.29 氯酸钠尾气制氢工艺流程

烧碱装置一般联合聚氯乙烯装置，每吨烧碱可副产270 m^3 氢气。该部分氢气用于HCl合成，最终用于聚氯乙烯生产。聚氯乙烯尾气含有氢气、氯乙烯、氯化氢等气体，其制氢工艺流程如图2.30所示。

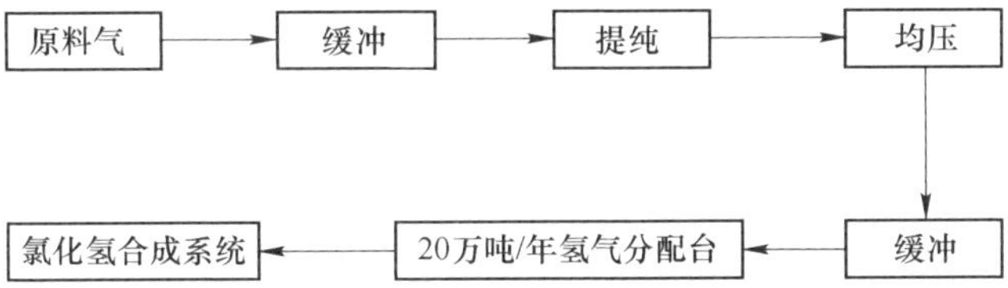

图2.30 聚氯乙烯尾气制氢流程

图2.31所示为某企业氯碱副产品制氢工艺流程。

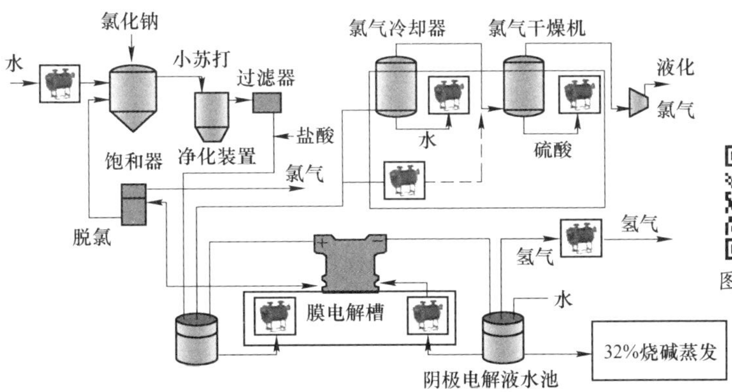

图2.31 某企业氯碱副产品制氢工艺流程

图2.31 彩图

氯碱副产品制氢净化回收成本低，环保性好，纯度高。PSA 处理后适用于燃料电池，因此在氯碱企业解决好氯平衡的基础上适合更进一步提高氢气附加值。此外，相比于焦炉煤气资源相对集中的分布，氯碱化工分布广泛，生产基地与氢能潜在的负荷中心重合，是未来降低制氢成本的良好选择。在氢能产业的导入期，可以优先利用周边氯碱企业的副产氢，降低原料和运输成本，提高竞争力。

2.2.3 丙烷脱氢

丙烷脱氢反应是指在催化剂的作用下，丙烷脱除 1 分子的氢气转化成丙烯的过程，其化学反应方程式为：

$$C_3H_8 \longrightarrow C_3H_6 + H_2 \tag{2.29}$$

随着丙烯需求量的快速增长，人们逐渐转向丙烷脱氢制丙烯技术的开发。按照反应器类型的不同，可以将丙烷脱氢工艺分为固定床工艺、移动床工艺和流化床工艺，本节将简单介绍丙烷脱氢的工艺方法。[18]

2.2.3.1 固定床 PDH 工艺

Linde/BASF 公司于 20 世纪 80 年代开发了使用 Cr 基催化剂的 PDH 工艺，由于催化剂中的 Al_2O_3 存在酸性，会导致异构化和裂化反应的发生，需要添加碱金属或碱土金属中和酸性。后续开发中放弃 Cr 基催化剂，转而使用 Pt-Sn 作为催化剂的活性组元，采用 ZrO_2 和 SiO_2 为载体，催化剂不含布朗斯特酸，路易斯酸含量高，有助于丙烷转化，同时抑制 Pt 烧结与聚集，使催化剂维持较高的活性。PDH 工艺也采用外供热列管式反应器，每台反应器包含 300~1000 根列管，通常 2 台反应器同时进行反应，第三台反应器进行再生。反应过程中通入蒸汽，一方面可以为反应供热，防止床层温度快速降低；另一方面能够抑制催化剂上焦炭的沉积，延长反应周期，通常 1 个周期包括 6 h 反应和 3 h 再生。PDH 工艺流程示意图，如图 2.32 所示。

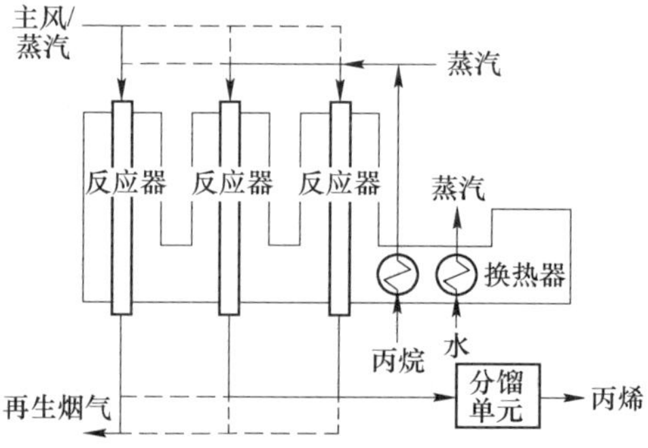

图 2.32 PDH 工艺流程[19]

2.2.3.2 移动床 Oleflex 工艺

Oleflex 工艺由 Honeywell UOP 公司开发，采用多个移动床反应器串联操作，通过催化剂储热和级间加热为脱氢反应提供热量。Oleflex 工艺的流程示意图如图 2.33 所示，反应过程中，预热后的原料物流横向通过环状催化剂床层，催化剂则依靠重力自上向下移动，两者接触反应；反应器部分通常由 4 台串联的径向流动移动床反应器组成，其中还包括加热炉和级间加热器；生成的反应产物经冷却、压缩后引入后续产品分离与精制单元进行提纯，得到聚合级丙烯。催化剂通过气流从一台反应器移动到相邻的另一台反应器，最后移动到再生器中进行再生，烧去沉积的焦炭，并使 Pt 重新分配在催化剂表面，再生后催化剂则被输送到反应器顶部的收集罐中，既能起到缓冲作用，又可以使催化剂移动均匀，每个循环 5~10 d。

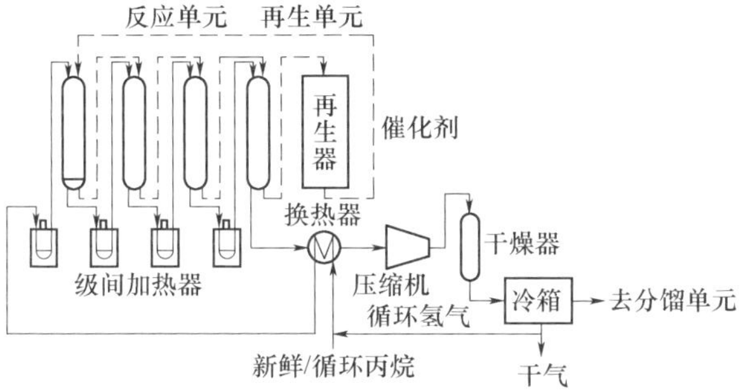

图 2.33 Oleflex 工艺流程[19]

由于反应器与再生器相互独立，反应与再生过程可以连续进行，避免了周期性操作，从而确保装置稳定运行。反应在正压下进行：一方面可以避免空气中的氧气进入反应器中，影响脱氢反应的进行；另一方面能够降低产品气体压缩能耗，降低装置操作成本。此外，由于无须对反应器和再生器进行吹扫，因此整个过程不消耗蒸汽。

丙烷脱氢制氢具有生产流程短、占地面积小、建设周期短、成本低、能耗小、碳排放量少、制氢纯度高、制氢产能大等优势，是当前国内制氢市场具有氢气供给潜力的方式之一。

高纯度丙烷是丙烷脱氢的主要原材料。当前国内丙烷主要来源于炼厂副产，硫含量较高、纯度较低，不适合丙烷脱氢装置，因此国内丙烷脱氢装置所需高纯度丙烷仍依赖进口。上游原材料国产化程度较低，制约着丙烷脱氢行业发展，未来丙烷生产企业还需加快提升技术水平，促进高纯度丙烷产能不断提升。

2.2.4 工业副产氢的优缺点

2.2.4.1 工业副产氢的优点

（1）资源丰富。工业副产氢是我国目前第二大主要氢气来源途径。工业副产氢是指现有工业在生产目标产品的过程中生成的氢气，目前主要形式有氯碱（氢氧化钠）行业副产氢气、钢铁高炉煤气可分离回收副产氢气、焦炭生产过程中的焦炉煤气可分离回收氢气、石化工业中的乙烯和丙烯生产装置可回收氢气等。我国氯碱、炼焦以及化工等行业有大量工业副产氢资源，可满足近期和中期氢气的增量需求。

（2）成本较低。工业副产氢产量稳定，制氢成本较低。

（3）二氧化碳排放少。工业副产氢相对于煤制氢，二氧化碳排放少，属于蓝氢范畴，是中短期内最为可行的制气途径，可以通过 CCUS 技术的运用，进一步降低二氧化碳排放。

（4）技术成熟。工业副产氢相比于电解水制氢，工艺简单，技术成熟。

2.2.4.2 工业副产氢的缺点

（1）制氢纯度低。工业副产氢是产品生产过程的副产物，因副产氢纯度较低、成分复杂，目前通常只有燃烧等低效利用途径，甚至直接送到火炬排空。如果要进行利用，一般要对工业副产氢进行提纯处理。

（2）难以满足燃料电池用氢要求。对于工业氢气，关注的是氢气纯度；对于燃料氢气，关注的是特定杂质含量。对于燃料氢气，一氧化碳是氢气所含杂质中处理难度最大的。目前工业副产氢普遍采用变压吸附提纯，纯度可以满足燃料电池用氢要求，但微量-氧化碳分离是变压吸附提纯的“短板”，难以满足浓度不大于 0.2×10^{6} 的要求。

2.3 电解水制氢

电解水制氢是应用比较广泛的制氢方法之一，电解水产生气体的现象最早是在 1789 年被发现的，自此开启了电解水制氢的发展历程。1800 年，Nicholson 和 Carlisle 成功发现电解水效果，并确定其气状产物为 H_2 和 O_2。到 1902 年，全球已经有 400 多个工业电解槽，总产氢容量为 10000 m^3 H_2/h；1948 年，Zdansk 和 Lonza 建造了第一台增压式水电解槽。随着能源结构的调整，氢能的重要地位逐渐显现，电解水制氢技术也迅速发展，电解水制氢被认为是未来制氢的重要发展方向，特别是利用可再生能源电解水制氢。目前，国内外的电解水制氢技术已比较成熟，设备已经成套化和系统化。

目前全球约 4%的氢气供应是通过电解水方法获得的，而我国仅 1%左右的氢气是由电解水获得的。按照工作原理和电解质的不同，电解水制氢技术可以分为 4 种，分别为碱性电解水制氢、质子交换膜电解水制氢、高温固体氧化物电解水制氢和固体聚合物阴离子交换膜电解水制氢。

电解水制氢已经实现工业化。电解槽是电解水制氢设备的核心部分，它由电解池内的电解质、隔膜及沉浸在电解液中成对的电极组成。电解槽先后经历了几次更新换代：第一代是水平式和立式石墨阳极石棉隔膜槽，第二代是金属阳极石棉隔膜电解槽，第三代是离子交换膜电解槽。电解槽的发展过程是电极和隔膜材料改善，以及电解槽结构改进的过程。在目前的电解水制氢工艺中，主要采用碱性水电解制氢、质子交换膜电解水制氢（PEM）和高温固体氧化物水电解制氢三类。表2.12为三类电解水制氢技术的相关参数对比。

表2.12 三类电解水制氢技术参数对比[20]

电解池类型	电解质	工作温度/℃	电解效率/%	能耗（标准）/$kW \cdot h \cdot m^{-3}$	特点
碱性电解池（AWE）	20%~30% KOH或NaOH	70~80	60~75	4.5~5.5	技术成熟，已大规模应用，成本低
质子交换膜电解池（PEM）	PEM（常用Nafion）	70~80	70~90	3.8~5.0	尚未大规模应用，成本高，无污染
固体氧化物电解池（SOEC）	Y_2O_3/ZrO_2	600~1000	85~100	2.6~3.6	尚未实现产业化，转化效率高，高温限制材料选择

2.3.1 碱性电解水制氢

碱性电解水制氢技术是我国现阶段“绿氢”生产的主力技术，其国产化进程凝聚了无数科研工作者的心血。宁夏宝丰能源集团等项目通过“光伏+碱性电解槽”模式，实现绿氢与煤化工耦合，年减排CO_2约70万吨，成为“双碳”目标下能源转型的标杆。这一实践证明，我国能够通过技术创新将传统工业与清洁能源深度融合，走出一条具有中国特色的低碳发展道路。

在核心设备攻关中，我国企业突破了隔膜材料、电极催化剂等关键技术，使碱性电解槽成本较2015年下降60%，推动绿氢成本从20元/kg降至15元/kg以下。这种“降本增效”的背后，是“工匠精神”与“创新驱动”的深度结合，为绿氢规模化应用奠定了坚实基础。

2.3.1.1 碱性电解水制氢原理

碱性电解水制氢的基本原理是以高浓度的KOH、NaOH水溶液为电解质（20%~30%），采用石棉布等作为隔膜，在直流电的作用下，将水电解成氢气和氧气。在阴极，水分子被分解为氢离子和氢氧根离子，离子得到电子生成氢原子，并进一步生成氢分子；氢氧根离子则在阴、阳极之间的电场力作用下穿过多孔的膈膜到达阳极，在阳极失去电子生成水分子和氧分子，如图2.34所示。

碱性水溶液的电解过程中，电极上发生的电化学反应如下：

阳极 $$2H_2O + 2e^- \longrightarrow H_2\uparrow + 2OH^- \tag{2.30}$$

阴极 $$2OH^- - 2e^- \longrightarrow \frac{1}{2}O_2 + H_2O \tag{2.31}$$

总反应 $$H_2O \longrightarrow H_2\uparrow + \frac{1}{2}O_2\uparrow \tag{2.32}$$

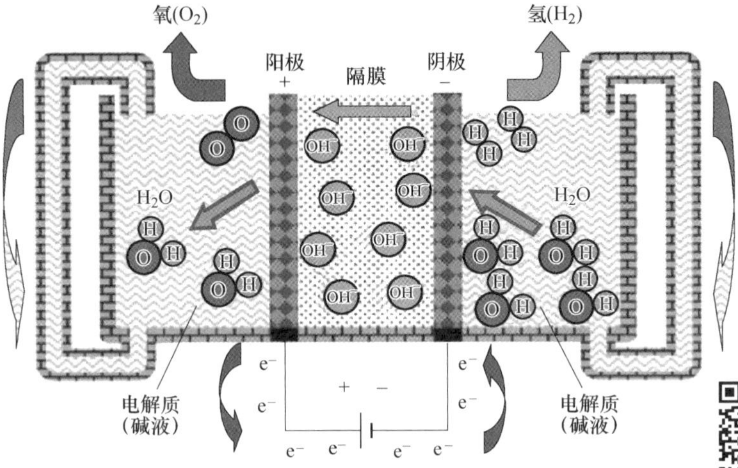

图 2.34 碱性电解水制氢原理图[21]

图 2.34 彩图

电解槽操作温度为 70~80 ℃，工作电流密度约为 0.25 A/cm^2，产生气体压力 0.1~3.0 MPa，总体效率在 60%左右。

2.3.1.2 碱性电解水制氢工艺

完整的碱性水电解制氢系统一般包括以碱性水电解槽为主体的制氢装置、气体纯化装置及控制系统。碱性电解水制氢工艺是一种通过电解槽中使用碱性电解质(如氢氧化钠或氢氧化钾)来分解水分子，从而生产氢气和氧气的技术。随着新能源产业的发展，碱性电解水制氢技术在氢能源领域具有广泛应用前景，未来通过技术创新和产业升级，有望降低制氢成本，提高经济性和市场竞争力。国华投资宁夏分公司国能宁东可再生氢碳减排示范区一期清水营制氢项目建于宁夏回族自治区宁东能源化工基地，总氢产量为 16000 m^3/h（标态），年操作时间为 2300 h。宁东可再生氢碳减排示范区项目，是全国最大氢能全产业链创新生态项目，将建设成为全国首个弱并网绿氢生产项目、国内首个绿氢耦合煤化工示范项目和国内首个绿色氢能关键装备检测实证基地，实现清洁能源供应与全球单体规模最大煤制油项目的深度融合。图 2.35 所示为宁夏宝丰能源项目制氢系统工艺流程，图 2.36 所示为宁东能源基地，图 2.37 所示为国华投资（氢能公司）永利制氢厂。

2.3.1.3 电解水制氢工艺的主要设备

在电解水制氢过程中，除了直流电源和控制仪表外，主要工艺设备有电解槽、气液分离器、冷却器、脱氧器、干燥塔、直流电源等，如图 2.38 所示。其中，分离器和气体冷却器有立式和卧式两种。碱液冷却器有置于分离器内的，也有单独设置的。置于分离器内的多为蛇管冷却器。单独设置的冷却器有列管式、蛇管式和螺旋板式等。碱液过滤器多为立式的，内置滤筒。各生产厂家生产的这些设备大同小异，没有明显的区别，差异最大的就是电解槽[22]。

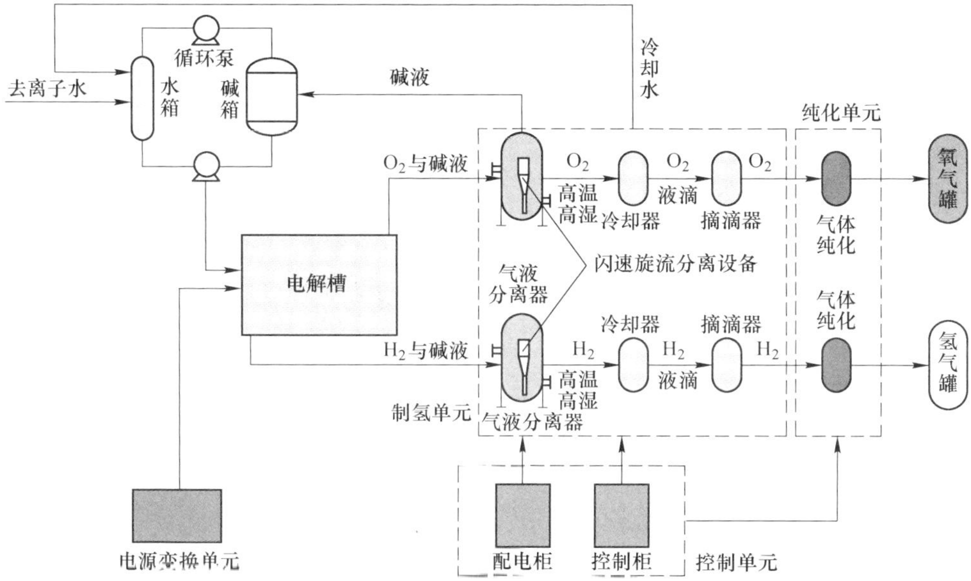

图 2.35　宁夏宝丰能源项目制氢系统工艺流程

图 2.35 彩图

图 2.36　宁东能源基地

图 2.36 彩图

图 2.37　国华投资（氢能公司）永利制氢厂

图 2.37 彩图

图 2.38 碱性电解水主要工艺设备

图 2.38 彩图

A 电解槽

电解槽是电解水制氢系统的核心设备，为了降低水的电阻，提高电解效率，必须在水中加入氢氧化钠或氢氧化钾电解质，配成 30%左右的碱液注入电解槽。碱性电解水制氢系统的电解槽属于碱性电解槽。

B 气液分离器

气液分离器的作用就是处理含有少量凝液的气体，实现凝液回收或者气相净化。气液分离器分为有氢侧气液分离器和有氧侧气液分离器。

电解槽产生的氢气与氧气由电解槽排出进入气体分离器，气体中含有雾状的碱液，必须将碱液分离出去，气液分离器可实现气液的分离。图 2.39 所示为气液分离器的结构和工作原理，氢气分离器与氧气分离器结构和原理相同。气液分离器中能承受一定压力的容器称为壳体，壳体由筒体与封头组成。在壳体内有绕成螺旋状的金属管，金属管两端接到壳体的管口，连接冷却水管。壳体上方有气体出口，壳体底部有液体出口，壳体侧面有液体进口（气液混合物入口与纯净水入口）。

气液分离器基于重力沉降原理，用于分离混合气体中的液体。气液混合物进入后，液体因重力下沉，气体上升。但气体中雾状液滴需进一步分离，分离器内的冷却水管使液滴凝结，靠自重落入液体，实现气液分离，纯净气体从上部出口排出。

为保证电解槽气体顺利进入，分离器安装位置高于电解槽。其内部多管并列提升换热效率，侧面设上下液位计接口监测液位，液位下降时由洗涤器补液，分离的液体从下部出口回流至电解槽。此外，上部压力测量口可反映系统压力状况。

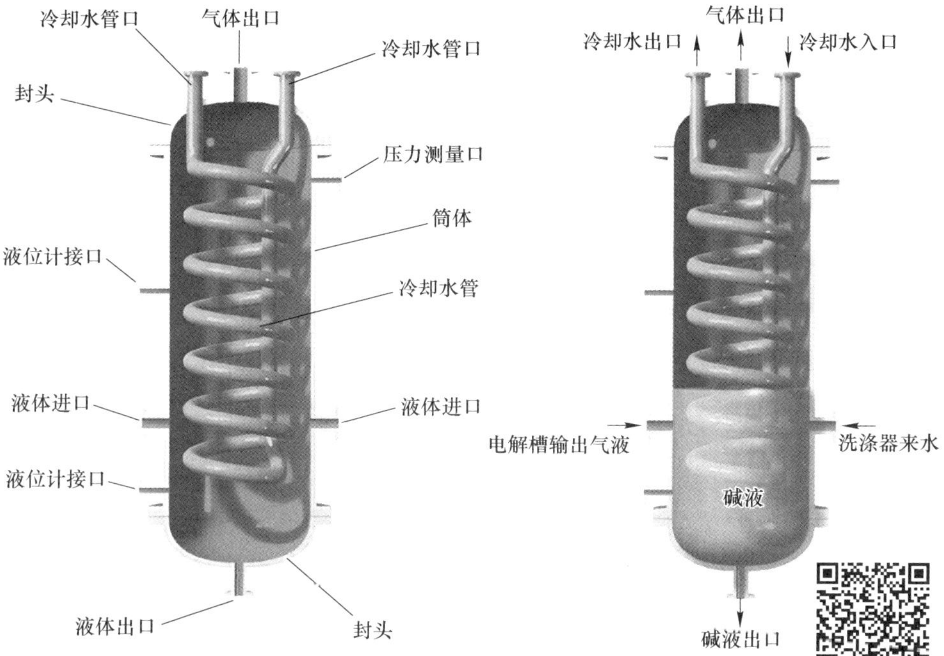

图 2.39 气液分离器的结构和工作原理

图 2.39 彩图

气液分离器还存在卧式结构的，这种结构能够进一步增大气液接触面积，同时降低设备高度，使其更加适应不同的应用场景。

C 气体洗涤器

气体洗涤器用于洗涤冷却氢、氧气，能除去气液分离器排出气体中残留的雾状碱液与水蒸气。它是承压容器，顶部有气体、冷却水管出入口，底部为液体入口，侧面分别设液体、气体出口；内部含螺旋冷却水管和下端带锯齿喇叭口的直管。图 2.40 所示为气体洗涤器的结构和工作原理。

气体经顶部进入直管，下半部浸于纯净水，从锯齿喇叭口形成小气泡随水上升，通过大接触面积使小气泡内液体溶解，纯净气体由上部排出。底部流入的纯净水补充电解消耗的水分，且洗涤器安装高于气体分离器以利于液体回流。此外，还有喷淋加筛板结构，常与卧式气液分离器集成，广泛应用于电解水制氢系统。

气体洗涤器也有采用喷淋加筛板的结构。洗涤器与卧式气液分离器合成一体，在电解水制氢系统中应用较多。

D 冷却器

冷却器分为氧冷却器、氢冷却器和碱液冷却器。系统生成的氢气与氧气在输出前通过冷却器进一步降温；在电解水时碱液温度会上升，为了保证电解槽内碱液温度维持在 85~90 ℃，必须对进入电解槽的碱液通过碱液冷却器进行降温。

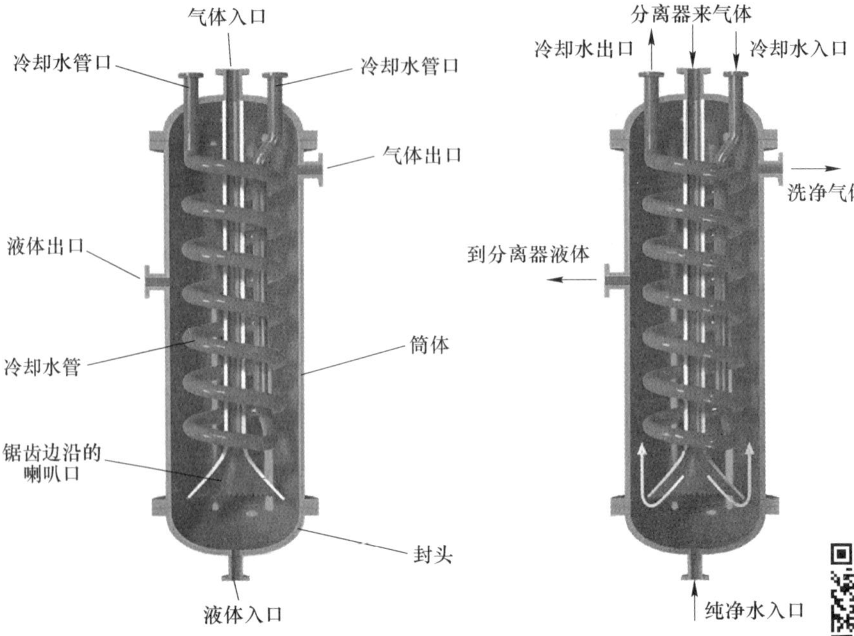

图 2.40　气体洗涤器的结构和工作原理

图 2.40 彩图

E　脱氧器

脱氧器主要利用氢气和氧气在催化剂作用下加热可生成水的原理进行脱氧。原料氢气进入脱氧器后，在高温和催化剂的作用下，少量氧气经过催化剂催化后与氢气结合生成水，使氧含量降低，从而达到要求。

碱性电解水制氢时，因隔膜渗透及电解液循环，氢气含杂质氧，需经脱氧器处理。实际生产中，借助负载于多孔物质的钯、铂等金属催化剂，使氢与杂质氧反应生成水；气态水随氢流出后，在冷却器中冷凝，于气水分离器过滤排出。脱氧器通常做成直立圆筒形，脱氧催化剂通常是由具有高脱氧活性的金属（如钯、铂、银、镍-铬、铜等）负载在多孔性物质上（如硅藻土、活性氧化铝、分子筛、半导体粉末等）制成的。图 2.41 所示为脱氧器原理示意图。

F　干燥塔

原料氢气经过脱氧器脱氧后夹带着水分，这时就需要干燥器（塔）进行变温吸干燥。其原理是：利用吸水性能优良的吸附剂（如活性氧化铝、硅胶等），在常温（或低温）下吸附气体中的水分，当吸附剂吸附的水分接近饱和时，采用升高温度的方法使水分从吸附剂中解吸出来（即吸附剂的再生），从而实现循环工作。图 2.42 所示为干燥器（塔）。

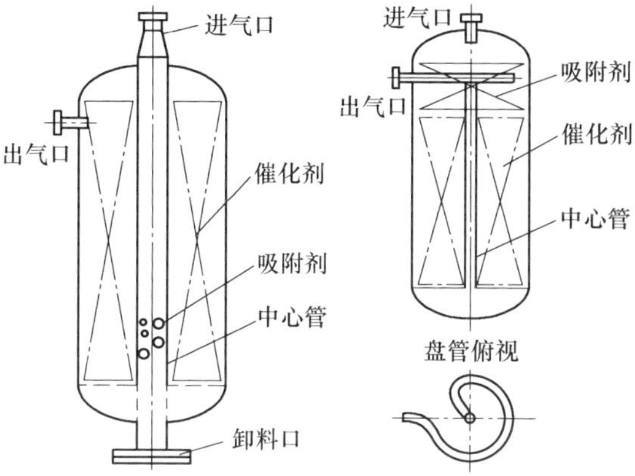

图 2.41 脱氧器原理

图 2.42 干燥塔

图 2.42 彩图

因此，一套碱性电解水制氢纯化装置中至少包含两台干燥器，一台工作时另一台再生，才能保证连续不断地生产氢气。

干燥时通常使用分子筛作为吸附剂，干燥后氢气的露点（饱和温度点）可达到-70 ℃以下。分子筛是一种具有立方晶体结构的硅铝酸盐化合物，经脱水后内部形成许多大小相同的空腔，具有极大的表面积；能把形状和直径大小不同的分子、极性程度不同的分子、沸点不同的分子、饱和程度不同的分子分离开来，故称为分子筛。水是极性很强的分子，分子筛对水有很强的亲和力。

G 直流电源

电解槽直流电源输出电压与电流要根据电解槽规模配套，中小型电解水制氢系统直流电源输出电压为数十伏，电流为数百安，供电电源直接采用 380 V 交流电，转换成直流电输出，电源装置采用风扇降温或水冷却。大型电解水制氢系统的电源输出超过 200 V，电流超过 5 kA，供电电源采用 3 kV 或 6 kV 或 10 kV 等高压电。电源系统采用风冷却，功率电子器件采用水冷却。电解直流电源的输出电压和电流均要可控。

H 其他

电解过程中要消耗大量的水，要不断向系统中补充纯净水。对于小型电解水系统，可直接向纯净水装置注入蒸馏水。大中型电解水系统配有专门的纯净水生产设备，直接用自来水生产纯净水。自来水经过多种方式过滤，再经反渗透处理后生成纯净水。纯净水通过补水泵送往气体洗涤器。采用离子水代替可以增加电解水制氢设备的使用寿命，提高电解效率。

2.3.1.4 碱性电解槽

碱性水电解槽，早在 20 世纪就已经出现，由多个电解槽小室串联在一起形成复极式结构，具有结构简单、紧凑、占地面积小等优点。图 2.43 所示为碱性水电解槽外观。

图 2.43 碱性水电解槽外观

图 2.43 彩图

电解槽分为单极式电解槽和双极式电解槽。

A 单极式电解槽的结构与原理

单极式电解槽是把所有阳极并联在一起接直流电源正极，所有阴极并联在一起接直流电源负极；接通电源后，在阳极板析出氧气，在阴极板析出氢气。由于阳极板在相邻两个小室都是阳极，阴极板在相邻两个小室都是阴极，所以每个极板正反面都是同一极性。单极式电解槽的结构与原理如图 2.44 所示，阳极与阴极间有隔膜。在电解槽内充满电解液，并且接通电源后，在阴极板两面析出氢气，在阳极板两面析出氧气。

B 双极式电解槽的结构和原理

双极式电解槽的结构和原理如图 2.45 所示。一块极板正反两面具有相反极性，故称为双极板。在电解槽充满电解液，并且接通电源后，在阴极析出氢气，在阳极析出氧气。

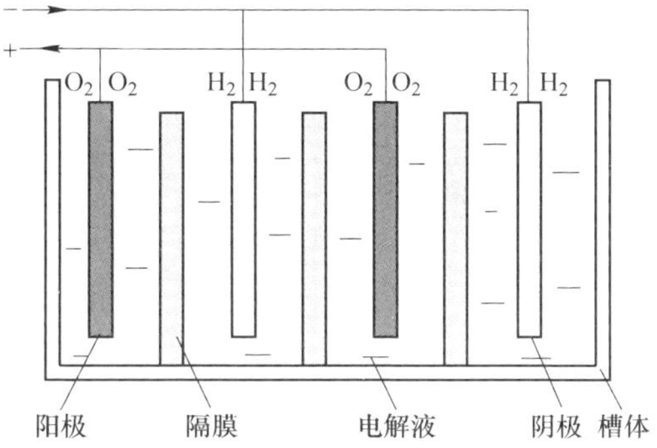

图 2.44 单极式电解槽的结构与原理示意图[23]

图 2.44 彩图

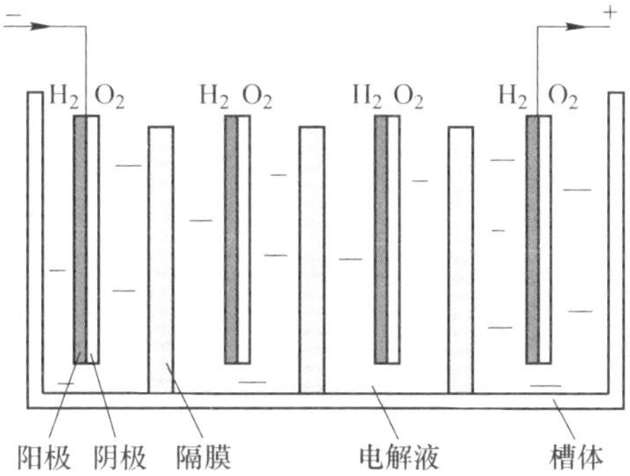

图 2.45 双极式电解槽原理和结构图[23]

图 2.45 彩图

双极式电解槽结构紧密，减少了由电解液电阻引起的电能损失，是目前工业上最常用的。双极式电解槽内部由阴极板、阳极板、集流器、电解液、隔膜、密封圈等组成，它们构成电解槽小室；把数十个甚至上百个电解槽小室由螺杆和端板压在一起形成电解槽，它的结构如图 2.46 所示。

C 电解槽的极板

极板是碱性电解槽的关键部件之一，它主要起到传导电子、阻隔阴极碱液和阳极碱液、支撑电极和隔膜的作用。一台 1000 m^3/h（标准状况）的电解槽一般需要 200~300 块极板。极板在电解槽中的位置如图 2.47 所示。

国内以双极板为主，国内极板材质一般采用铸铁金属板、镍板或不锈钢金属板。在结构上，为增大电流密度，降低制氢能耗，极板被设计成两部分：主极板+极框（见图 2.48），极板由主极板和极框焊接后镀镍而成。其中，极框上分布有气道孔和液道孔；主极板呈乳突结构，有支撑电极和隔膜的作用，电解液可以在乳突与隔膜布形成的流道中流动，同时乳突还有输电的作用；镍是非消耗性电极，在碱液里不易被腐蚀。

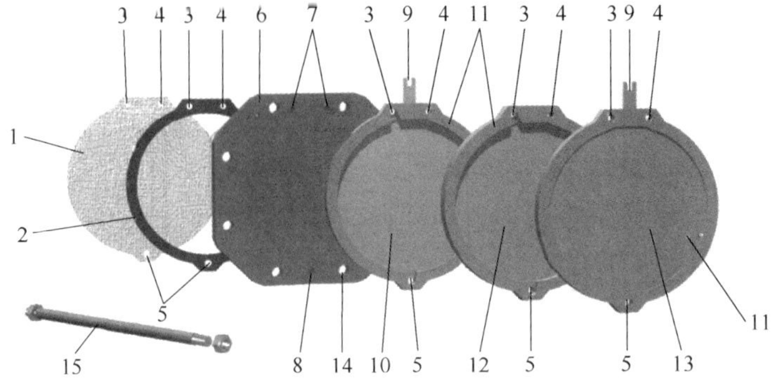

图 2.46 双极式电解槽结构示意图

1—隔膜；2—密封垫圈；3—氧气通道孔；4—氢气通道孔；5—电解液通道孔；6—端板；7—出气口；8—进液口；9—电源线端；10—阳极板；11—极板缸框；12—双极板；13—阴极板；14—安装孔；15—安装螺栓

图 2.46 彩图

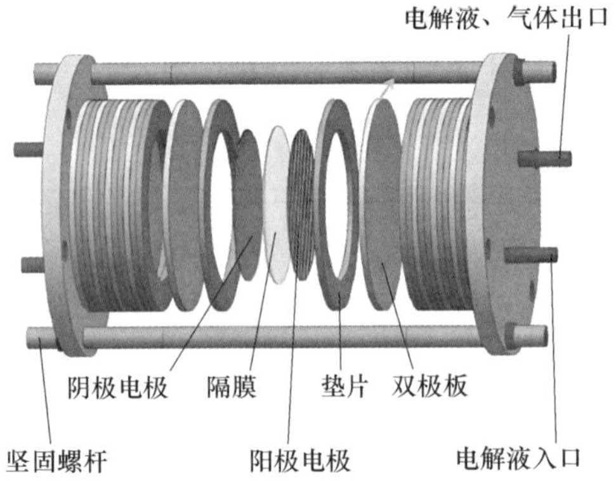

图 2.47 极板在电解槽中的位置

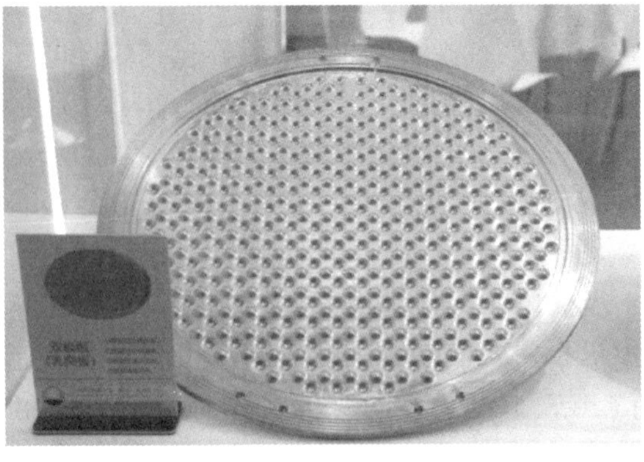

图 2.48 极板实物图

D 碱性电解槽里的隔膜

碱性电解槽在电解过程中，阳极产生氧气，阴极产生氢气，隔膜位于阳极与阴极之间，其作用是防止阳极产生的氢气和阴极产生的氧混合。

碱性电解槽的隔膜应具备以下要求：

（1）保证氢气和氧气分子不能通过隔膜，但允许电解液离子通过；

（2）能够耐高浓度碱液的腐蚀；

（3）具有较高的机械强度，能够长时间承受电解液和生成气体的冲击，隔膜结构不被破坏；

（4）为了降低电能损耗，隔膜必须要有较小的面电阻，因此隔膜孔隙率要尽可能高；

（5）在电解温度和碱性条件下隔膜能够保持化学稳定；

（6）原料易得、无毒、无污染，废弃物易处理。

用于碱性电解槽的隔膜主要有石棉隔膜、聚四氟乙烯树脂改性石棉隔膜、聚苯硫醚隔膜、聚砜类隔膜、聚醚醚酮隔膜等。图 2.49 所示为石棉隔膜。

图 2.49 石棉隔膜

E 碱性电解槽电极

碱性电解槽的电极是电化学反应发生的场所，也是决定电解槽制氢效率的关键。目前国内大型碱性电解槽使用的电极大多是镍基的，如纯镍网、泡沫镍或者以纯镍网或泡沫镍为基底喷涂高活性催化剂。镍网一般由 40~60 目（0.25~0.42 mm）的镍丝网经过裁圆制成，镍丝的直径为 20 μm 左右。镍网产品比较成熟，价格低廉，具有良好的耐酸、耐高温等性能。

泡沫镍价格低廉，产品成熟，电极材料内部充满大量微孔，表面积非常大，溶液与电极的接触面积大大增大，缩短了传质距离，极大地提高了电解反应效率。

涂层催化剂种类主要有两种：一种是高活性镍基催化剂，目前常见的有雷尼镍、活化处理的硫化镍、镍钼合金或者活化处理的镍铝粉等；另一种是含有贵金属的催化剂，如铂系催化剂、钌系催化剂、铱系催化剂等。

涂层方式有喷涂、滚涂、化学镀等方式，不同方式的性能和成本也会有差异。国内电解槽电极喷涂分三种：只喷涂阳极、只喷涂阴极和阴阳极全部喷涂。

图 2.50 所示为泡沫镍电极（a）和网镍电极（b）实物图，碱性电解槽电极生产制备已全部国产化。

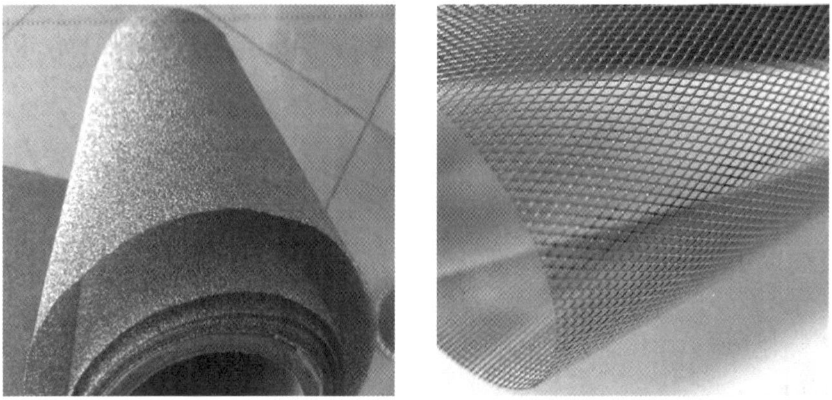

图 2.50 电极实物图

(a) 泡沫镍电极实物图；(b) 网镍电极实物图

2.3.1.5 碱性电解水制氢现状

(1) 产业成熟度。碱性电解水制氢技术目前是电解水制氢的主流技术，已经完成规模产业化并在快速发展。碱性电解槽技术是所有技术路线中最成熟的，也是成本最低的，但关键部件如隔膜、电极、催化剂等仍有很大的技术创新和降价空间。

(2) 技术特点。碱性电解水制氢系统效率为 51%~60%，负荷弹性为 20%~100%，电流密度为 0.25~0.45 A/cm^2，启动时间为 1~5 min，冷启动时间为 1 h，电堆寿命最长达 120000 h，投资成本最低（为 3000~6000 元/kW）；商业化规格一般为 5 MW，最大单槽已达 7.5 MW，无须贵金属催化剂。

(3) 市场规模。2022 年我国电解槽总出货量为 800 MW 左右，其中碱性电解槽为 776 MW，占比 97%。

(4) 应用场景。由于成本低、寿命长、规模大，因此非常适合大规模工业化制氢。

(5) 发展瓶颈。由于目前的动载性能较弱、电流密度一般，不太适合电网调幅与便携制氢。国内的隔膜材质还多用聚苯硫醚（polyphenylene sulfide，PPS），厚度较欧美常用的复合隔膜更厚，且面电阻较高；国内的电极主要以纯镍网为主，尚未导入泡沫镍和镍系合金，催化剂也处于早期阶段。

2.3.2 质子交换膜电解水制氢

质子交换膜（proton exchange membrane，PEM）电解水技术是 20 世纪 70 年代由美国通用公司率先开发成功的电解水制氢技术，目前已经进入商业化应用阶段，其技术成熟度仅次于碱性电解水技术。面对全球能源转型竞赛，我国将

PEM 技术纳入“十四五”氢能重点研发专项，通过“揭榜挂帅”机制集聚优势资源，目标是 2025 年实现 PEM 电解槽国产化率超过 70%。这一部署既体现了“集中力量攻克关键技术”的制度优势，也激励青年学生以“功成不必在我，功成必定有我”的信念投身科技报国。

2.3.2.1 质子交换膜电解水制氢原理

质子交换膜制氢是使用质子交换膜作为固体电解质代替碱性电解槽使用的隔膜和液态电解质（30%的 KOH 或 26%的 NaOH），并使用纯水作为电解水制氢的原料，避免了潜在的碱液污染和腐蚀问题。PEM 水电解的技术示意图如图 2.51 所示，其中阳极和阴极分别使用铱基和铂基贵金属材料，电极反应见式（2.33）、式（2.34）。

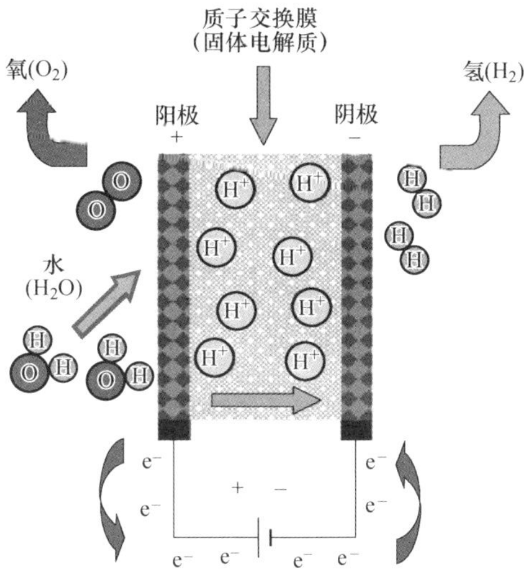

图 2.51 质子交换膜电解槽示意图

图 2.51 彩图

阳极侧 H_2O 分子失去电子发生氧化反应生成 O_2 和大量 H^+，H^+透过质子交换膜从阳极传输到阴极，并在阴极侧得到电子发生还原反应生成 H_2，总耗水量是制氢量的 11.5 倍左右[24]。

阳极：$$2H_2O(l) \longrightarrow O_2(g) + 4H^+ + 4e^- \tag{2.33}$$

阴极：$$2H^+ + 2e^- \longrightarrow H_2(g) \tag{2.34}$$

2.3.2.2 质子交换膜制氢工艺

PEM 水电解槽主要由质子交换膜（PEM）、阴阳极催化剂层[25]、阴阳极气体扩散层（GDL）和流场板/双极板（BP）等组合而成，工作原理为：利用动泵输送水，水通过阳极侧端板进入电解池，沿着流道传输并穿过阳极多孔扩散层，随后与阳极催化剂层接触。在直流电压作用下被氧化成质子、电子和氧气，其中氧气经过扩散层输送回流道，和未反应的水一起带出电解槽，电子通过外部电源电路循环，而质子借助水分子通过质子交换膜传输到阴极，在催化剂层被还原生成氢气，并依次经由气体扩散层、流道排出。PEM 水电解槽的工作原理和工艺流程如图 2.52 所示[26]。

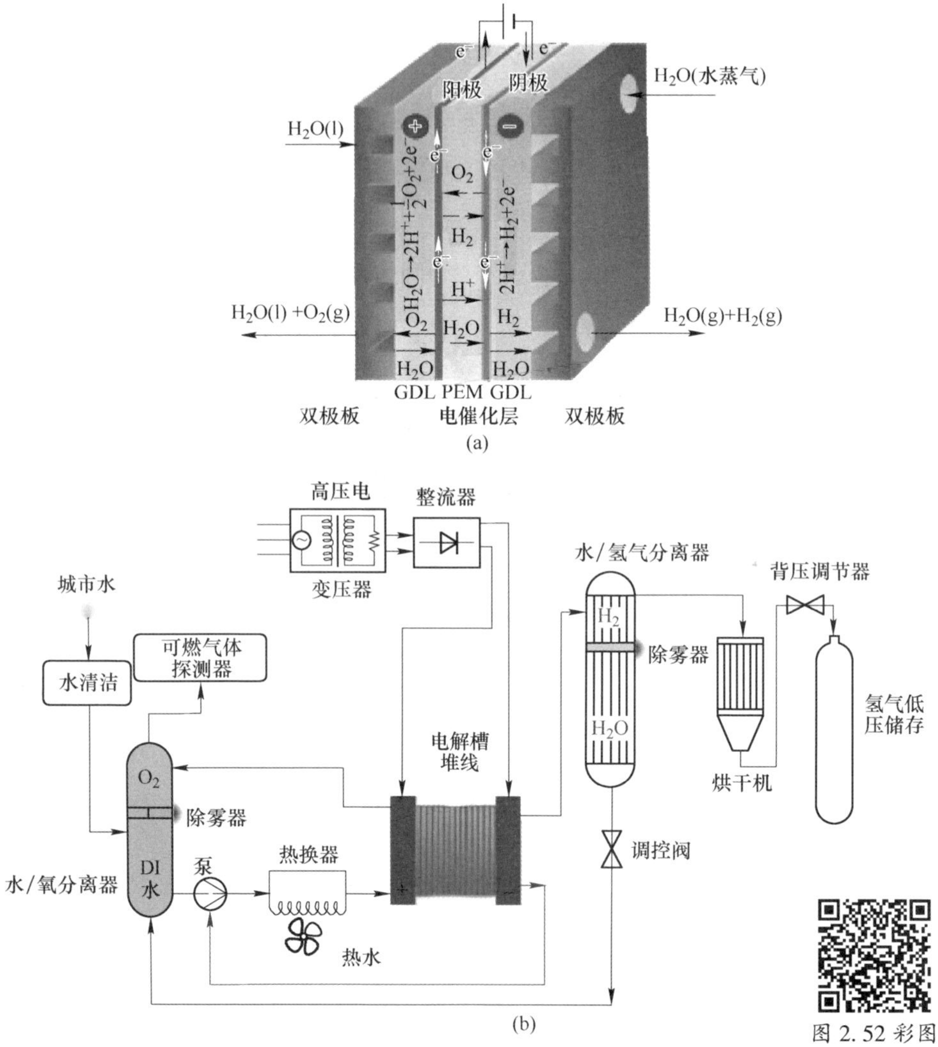

图 2.52 PEM 水电解槽的工作原理（a）和工艺流程（b）[27]

2.3.2.3 质子交换膜电解水制氢系统组成

质子交换膜电解水制氢系统由质子交换膜电解槽和辅助系统组成[28]。

A 质子交换膜电解槽

质子交换膜电解槽是质子交换膜电解水制氢装置的核心部分。质子交换膜电解槽的最基本组成单元是电解池，电解池的大小取决于电解槽功率的大小。一个质子交换膜包含数十个甚至上百个电解池，每个电解池由5部分组成，由内而外分别为质子交换膜、阴（阳）极催化剂、气体扩散层和双极板。图2.53所示为质子交换膜电解槽的内部结构示意图[29]。

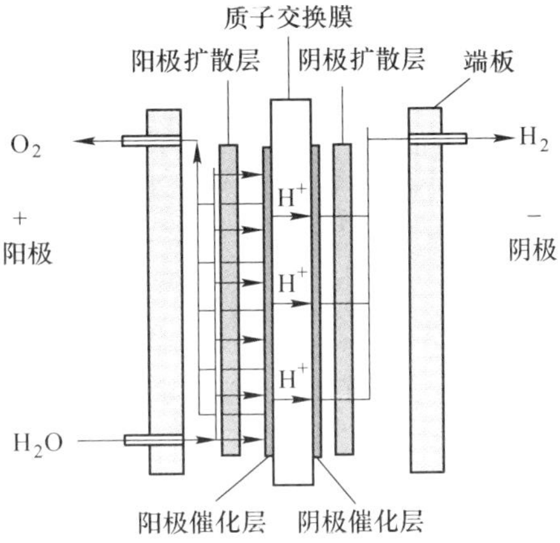

图2.53 质子交换膜电解槽的内部结构示意图

B 辅助系统

辅助系统包括电源供应系统、氢气干燥纯化系统、去离子水系统和冷却系统，见表2.13。

表2.13 质子交换膜电解水制氢装置辅助系统

系 统	设 备	作 用
电源供应系统	电流传感器、变压器	将交流电转化为稳定的直流电源
氢气干燥纯化系统	氢气纯化系统及相关仪表阀门	对生产的氢气进行干燥和纯化
去离子水系统	氧气分离器、循环泵及相关仪表阀门	为电解槽提供达标的去离子水
冷却系统	热换器、冷却泵、冷凝器等	降温或冷却从干燥器出来的气体

图2.54所示为质子交换膜电解水制氢系统。

2.3.2.4 PEM电解槽

A 双极板

双极板成本占PEM电解槽总成本的48%，控制PEM电解槽成本需要优先控制双极板成本。对双极板的研究主要集中在极板材料、极板涂层、极板流道设计优化上。PEM电解槽双极板材料主要包括石墨材料、金属材料和复合材料。石墨材料导电性能优异，但是材料较脆；复合材料性能优异，但是受限于成本问题；金属材料导电性能好、易于加工，是目前最常用的双极板材料。但是，金属材料双极板在 PEM 电解槽运行过程中容易腐蚀金属，造成 PEM 电解槽污染，目前的解决方法是在双极板表面添加涂层[30]。

图 2.54 质子交换膜电解水制氢系统

图 2.54 彩图

B 催化剂

PEM 电解槽成熟的商业催化剂大多采用 Ir、Pt 系列催化剂，为减少贵金属带来的成本因素，相关研究集中在减少贵金属催化剂的负载量、使用非贵金属代替贵金属催化剂。科研人员分析当前 PEM 电解槽催化剂开发中面临的挑战，提出了开发具有低堆积密度的高结构催化剂的途径，其催化效率比商业基准催化剂略有提高。有研究人员发现，非贵金属磷化钴应用于商用 PEM 电解槽，在相同的操作条件下，比铂基 PEM 电解槽性能好且稳定。然而，在 PEM 电解过程中，由于阳极处于强酸环境，非贵金属易与酸根离子结合而降低质子传导能力，因此非贵金属催化剂研发难度大，预计未来一定时期内催化剂材料主要侧重研究新型低铱[31]材料及其制备工艺，非铱[31]基催化剂的设计与合成也将是研究热点。

C 扩散层

扩散层的研究主要集中在扩散层涂层工艺及其材料，扩散层的结构改进与优化、扩散层的水管理等方面，以提高扩散层的导电性能、力学性能和亲水疏水性能等。将贵金属氧化物涂层涂在 PEM 电解槽的阳极扩散层，可以有效提高扩散层的导电能力、机械稳定性、化学性能和抗腐蚀性能。

为了研究气体扩散层空间变化特性对水管理和质子交换膜性能的影响，采用数值分析方法研究孔隙度和润湿性的关系，发现二者分布的空间变化会影响阴极气体扩散层和催化剂层内部液态水的饱和度分布。从气体扩散层疏水性、孔隙率、工程穿孔、微孔层等多方面介绍质子交换性能膜燃料电池和电解水电解槽扩散层的改性和处理方法，表明微孔层可以在低湿度条件下保持膜水化，在潮湿条件下可以有效去除多余水分。根据 PEM 电解槽气体扩散层的微孔层研究现状，综述了微孔层的孔隙率和孔径分布设计，总结了微孔层的润湿性及其对排水的影响，总结了气体扩散层的耐久性设计，表明气体扩散层的穿孔可以改善其去水效果，需要对新型微孔层材料的实用性和耐久性进行深入研究。

D　质子交换膜

质子交换膜常使用全氟磺酸聚合物 Nafion 膜作为质子传导电解质。为改善质子交换膜的离子交换性能，以芳基或氮杂芳基双膦酸盐为掺杂剂，采用流延法制备的新型 Nafion 膜，表现出更高的吸水率和离子交换能力。采用预处理工艺，掺入增强剂、纳米复合材料、共混物、离子液体等手段来改善 Nafion 性能的最新成果，表明原始 Nafion 的热历史和预处理对其性能有相当大的影响，可以制备复合的 Nafion 膜，并与其他聚合物共混，从而降低膜的成本，提高其机械稳定性和热稳定性。为了解决全氟磺酸膜（如 Nafion）存在催化剂中毒、成本较高等问题，使用无氟聚合物有效解决了该问题。预计在未来一段时间内，质子交换膜的研究侧重于膜的改进、新型质子交换膜的开发等方面，以降低质子交换膜的成本，提高膜的使用寿命。图 2.55 所示为 PEM 电解槽结构示意图。

图 2.55　PEM 电解槽结构示意图[32]

2.3.2.5　质子交换膜电解水制氢现状

（1）产业成熟度。质子交换膜电解水制氢技术是电解水制氯的新兴技术，尚处于商业化早期阶段，成本很高，关键部件质子膜、双极板、催化剂仍主要依靠进口，但近几年技术进步和零部件国产化的进程在持续加速。

（2）技术特点。质子交换膜电解水制氢系统效率为 46%～60%，负荷弹性为 0～120%，电流密度为 1～2 A/cm^2，热启动时间只需不到 5 s，冷启动时间为 5～10 min，电堆寿命最长 100000 h，投资成本较高（为 8000～13800 元/kW），商业化规格一般为 1 MW。

（3）市场规模。2022 年我国电解槽总出货量为 800 MW 左右，其中质子交换膜电解槽接近 24 MW，占比不到 3%[33]。

（4）应用场景。由于在各指标上表现很均衡，且启动时间短，负荷弹性高，电流密度高，因此适合电网调幅与便携制氢等动态负载场景。

(5) 发展瓶颈。我国质子交换膜电解水制氢产业发展相对滞后，虽然部分企业已形成具有较高自主化程度的制氢样机，但还存在质子交换膜等关键材料的战略性技术问题。后续应加大力度攻关低成本催化剂和气体扩散层等关键技术，提升关键设备的效率与寿命[34]。

2.3.3 高温固体氧化物制氢

20世纪80年代，Donitz和Erdle首次报道固体氧化物（SOEC）电解槽在0.3 A/m^2电流密度下的电解电压低至1.07 V，实现了100%法拉第效率。SOEC电解水制氢需要在高温下运行，工作温度为500~1000 ℃，电化学性能更高，具有比碱性槽和PEM电解槽更高的电解效率，目前仍处于实验研究阶段[35]。

2.3.3.1 高温氧化物制氢原理

固体氧化物电解水（SOEC）是一种在高温状态下电解水蒸气制氢技术，基本原理如图2.56所示。

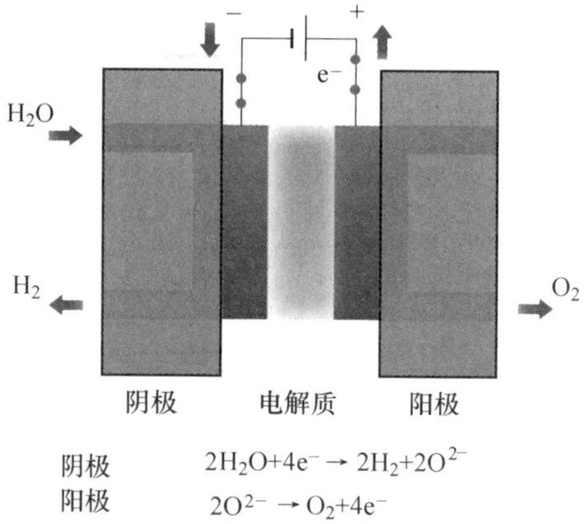

图2.56 固体氧化物电解水制氢原理

图2.56彩图

通过电极反应将电能转化为化学能，水从阴极侧进入，反应生成H_2和O^{2-}；O^{2-}通过电解质层进入阳极侧，失电子后产生O_2。该技术的工作温度在600~1000 ℃，主要结构包括阴极、阳极和电解质层。阴极通常使用Ni/YSZ多孔金属陶瓷，阳极为含稀土元素的钙钛矿（ABO_3）氧化物、电解质层为氧离子导体（YSZ或ScSZ等）[36]。

高温固体氧化物电解水制氢技术是将水分解为氢气和氧气的一种可持续的方法，其具有高效、环保等优点，在能源转型和新能源技术应用方面具有广泛的应用前景。相对于传统的化石能源制氢，高温固体氧化物电解水制氢技术具有很多优势。首先，它是一种可持续的能源生产方式，可以更好地保护环境，并满足未来经济和人口的能源需求；其次，高效性使其在工业和市场中拥有更广泛的应用，具有更高的经济收益。此外，氢气的产生和消耗过程不存在二氧化碳的排放，可以显著减少大气污染。

尽管高温固体氧化物电解水制氢技术具有如此多的优势，但仍然存在一些挑战，一个重要的挑战是电解池的使用寿命。由于高温热量和高能量流密度的影响，电解池的寿命相对较短，需要进行长期注意和更新。另一个挑战是技术的成本，尽管其在市场和工业方面的应用越来越广泛，但其成本仍然过高。因此，未来需要更多的科技突破来优化此技术。

总体来说，高温固体氧化物电解水制氢技术是一种有效的清洁能源来源，应用前景广阔。尽管其存在一些挑战和难点，但未来随着科技的不断进步和应用的推广，相信其成本和效率都会得到进一步改善和提升。图 2.57 所示为高温固体氧化物制氢设备照片。

图 2.57　高温固体氧化物制氢设备照片

2.3.3.2　高温固体氧化物制氢现状

（1）产业成熟度。仍然处在示范项目阶段，很多技术尚未成熟，未达到应用验证阶段。

（2）技术特点。高温固体氧化物电解水制氢系统效率为 76%~81%，负荷弹性为 100%，电流密度为 0.2~1 A/cm^2，热启动时间为 15 min，冷启动时间为几小时，电堆寿长为 20000 h，投资成本较高（大于 15000 元/kW），目前商业化规格一般为 10 kW[37]。

（3）目前市场规模很小。

（4）应用场景效率是各种电解水制氢技术路线中最高的，热机状态动载性能极佳，还可双向工作，非常适合核电制氢和大规模热电联供。

（5）发展瓶颈。工作温度过高，达到 600~1000 ℃，且设备投资很高，目前难以在工业制氢、电网调幅等领域与碱性电解水制氢和质子交换膜电解水制氢技术进行竞争。

2.3.4 团体聚合物阴离子交换膜电解水制氢

AEM（anion exchange membrance）是固体聚合物阴离子交换膜的英文缩写，AEM 电解水制氢技术是目前较为前沿的电解水制氢技术之一。

AEM 电解水制氢技术结合了碱性电解水制氢技术和质子交换膜电解水制氢技术的优点。与碱性电解水制氢技术相比，AEM 电解水制氢技术具有更快的响应速度和更高的电流密度；与质子交换膜电解水制氢的基本技术相比，AEM 电解水制氢技术的制造成本更低[38]。AEM 电解水制氢的基本原理如图 2.58 所示。

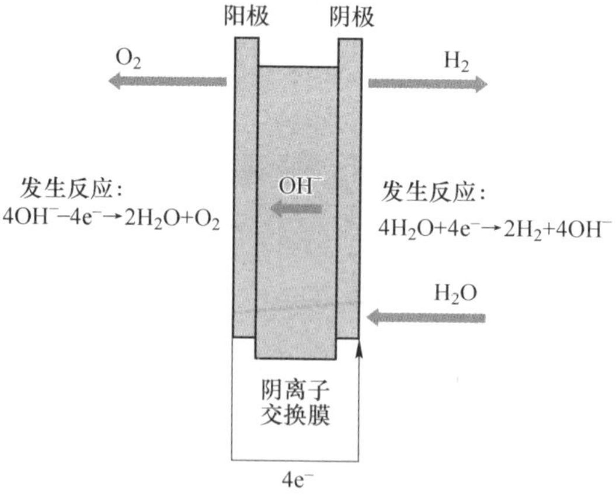

图 2.58 AEM 电解水制氢的基本原理

图 2.58 彩图

电解设备运行时，原料水从 AEM 电解设备的阴极侧进入。水分子在阴极参与还原反应并得到电子，产生 OH^- 和氢气。OH^- 通过聚合物阴离子交换膜到达阳极后，参与氧化反应并失去电子，生成水和氧气。根据设备设计的不同，有时会在原料水中加入一定量的氢氧化钾（KOH）溶液或者碳酸氢钠（$NaHCO_3$）溶液作为辅助电解质，这有助于提高 AEM 电解设备的工作效率[39]。

2.3.5 电解水制氢的优缺点

不同电解水制氢技术比较，见表 2.14。

表 2.14 不同电解水制氢技术比较[40]

电解技术	碱性电解	质子交换膜电解	固体氧化物电解
发展阶段	大规模应用，基本实现国产化	小规模应用，国内技术存在一定差距	尚未实现产业化
运行温度/℃	70~90	70~80	600~1000
电流密度/$A \cdot cm^{-2}$	0.2~0.4	1.0~2.0	1.0~10.0

续表 2.14

电解技术	碱性电解	质子交换膜电解	固体氧化物电解
单台装置 制氢规模（标态） $/m^3 \cdot h^{-1}$	0.5~1000	0.01~500	—
电解槽能耗（标态） $/kW \cdot h \cdot m^{-3}$	4.5~5.5	3.8~5.0	2.6~3.6
系统转化效率/%	60~75	70~90	85~100
系统寿命	已达 10~20 年	已达 10~20 年	—
启停速度	热启停：分钟级 冷启停：>60 min	热启停：秒级 冷启停：5 min	启停慢
系统运维	有腐蚀液体，后期运维复杂，运维成本高	无腐蚀性液体，运维简单，运维成本低	目前以技术研究为主，尚无运维数据
占地面积	较大	较小	—
电解槽价格 $/元 \cdot kW^{-1}$	国产 2000~3000 进口 6000~8000	7000~12000	—
特点	技术成熟，成本相对较低，易于大规模应用；适配稳定电源的电力系统，较难直接用于波动大的光伏、风电制氢	效率高于碱性电解；占地面积小、间歇性电源适应性高，易于实现与风光等可再生能源的结合；但设备成本较高，催化剂多采用贵金属，技术存在升级空间	高温环境下反应，可采用非贵金属催化剂，但存在电极材料稳定性问题

目前碱性电解水制氢技术已实现商业化应用；质子交换膜电解水制氢技术显著减小了电解槽尺寸与质量，电流密度更大，是我国电解水制氢的发展方向。与传统化石能源制氢技术相比，电解水制氢技术不会生成二氧化碳、无污染并且具有工艺简单、氢气纯度高等优势，是我国重点制氢的发展方向，但目前主要面临的问题是能耗高、成本高、效率低。

因此，我国在短期内，电解水制氢仍以碱性电解水制氢为主，但质子交换膜电解水制氢仍是发展重点，未来期望能有碾压性的突破。

2.3.5.1 电解水制氢的优点

(1) 制氢纯度。高电解水制氢纯度一般大于 99.8%，进一步提纯可以达到 99.999%，可以满足各行业对氯气纯度的要求。

(2) 清洁环保。电解水制氢不会产生任何有害污染物，是一种非常清洁环保的制氢方式，属于“绿氢”范畴，符合“双碳”目标的要求。

(3) 能源利用率高。电解水制氢的能源利用率是非常高的，可以达到 90%

以上。这是因为电能可以被充分利用，同时可以提高氢气的产量，这对节约能源和提高效率都非常有益。

（4）灵活性好。电解水制氢的设备可以随时启动和停止，而且可以根据需要进行扩容，或可以根据实际需求进行调整。

（5）安全性高。电解水制氢的设备和过程非常安全，不会产生危险和损坏性的事故。同时，制氢过程中没有任何有害的化学物质产生，这非常有利于人体健康和环境保护。

2.3.5.2 电解水制氢的缺点

（1）能源消耗大。电解水制氢需要消耗大量的电能，如果使用传统化石能源会带来二次污染问题。

（2）制氢成本高。目前电解水制氢是所有制氢方式中成本最高的，这主要由于电解水制氢要消耗大量的电能，电价是决定电解水制氢成本的重要因素。

（3）有些关键技术还依赖进口。电解水制氢设备的部分关键材料与技术还依赖进口，这严重制约了我国电解水制氢设备的规模化发展。

2.4 其他制氢方法

2.4.1 氨分解制氢

氨分解制氢是指液氨在一定温度下，在镍基催化剂作用下将氨进行分解，可以得到含 75%H_2、25%N_2 的氢氮混合气体。其化学反应式为：

$$2NH_3 \longrightarrow 3H_2 + N_2 \tag{2.35}$$

氨分解制氢的工艺流程如图 2.59 所示。液氨经过气化器形成气态氨，然后进入氨分解炉进行分解反应，在炉内，1 mol 的氨（气态）在一定压力和温度及催化剂的存在下，可分解为$\frac{3}{2}$ mol 的氢气和$\frac{1}{2}$ mol 的氮气，并吸收一定的热量；之后通入预处理装置除去未反应的氨和少量的水；再通入分离系统中分离出纯氢。使用氨作为氢储存中间体的关键挑战在于实现氨的分解以及随后的氢产物的分离和纯化。

图 2.59 氨分解制氢的工艺流程

图 2.60 所示为某企业的氨分解制氢工艺流程。

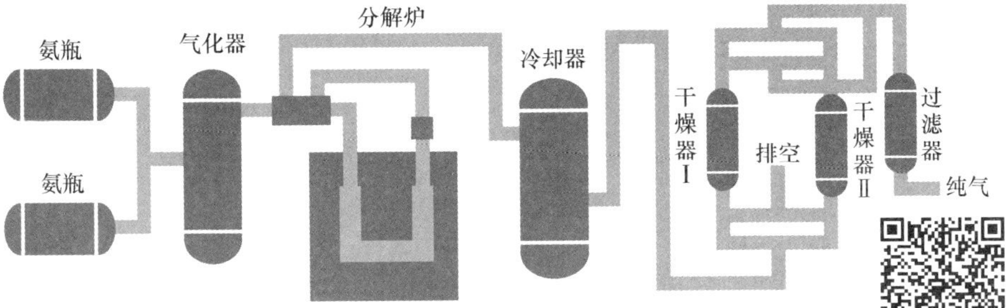

图 2.60 某企业的氨分解制氢工艺流程

图 2.60 彩图

液氨钢瓶中流出的液态氨先进入气化器气化，使液氨气化至 45 ℃左右、压力为 1.5 MPa 的气态氨。1.5 MPa 的气态氨再经减压阀组调压后降至 0.05 MPa，然后经过与分解炉出来的高温气体进行换热，预热后的氨气便可进入高温分解炉。在分解炉中，在高温（铁催化为 650 ℃、镍催化为 850 ℃）和催化剂的作用下，氨分解成含 75% H_2、25% N_2 的氢氮混合气体。氢氨混合气体经过干燥器和过滤器，得到高纯度的氢气。

2.4.2 甲醇制氢

甲醇是最简单的饱和一元醇，其结构式为 CH_3OH，是最重要的化学工业基础原料，其在有机化工行业中使用量仅次于苯、乙烯以及丙烯，是制造甲胺、甲醛、醋酸等多种有机化工产品的原料。甲醇常见的物化性质见表 2.15。

表 2.15 甲醇常见的物化性质

项目	数值	项目	数值
沸点/℃	64.5	熔点/℃	-97.8
相对密度	0.792（20 ℃/4 ℃）	溶解度	与水、乙醇、乙醚、甲苯等互溶
颜色	无色透明	气味	略有酒精味
自燃点/℃	463.89	挥发性	易挥发

最近几年，我国大量投资绿色甲醇项目，目前已经有好几家绿色甲醇示范项目，有数十家甲醇制氢设备厂家，甲醇站内制氢加氢的撬装站（见图 2.61）已经在张家口为 2022 年北京冬奥会投运。

2.4.2.1 甲醇水蒸气重整制氢

甲醇水蒸气重整制氢是在特定催化剂作用下，甲醇与水蒸气发生一系列化学反应，核心主反应为：

$$CH_3OH + H_2O \longrightarrow 3H_2 + CO_2 \tag{2.36}$$

图 2.61 甲醇制氢-加氢一体站

图 2.61 彩图

此为吸热反应，需外界供热维持反应。实际反应中，还存在甲醇分解反应：

$$CH_3OH \longrightarrow CO + 2H_2 \tag{2.37}$$

以及一氧化碳变换反应：

$$CO + H_2O \longrightarrow CO_2 + H_2 \tag{2.38}$$

这些副反应对产物组成和后续气体分离提纯影响显著。

甲醇水蒸气重整制氢工艺流程如图 2.62 所示。首先，将甲醇和水蒸气按特定比例充分混合，随后混合原料从进气口进入反应腔。在反应腔内，混合气体在催化剂的作用下进行催化反应，生成含有氢气、二氧化碳和一氧化碳的混合气

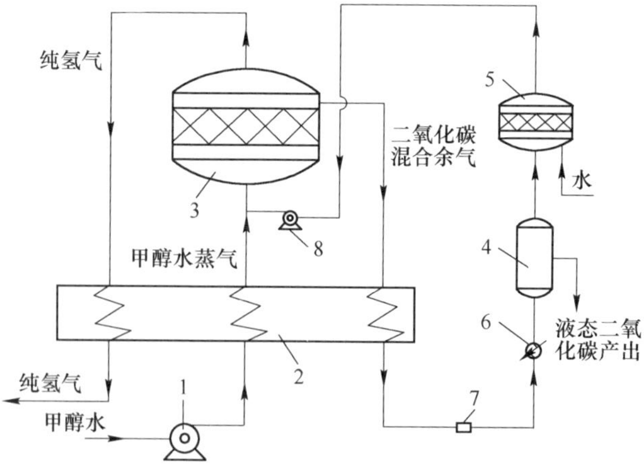

图 2.62 甲醇水蒸气重整制氢工艺流程

1—甲醇水输出泵；2—换热器；3—重整反应器；4—二氧化碳分离塔；
5—氢气精制塔；6—减压阀；7—压力控制单元；8—循环泵

体。接着，借助吸氢管对混合气体进行分离操作，将其分离为纯度较高的氢气和二氧化碳混合余气。最后，分离出的纯氢气从吸氢管出口输出并被收集起来，二氧化碳混合余气则通过相应的出口排出。

在实际工业生产中，该工艺对反应条件要求较为苛刻，反应温度通常控制在200~300 ℃，压力维持在0.5~2.0 MPa。常用的催化剂为铜基催化剂，其活性和选择性对反应的效率和产物的纯度有着重要影响。例如，在某甲醇水蒸气重整制氢工厂中，通过优化铜基催化剂的配方和反应温度、压力等参数，氢气的产率得到显著提高，同时杂质含量降低，有效提升了制氢的经济效益。

2.4.2.2 甲醇裂解制氢

甲醇裂解制氢是在催化剂作用下，甲醇分解为一氧化碳和氢气，反应式为：

$$CH_3OH \longrightarrow CO + 2H_2 \tag{2.39}$$

此为吸热反应，需外部供热。产物主要含一氧化碳和氢气，还可能有少量未反应的甲醇和其他杂质。

甲醇裂解制氢的主要工艺流程如图2.63所示，首先，甲醇通过计量泵精确输送至气化器，在气化器中被加热至沸点以上，实现完全气化。气化后的甲醇进入装有裂解催化剂的裂解反应器，在250~350 ℃、0.5~1.5 MPa的条件下发生裂解反应，生成一氧化碳和氢气。然后，裂解气进入一氧化碳变换反应器，在200~250 ℃以及催化剂的作用下，一氧化碳与水蒸气发生变换反应，转化为二氧化碳和氢气，从而提高氢气的产率。反应后的气体进入气液分离器，通过重力沉降等原理除去其中的水分，以减少后续处理的难度。最后，经过气液分离的气体进入变压吸附装置，利用吸附剂在不同压力下对不同气体吸附能力的差异，实现氢气与杂质气体的高效分离，最终获得纯度高达99%以上的氢气。

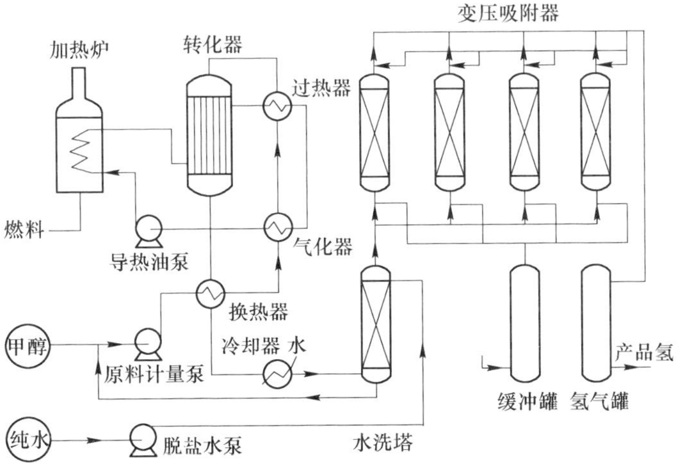

图2.63 甲醇裂解制氢工艺流程

在整个甲醇裂解制氢过程中，每个反应阶段的温度、压力控制以及催化剂的性能都是影响制氢效果的关键因素。例如，在裂解反应器中，温度过高可能导致副反应加剧，影响氢气的纯度；温度过低则会使反应速率减慢，降低生产效率。此外，变压吸附装置的运行参数，如吸附压力、解吸时间等，也直接关系到氢气的纯度和回收率。在实际生产中，需要根据原料甲醇的品质、设备的性能以及产品氢气的质量要求，对工艺参数进行精细调整，以实现最佳的制氢效果。

甲醇水蒸气重整制氢和甲醇裂解制氢两种方法，它们都需要外部供热，存在能耗高的问题。甲醇水蒸气重整制氢技术相对成熟，氢气产率较高；但副反应多，产物分离提纯复杂，设备投资大，需定期更换催化剂。甲醇裂解制氢工艺简单，流程短，氢气纯度高；但产物含一氧化碳，需后续处理，对原料纯度要求高，原料成本相对较高。

2.4.3 含氢化合物水解制氢

含氢化合物水解制氢是一种重要的制氢方式，通过含氢化合物与水发生化学反应释放氢气。在众多含氢化合物中，硼氢化钠凭借其温和的反应条件、高纯度的产氢优势，在小型移动电源及实验室研究领域表现出色，然而成本与催化剂依赖问题限制了其大规模应用；金属氢化物以氢化镁（MgH_2）为例，它具有较高的理论储氢量，高达7.6%（质量分数），在水解过程中能快速释放氢气，适用于需要快速获取氢源的应急场景，如野外应急发电。不过，氢化镁的制备需要高温高压环境，制备成本高昂，水解后产生的氢氧化镁回收处理复杂，增加了后续成本和环境压力。铝水反应因原料丰富、氢产量大，在汽车和分布式发电领域前景广阔，不过反应条件的苛刻和控制难度大成为其发展瓶颈。这些含氢化合物水解制氢各有优劣，随着技术的不断进步，有望克服上述缺点，在能源领域发挥更大作用。

2.4.3.1 硼氢化钠水解制氢

制氢技术作为氢能产业发展的关键环节，其重要性不言而喻。目前，多种制氢方法各显神通，硼氢化钠水解制氢技术以其独特的优势，在众多制氢技术中脱颖而出。它不仅具备温和的反应条件，还能产生高纯度的氢气，为小型移动电源和实验室研究等领域提供了高效、便捷的供氢方案。接下来，让我们深入探究硼氢化钠水解制氢的原理、工艺及其广阔的应用前景[41]。

硼氢化钠（$NaBH_4$）水解制氢是基于其与水之间发生的氧化还原反应。在硼氢化钠中（见图2.64和表2.16），氢元素呈-1价，具有很强的还原性，而水中氢元素为+1价。当二者接触时，发生归中反应（同种元素不同价态向中间靠拢但不允许交叉，最后归中为同一化合价），具体化学反应方程式为：$NaBH_4+2H_2O═NaBO_2+4H_2\uparrow$。从微观层面剖析，硼氢化钠在水溶液中电离出 Na^+ 和 BH_4^-，BH_4^- 里的氢原子将电子转移给水中的氢原子。离子中的 H^- 被氧化成0价的氢气，水中的 H^+ 则被还原为氢气，同时生成偏硼酸钠。该反应在常温常压下便能发生，但为了加快反应速率，常常会添加适宜的催化剂，比如某些贵金属催化剂及其合金。

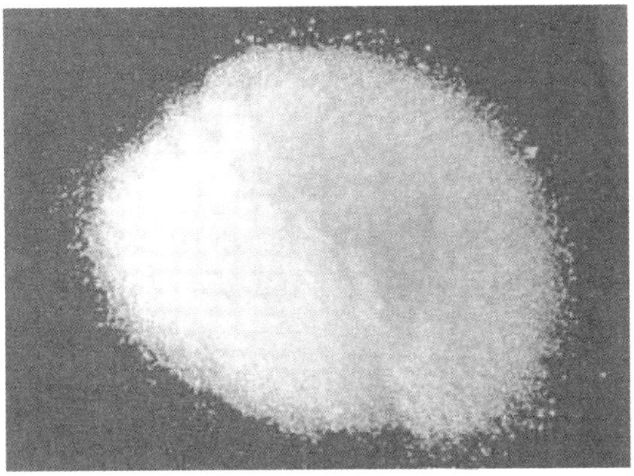

图 2.64 硼氢化钠

表 2.16 硼氢化钠常见物化性质

项目	数值	项目	数值
性状	白色至灰白色细结晶粉末或块状	沸点/℃	500（真空）
密度/g·cm^{-3}	1.074	溶解性	易溶于水
熔点/℃	36	氧化还原性	强还原剂

硼氢化钠水解制氢有独特的优势，但也存在一定的局限性。它的缺点很明显，硼氢化钠及催化剂成本高，大规模应用成本受限；对催化剂依赖大，催化剂失活会影响反应；副产物偏硼酸钠处理困难，易造成环境污染；硼氢化钠性质活泼，储存运输有安全风险。

2.4.3.2 氢化镁水解制氢

除了硼氢化钠，氢化镁（MgH_2）在含氢化合物水解制氢中也占据着重要地位。镁基储氢材料（如 MgH_2）在干燥空气中能够化学稳定存在，它可以通过热分解和水解两种方式重新释放氢气。相较于热分解方式，水解制氢具有诸多优势。水解反应是自发的放热反应，在室温下就能进行，这使得制氢装置相对简单，无需单独配备热源，在实际应用中有助于减小燃料电池的体积；水解的放氢量多于热分解，其中有一半的氢气来自水；水解产物氢氧化镁［$Mg(OH)_2$］环境友好，易于回收利用，可作为阻燃剂、环保型水处理剂以及药品添加剂等应用于其他领域，因此氢化镁水解制氢近年来成为研究热点。图 2.65 所示为氢化镁粉末。

图 2.65 氢化镁粉末

氢化镁（MgH_2）水解制氢的化学反应方程式为：

$$MgH_2 + 2H_2O = Mg(OH)_2 + 2H_2\uparrow$$

在这个反应中，氢化镁中的氢负离子（H^-）与水分子中的氢正离子（H^+）发生氧化还原反应，氢化镁中的氢被氧化为氢气，而水中的氢被还原为氢气，同时 Mg^{2+} 与 OH^- 结合生成 $Mg(OH)_2$。

不过，氢化镁水解制氢也面临着一些难题。水解产物氢氧化镁会以沉淀的形式存在，并附着在颗粒的表面，形成致密的钝化层，阻碍氢化镁与水的接触，严重限制了水解反应的进一步进行。为了提升氢化镁的水解性能，必须突破钝化层的限制。目前，研究学者们围绕这一问题展开了多方面的研究工作，提出了一系列关键技术来解决副产物阻止反应继续进行以及提高反应动力学性能的问题[42]。

在颗粒/晶粒细化方面，球磨是一种常用的方法，它能够有效减小氢化镁的颗粒尺寸，增大比表面积，进而提高水解放氢性能。通过球磨可以提高氢化镁颗粒在纯水中的转化率，但球磨时间过长会导致团聚现象严重，不利于水解制氢，而且球磨还会增加晶界、位错等缺陷。在球磨过程中加入添加剂（如石墨），能够在球磨过程中阻止颗粒之间团聚，同时石墨的疏水性可以阻止表面的生成，有利于球磨细化粉末[43]。

调节反应溶液的特性也是提高氢化镁水解速率的有效手段。酸性环境调节法是通过降低水溶液的 pH 值来提高氢化镁的放氢性能，常见的酸包括柠檬酸、乙二胺四乙酸、酒石酸、磷酸、甲酸等，这些酸能使钝化层去稳定化或溶解。

随着科技的不断进步，未来有望通过持续的研究和创新，突破含氢化合物水解制氢技术中存在的瓶颈，开发出更高效、更经济、更环保的制氢工艺和装置，推动含氢化合物水解制氢技术在能源领域实现更广泛的应用，为解决能源危机和环境污染问题提供有力的技术支持。

2.4.4 光催化分解制氢

时至今日，全球能源供应来源主要是化石燃料（石油 31%、煤炭 27%、天然气 23%）。然而，化石燃料在使用过程中会产生大量的温室气体，如 CO_2、臭氧和氧化亚氮等。截止到 2022 年，全球 CO_2 年排放量已达 406 亿吨，创历史新高。如果碳排放量继续上升，将严重损害全球生态系统平衡。因此，寻找可替代清洁能源是解决这一难题的有效途径。当前清洁能源（如生物质能、风能和太阳能等）商业化生产取得了显著进展。研究表明，只要充分利用 1%的太阳辐射，就足以满足世界对能源的需求，因此，太阳能的开发与利用具有巨大潜力。氢作为清洁、安全、高密度的理想能量载体，其燃烧热约为 140 kJ/g，且燃烧过程中仅生成水，不会产生有害的温室气体，因而是一种理想清洁能源。模拟植物的光合作用的人工光催化技术既能分解水产，将太阳能转换为可储存燃料，同时还能催化还原 CO_2 转化为单 C 和双 C 化合物，是一种极具应用前景且有效应对能源危机和温室效应的理想高新技术。

光催化制氢和 CO_2 还原，被誉为人类的“皇冠”反应。目前，研究人员已经开发了许多半导体光催化剂来促进太阳能向化学能的转换，例如，TiO_2、ZnO、ZnS、CdS 和 g-C_3N_4等。但是，光催化剂中光生载流子易于复合，导致大部分光催化剂的光活性较低。因此，提高光生电子和空穴的产生、分离和传输效率是提高光催化效率的首要前提和重要挑战。为了提高光催化活性，研究人员进行了大量的科学研究，主要包括：通过掺杂其他金属或非金属元素参与反应过程中光生电子或空穴转移，减少光催化材料表面载流子复合，进而提高光催化活性[18]；通过构建催化剂内部缺陷捕获激发态电子并窄化半导体带隙，拓展其可见光吸收范围与能力，进而提升光催化性能。通过与其他光催化剂复合构成异质结扩大光吸收范围和促进光生载流子分离，以获得更高的光催化活性，开发具有潜力的新型半导体光催化剂，提高光化效率过程总体效率。

2.4.4.1 光催化制氢基本原理

能带理论指出了晶体中电子能谱分布，即电子能量-动量关系。半导体具有两个能带（见图 2.66），即价带（VB：电子占轨道的最高能带）和导带（CB：自由电子的最低能带），半导体价带顶到导带底的能量差距为禁带宽度，决定发光和吸收光的波长范围。

光催化分解水制氢步骤如图 2.67 所示。（1）一定能量的太阳光辐射在半导体光催化剂上；（2）当光催化剂吸收高于或等于其带隙光能时，催化剂内部产生电子-空穴对（即光生电荷）；（3）价带产生光激发电子，转移到导带上，并在价带留下带正电荷的载流子（即空穴）。此过程为光生电荷分离，没有发生重组的载流子转移到催化剂表面，参与表面氧化还原反应。在此过程中，光生电子

将吸附的 H^+ 还原成 H_2，空穴则将吸附的水氧化成 O_2。最后，在导带上产生的氢气和价带上产生的氧气需要从催化剂表面解吸，实现光化分解水反应。

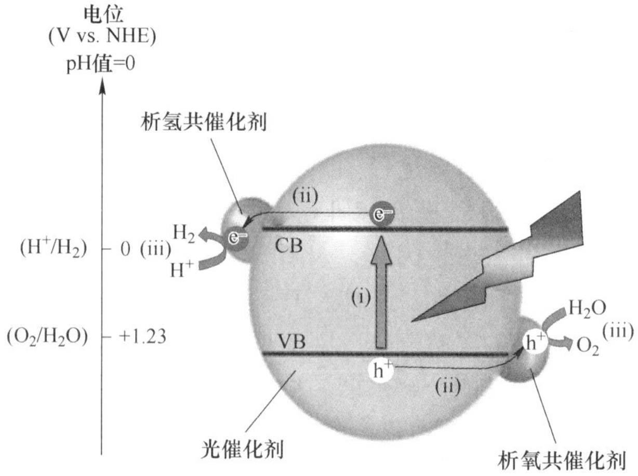

图 2.66 光催化制氢原理

图 2.66 彩图

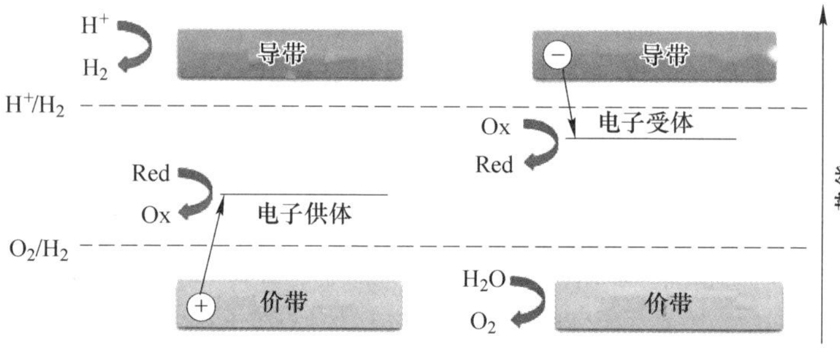

图 2.67 电子给体和受体存在时光催化水裂解原理图

图 2.67 彩图

依据光催化分解水制氢原理，由半导体材料组成的光催化剂要分解水释放出 H_2，催化剂的带隙能量应大于 1.23 eV，其中导带电位最小值必须比标准氢电极（0 vs. NHE）电位稍负，同时，价带电位必须比水的氧化电位（1.23 vs. NHE）更正。下列公式为 pH 值为 0 时进行的析氢反应［见式（2.40）］和析氧反应［见式（2.41）］。在光催化分解水制氢过程中，水/光催化剂界面处激发电子数会直接影响特定光催化分解水制氢速率，光生载流子复合会抑制光催化剂的活性。为解决该问题，研究人员通过在光催化分解水制氢体系中加入牺牲剂，用于消耗光生空穴，从而抑制光生载流子复合。对于加入牺牲剂的光催化分解水制氢反应，其原理如图 2.67 所示。由于牺牲剂的引入，通常此过程被认为是“光催化制氢”半反应而不是完全光催化“水裂解”全反应。目前光催化分解水制氢中常用的牺牲剂有：CH_3OH（常用于 TiO_2 和 ZnO），三乙醇胺（常用于 C_3N_4）和 Na_2S-Na_2SO_3（常用于 ZnS 和 CdS）等。

$$4H^+(aq) + 4e^- \longrightarrow 2H_2(g) \tag{2.40}$$

$$2H_2O(aq) + 4H^+ \longrightarrow 4H^+(aq) + O_2(g) \tag{2.41}$$

2.4.4.2 光催化制氢反应器

对于传统的光催化反应器，反应体系中的还原剂通常是水，在 TiO_2、WO_3 等光催化剂的作用下 CO_2 被 H_2O 还原成 CO（一氧化碳）、CH_4（甲烷）、HCOOH（甲酸）、HCHO（甲醛）和 CH_3OH（甲醇）等有机物。但是，由于 H_2O 是一种弱还原剂，因此 CO_2 很难被还原，而且生成的有机物容易被二次氧化，造成了传统光催化反应器产率低的技术瓶颈。近年来，光催化水分解制氢技术取得了飞速发展，这为双胞反应器的化学反应体系提供了理论依据。双胞反应器将光催化 CO_2 还原技术与光催化水分解制氢技术相结合，利用水分解产生的氢作为 CO_2 还原的反应物。由于氢比 H_2O 更易于反应，因此，双胞反应体系理论上比传统反应器具有更高的效率，该反应器的可行性已经在中国台湾科技大学的团队中得到实验验证。如图 2.68 所示，双胞反应器通常由两部分组成，分别是 H_2O 分解反应器和 CO_2 还原反应器，两个反应器由电解质膜隔开并连接。光催化水分解产生的氢离子穿过电解质膜进入 CO_2 还原反应器，在室温和光照的条件下直接与 CO_2 反应生成有机物。

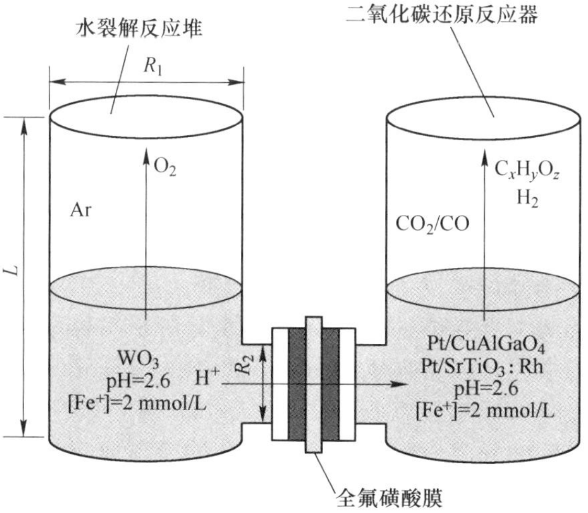

图 2.68 新型双胞胎反应器示意图

图 2.68 彩图

A 间歇式光催化反应器

目前最常见的光催化反应器是间歇式反应器，图 2.69 显示了一个典型的间歇式反应器示意图。在这种反应器装置中，反应浆料悬浊液置于反应罐（由不锈钢、Pyrex 耐热玻璃石英等材料构成)，利用磁力搅拌器充分搅拌浆料，阻止催化剂颗粒沉积。反应器周围有冷却水冷却，从而将反应过程保持在一定温度。反应器顶部有石英窗口，用于光源照射。除了上述典型的间歇式光反应器外，完整的光催化分解水系统还需整合以下部件：光源、抽空系统、样品/产品收集装置和气体检测仪器。

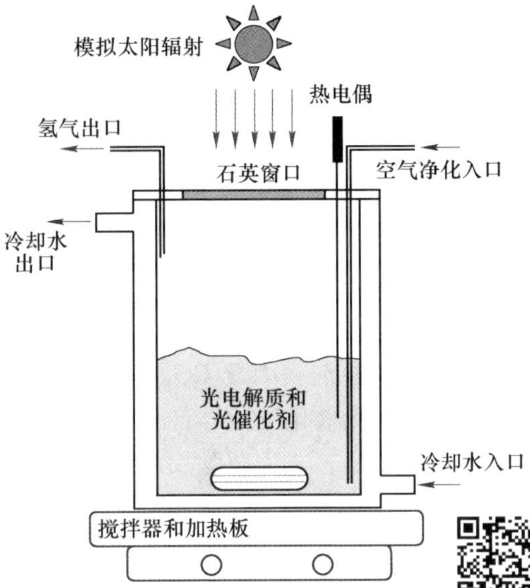

图 2.69 间歇式光催化分解水装置示意图[44]

图 2.69 彩图

B 非间歇式光催化反应器

尽管间歇式光催化反应器具有简单、易操作等优点，它在应用角度还有很多限制。比如，在间歇式光催化反应器中进行光催化反应过程需要使用磁力搅拌器进行不间断地搅拌，以防止粉体光催化剂发生沉积，造成催化剂受光不均匀，引起光催化活性降低的现象。但在大规模工业化生产制氢时，出于成本考虑，很难利用磁力搅拌对反应液进行搅拌。对于大规模生产制氢来说，需要开发比磁力搅拌更为合适的对光催化剂均匀照射的方法。Huang 等建议两种方案实现粉体和液体的均匀混合方式：(1) 把催化剂涂抹到大比表面积的三维结构材料上，填充到反应器中；(2) 在反应器的进口和出口部位形成湍流，防止催化剂粉体的沉积。一般来说，除了光催化剂自身光催化性能之外，光催化分解水系统总的光解水速率还受光催化反应器的光吸收、催化剂表面水分解的逆反应以及催化剂表面氢气的脱离等因素的影响。基于这些因素考虑，部分新型光催化分解水设备逐渐被开发出来。

通常，对于涉及两个半导体的 Z 形光催化水分解材料体系，制氢和制氧光催化剂是在单个反应器中混合以实现水的分解，产生的氢气和氧气很容易发生氢氧结合的反应，造成水分解反应的实际效率很低。Lo 等开发出一种双反应器，实现水分解制氢和制氧反应分离，以阻止氢氧结合的逆反应发生。如图 2.70 所示，在此类双反应器系统中，将制氢光催化剂和制氧光催化剂放置在双反应器的不同隔室中，隔室之间通过 Nafion 膜连接，阻止氢气与氧气的混合。当使用 Fe^{2+}/Fe^{3+} 为氧化还原对时，厚度为 178 μm 的 Nafion 膜可以保证 Fe^{2+} 和 Fe^{3+} 的渗透。使用前，渗透膜需要利用不同的酸和碱进行清洁，生成的 H_2 和 O_2 通过交替切换阀在线交替采样收集。为了避免气体交叉污染，在抽样过程中，气体管线需事先抽空并用氩气吹扫。

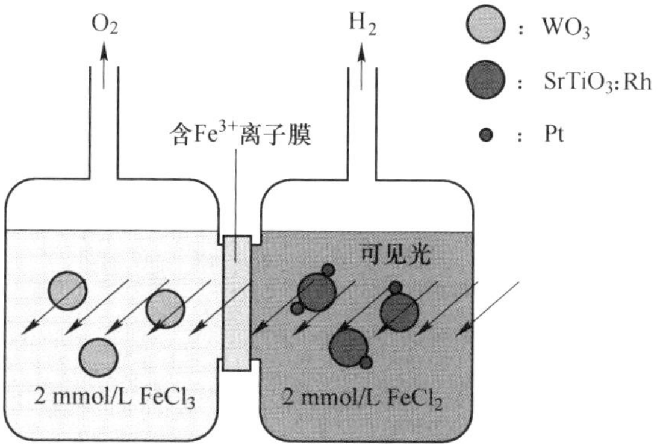

图 2.70 光解水双反应器[45]

图 2.70 彩图

2.4.4.3 光催化分解制氢催化剂

A TiO_2单相光催化剂

TiO_2具有稳定的性能、绿色环保、无毒无害，是一种典型的光催化剂。当光照射在 TiO_2样本上并且光子的能量大于其带隙宽度（3.0~3.2 eV）时，便可达到水分解的能量条件。但是，其本身较高的禁带宽度和较快的光生载流子复合速率，严重影响了催化剂的析氢效果。科学家们采用表面结构调节，金属/非金属离子掺杂和贵金属沉淀三种方法对这种催化剂进行改进。

基于催化剂表面结构调节方法制备的具有氧空位梯度的多孔还原 TiO_2提供了更大的表面积和活性位点，有利于光电流密度的提高。由于更高的孔隙率可以提高光电转换效率，因此部分还原的多孔 TiO_2定向结构有望成为未来光催化的电极材料。

B TiO_2复合光催化剂

将 TiO_2与合适的半导体以异质结方法结合在一起可提高催化剂的光催化性能。制备的 $Cu_3Mo_2O_9TiO_2$杂化物、$Cu_3Mo_2O_9$和 TiO_2之间形成的 p-n 异质结有利于电荷分离，该杂化物的产氢速率是原催化剂的 14.5 倍。对于 SnO_2/TiO_2异质结构，此异质结系统中丰富的氧空位可作为催化反应的活性位点，改性催化剂的氧化物界面接触均匀紧密，有利于光生载流子的分离和迁移。具有较大比表面积的 NiO 纳米颗粒掺杂 TiO_2纳米管 p-n 异质结光催化剂，比未加任何助催化剂的 TiO_2产氢速率高 4 倍。该效果是因为 NiO 纳米粒子增强了催化剂对可见光的光响应能力，而 p-n 异质结的形成诱导了内建电场，促进了光生电子的传输，载流子的迁移和分离速率得以提高。TiO_2/SiO_2复合凝胶的多孔核壳材料具有不错的比表面积，拥有较高的光催化效率。

几种 TiO_2复合光催化剂的析氢效果见表 2.17。

表 2.17 几种 TiO_2 复合光催化剂的析氢效果

催化剂种类	牺牲剂	反应环境	照射条件	产氢速率/μmol·(g·h)$^{-1}$
$Cu_3Mo_2O_9/TiO_2$	TEOA	去离子水	300 W 氙灯	3401.9
NiO/TiO_2	甲醇	去离子水	300 W 氙灯	228
TiO_2/SiO_2	甲醇	去离子水	紫外线（常温）	410.61
Cu_2O/TiO_2	甲醇	去离子水	100 MW/cm^2 氙灯	11000.00

C 过渡金属硫化物单相光催化剂

过渡金属硫化物具有窄带隙、强集光能力的优点。由于带隙原因，只有硫化镉、硫化锌和金属硫化物被学者关注。为了克服该类催化剂载流子复合速率较快的缺点，科学家们对其进行改进。Hao 等将单原子 Pt 修饰在 CdS 纳米粒子的表面，协同的金属-半导体的相互作用促进了 CdS 的体面光载流子的迁移，获得了较高的光-燃料转换效率。Dong 等研究了掺铜硫化锌的晶体结构、电子性质、光吸收性质和光催化产氢的活性。Cu 和 S 空位的替代缩小了 ZnS 的禁带宽度。改进后的催化剂具有较大的光生空穴和电子的有效质量比，抑制了光生载流子的复合，提升了催化剂的光催化活性。表 2.18 为过渡金属硫化物复合光催化剂的析氢效果。

表 2.18 过渡金属硫化物复合光催化剂的析氢效果

催化剂种类	牺牲剂	反应环境	照射条件	产氢速率/μmol·(g·h)$^{-1}$
MoS_2/CdS	乳酸	去离子水	300 W 氙灯（λ>420 nm）	63710.00
H-CoS/CdS	Na_2S/Na_2CO_3	NaCl 溶液	可见光（λ>420 nm）	143.1
$Cu_2S/CdZnS$	Na_2S/Na_2CO_3	去离子水	300 W 氙灯（$\lambda \geq$420 nm）	5904
$Zn_{0.3}Cd_{0.7}S$/15% $NiS_{1.97}$	Na_2S/Na_2CO_3	去离子水	模拟太阳光	22637.00
$MoS_2/Zn_{0.5}Cd_{0.5}S$	Na_2S/Na_2CO_3	去离子水	300 W 氙灯	388.2
$Ni_2PUiO\text{-}NH_2/Zn_{0.5}Cd_{0.5}S$	Na_2S/Na_2CO_3	去离子水	300 W 氙灯（λ>400 nm）	40910.00

D g-C_3N_4单相光催化剂

g-C_3N_4催化剂具有合适的能带结构、环保的优点，在析氢方面具有很大的潜力。为了克服其有限的比表面积和光生载流子的复合速率过快的缺点，研究者们对 g-C_3N_4光催化剂进行了很多改进，如形态学优化、金属/非金属掺杂和构建异质结等方法。

E g-C_3N_4复合光催化剂

g-C_3N_4复合光催化剂以构建异质结构为基础思路的氮化物复合光催化剂同样是光催化制氢催化剂的研究重点，见表 2.19。将半导体催化剂与碳材料结合形成复合光催化剂来研究纳米结构已经成为一个新的研究领域，碳球作为一种常见的碳材料，具有导电性好、热化学稳定性高等优点。

表 2.19 g-C_3N_4复合催化剂析氢效果

催化剂种类	牺牲剂	反应条件	照射条件	产氢速率/μmol·(g·h)$^{-1}$
MoS_2/g-C_3N_4	TEOA	去离子水	300 W 氙灯（λ>420 nm）	12000.00
ZnS-NiS_2/g-C_3N_4	TEOA	去离子水	300 W 氙灯（λ>420 nm）	366.9
$2D_{(10\text{-}SnS)}$/g-C_3N_4	甲醇	去离子水	300 W 氙灯（AM1.5G 滤光器）	818.93
Cu_3P/g-C_3N_4	TEOA	去离子水	300 W 氙灯（λ>420 nm）	343

2.4.5 生物质制氢

生物质的种类繁多，资源量大，分布也很广，根据来源可以将常见的生物质分为：农林生物质资源、水生生物质资源等。一些城乡工业和生活有机废弃资源成分尽管不同于生物质，也不具有再生性，由于其可回收利用的特点，有时也将其作为一种类似生物质的资源考虑，见表2.20。生物质构成复杂，主要成分由纤维素、半纤维素和木质素等高分子物质组成，还有少量的单宁酸、脂肪酸、树脂和无机盐，它是可再生资源。

表 2.20 常见的生物质分类[46]

生物质分类	生物质种类
农林生物质资源	农作物残渣和秸秆，森林生长和林业生产过程产生的生物质资源（秸秆、稻壳、木材废料、锯末面等）
畜禽粪便资源	禽畜排泄物的总称（粪便，尿与垫草的混合物）
水生生物质资源	水生藻类、浮萍等各种水生植物
城乡工业和生活有机废弃资源	城乡生活与工业化生产产生的富含有机物的污水及固体废弃物等（有机垃圾、污泥、废弃轮胎、废弃塑料等）

生物质作为一种能源物质，相比于化石能源具有许多优点。

（1）生物质资源分布广泛，可再生，储量丰富。只要有太阳能存在，生物质能就会取之不尽、用之不竭；光合作用每年将 2×10^{11} t 的碳固定在生物质中，产生 3×10^{15} GJ 生物质能，但是只有 1/10 被充分利用。

（2）低污染性。生物质能在燃烧过程中释放的二氧化碳的量与其生长所需的二氧化碳的量大体相同，因此生物质能对生态环境的污染几乎为零。

(3) 生物质资源的价格相对低廉。合理地利用生物质资源不仅可以缓解化石能源的消耗，同时也可以促进经济的增长。

(4) 可储存性。与其他的可再生能源如太阳能、风能和水能等相比，生物质能是能够被储存并具有可运输性的。

生物质可直接用于发电和生产高附加值化学品，可以用于制氢，也可以是绿色氢气的重要来源。生物质制取的氢气既能直接燃烧利用其热能，也可通过氢燃料电池发电。生物质直接发电后，也可通过电解水制氢储能，这与通常的电解水制氢并无不同。本节主要介绍生物质发酵制氢、热化学制氢、生物制乙醇、乙醇制氢。生物质转化利用途径如图 2.71 所示。

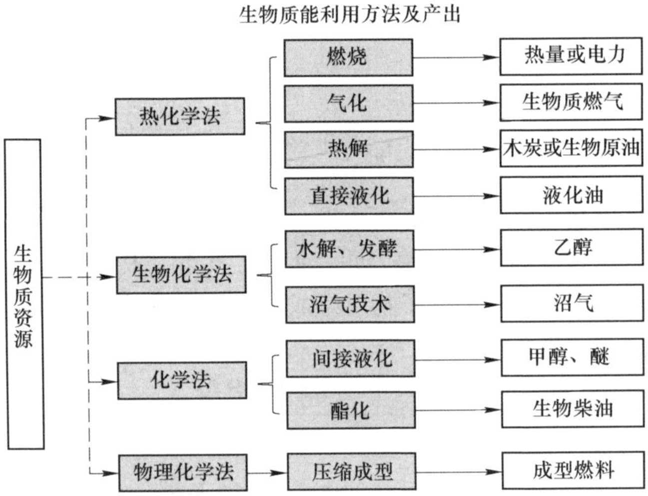

图 2.71 生物质转化利用途径

生物质制氢包括热化学转化制氢和微生物发酵制氢，其中生物质热化学转化制氢技术除了产氢率是主要的研究方向之外，如何提高经济性也是研究的重中之重，这就要求工艺技术的进一步提升才能实现；生物质微生物发酵制氢技术主要研究方向是需要提高生物质的转化效率，并提高产氢率，同时研发先进的微生物培养技术。水制氢和化石能源制氢均以化石能源为基础，不利于制氢的可持续发展，并且在获得氢气的同时会造成大量的碳排放，对环境造成危害。微生物转化制氢技术，也称为生物制氢技术，与其他制氢方法相比，生物质制氢在生产过程中对化石能源的依赖性小，可利用的制氢原料范围广；主要是各种废弃生物质，一方面处理了废弃的生物质，另一方面产出了氢气，并且整个过程对环境影响较小。新能源技术势必要实现可持续发展，这就决定了新能源的生产方式不能过度依赖于化石能源，且在生产过程中要尽可能避免危害环境的副产物的产出，因此生物质制氢技术得到了越来越多的关注，氢气被认为是未来主要的能源载体，制氢技术也成为缓解能源危机和改善环境的重要能源研究方向之一。

2.4.5.1 光发酵制氢

光发酵生物制氢是光合细菌利用光能，通过有机基质的光分解代谢和二氧化碳的代谢来提取电子还原制氢的过程。其中，各种光发酵细菌能够异养生长，并在光照和厌氧条件下从各种挥发性脂肪酸（VFAS）或富含有机酸的废水中合成氢。

A 光发酵制氢原理

光发酵制氢原理，如图 2.72 所示。由于光合细菌不能够裂解水，所以是由有机物或还原性硫化物提供用于光反应的电子，由有机物的碳代谢提供质子。光合细菌的光捕获复合体上的细胞色素（细菌叶绿素和类胡萝卜素）吸收光能后，迅速将能量传送到光合反应中心（RC），同时，生成一个高能电子 e^-，由于光合细菌只有光合系统 I（PSI），所以这个高能电子经过环式磷酸化产生 ATP。之后固氮酶利用 ATP 和还原型铁氧还蛋白传送来的电子将质子还原成氢。在这一过程中，RC 可以持续受激发来提供电子，传递循环电子；释放于胞外的 H^+ 与胞内的 H^+ 形成质子梯度差，流入胞内的 H^+ 驱动膜上的 ATP 合成酶形成 ATP（或通过 ATP 转化为 NADH），完成质子流的循环。在光合细菌中，除了固氨酶以外，还有氢酶可以生成 H_2，催化作用主要由固氨酶产生。

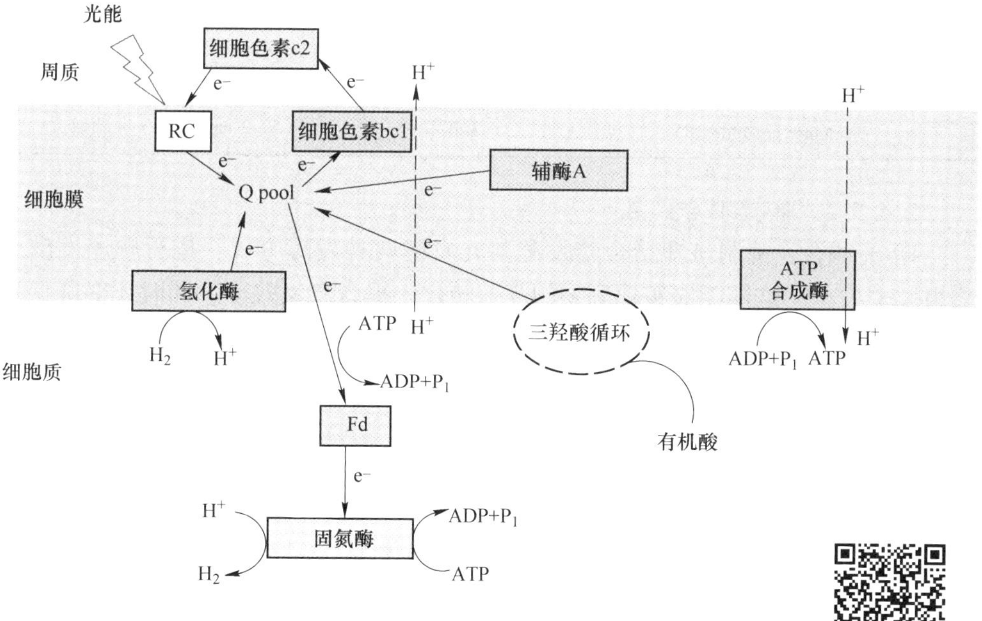

图 2.72 光发酵产生氢气示意图[25]

图 2.72 彩图

B 光发酵制氢研究进展

光发酵制氢因其较高的理论底物转化效率和相对较少的副产物而备受关注，从光发酵制氢的研究和发展看，光发酵制氢仍然处在实验室探索和发展阶段。表2.21总结了光发酵生物制氢的最新进展。在光发酵生物制氢过程中，光发酵细菌不能利用大分子有机物进行生产，因此在实际的工业应用中，光发酵产氢会受到很大的限制，特别是受发酵底物限制。此外，光发酵中的光转换效率是高效生产 H_2的一个重要参数。然而，大多数光合细菌的野生型菌株的转换效率很低，无法持续生产 H_2，制约着光合细菌生物制氢技术的进一步发展。

表 2.21 光发酵生物制氢的最新进展

菌种	底物	产氢量
Rhodobacter capsulatus MX01	玉米秸秆水解液	(40.07±1.70) mmol H_2/g 玉米秆
光合细菌 HAU-M1	芦竹	390.9 mL/g
光合细菌 HAU-M1	玉米秸秆	80.44 mL/g
光合细菌 HAU-M1	淀粉类农业剩余物	(642±22) mL
Rhodobacter sphaeroides DSM158	啤酒厂废水（30%） 餐厅废水（70%）	192 mL
Rhodobacter sp. KKU-PS1	制糖厂废水	(2614±121.76) mL H_2/L
Rhodopseudomonas sp. nov. strain A7	醋酸盐	160 mL H_2/60 mL
Rhdobter haeroides RV	醋酸盐	653.2 mmol H_2/mol 醋酸盐

2.4.5.2 暗-光联合制氢

暗-光联合发酵制氢即结合暗发酵与光发酵两种发酵方式，进行顺序发酵或者共培养发酵，这样能够实现底物的高效转化，提高产氢效率。同时还能降低发酵尾液对环境的污染。目前，暗-光联合生物制氢分为暗-光联合两步法产氢和暗-光联合一步法产氢。

A 暗-光联合制氢原理

如图 2.73 所示，在暗发酵的产氢过程中会伴随着一些 VFAS（挥发性脂肪酸）的生成，如乙酸、丁酸和丙酸等，也会产生一定浓度的乙醇。如果没有有效处理这些有机酸，不仅会污染环境，也会造成资源的浪费。在厌氧光照的条件下，光发酵细菌能够将小分子有机酸用作碳源进行代谢，将其转化成 H_2和 CO_2；并且绝大部分的光发酵细菌都无法代谢大分子有机物，两种微生物几乎不存在底物竞争，而是对底物进行梯级代谢的关系。暗-光联合产氢过程分为两个阶段，一是暗发酵产氢菌分解大分子有机物，氢气代谢同时产生 VFAS；二是光发酵细菌在固氮酶的催化下，将暗发酵阶段产生的 VFAS 作为电子供体进行生长代谢和产生氢气。

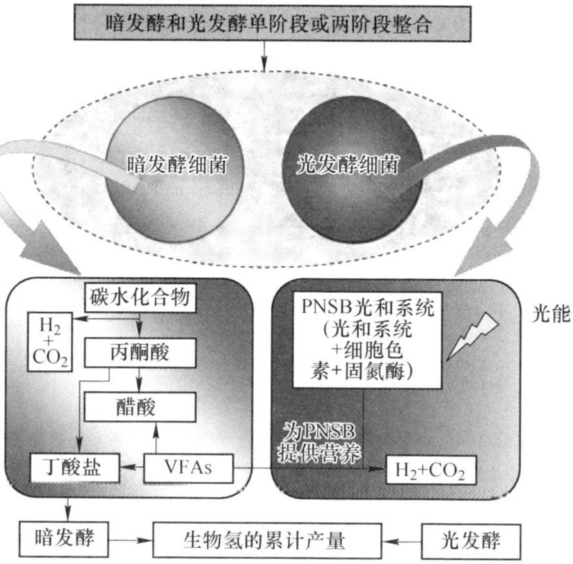

图 2.73　暗-光联合产氢的示意图[47]

图 2.73 彩图

B　暗-光联合制氢研究进展

两步法产氢过程如图 2.74 所示，两个阶段在不同的反应器中进行。

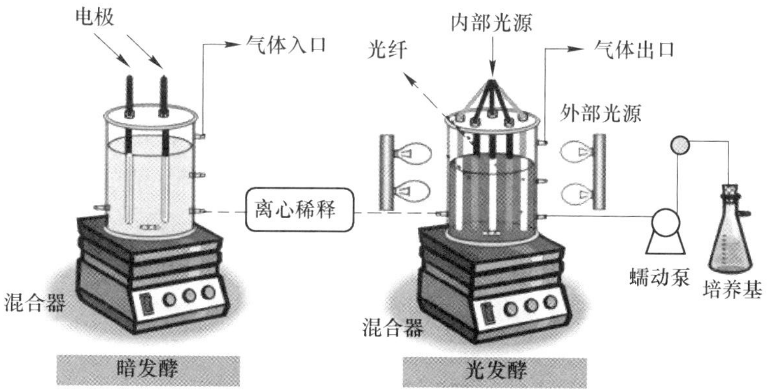

图 2.74 彩图

图 2.74　暗-光联合两步法产氢示意图

由于两步法产氢更易于操作，可以实现较高的氢气产量，近来国内外学者在这个领域开展了大量研究，表 2.22 总结了部分暗-光两步法产氢效果。

表 2.22 产氢效果

暗发酵细菌	光合产氢细菌	底物	产氢量
Clostridium acetobutylicum DSM 792	Rhodobacter sphaeroides O. U. 001	Corn starch	6.88 mol H_2/mol 葡萄糖
Sludge dominated by Clostridium sp.	Rhodopseudomonas palustris sp.	Cassava starch	6.07 mol H_2/mol 己糖
C. butyricum NRRL-B-1024 E. aerogenes NRRL-B-115	R. palustris GCA009	starch and glucose	(8.3±0.3) mmol H_2/g COD
Clostridium butyricum LS2	Rhodopseudomonas palustris	palm oil mill effluent	3.064 mL H_2/mL POME

暗-光联合一步法产氢过程如图 2.75 所示，即暗发酵细菌和光发酵细菌同时存在于一个培养体系中共培养发酵产氢，两个反应在同一个反应器中进行。

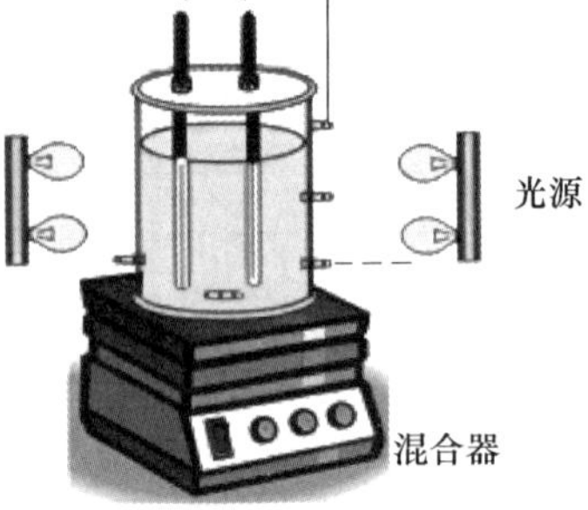

图 2.75 pH 值控制的暗-光联合一步法产氢示意图

图 2.75 彩图

和两步法制氢相比，一步法产氢不用进行暗发酵尾液的预处理，暗发酵生成 VFAS 和光发酵细菌利用 VFAS 进行代谢产氢同时进行。然而，目前一步法制氢的成效并不理想。由于暗发酵细菌和光发酵细菌生长代谢所需的最适环境存在差异，并且暗发酵细菌生长速率远快于光发酵细菌，导致 VFAS 的生成和消耗不平衡，VFAS 积累迅速，对光发酵细菌的生长产生严重抑制，最终降低产氢效率。因此，需要进行工艺的改进和优化，使暗发酵和光发酵细菌可以在一个系统中维持稳定的共生关系，从而达到理想的协同作用。

课后习题

2-1 简答题：

(1) 简述灰氢、蓝氢和绿氢的定义及主要区别。

(2) 化石燃料制氢主要包括哪些方法，各自的核心反应是什么？

(3) 电解水制氢技术主要有哪几种类型？说明其电解质和工作温度的差异。

(4) 工业副产氢的主要来源有哪些？简述焦炉煤气制氢的两种工艺路径。

(5) 光催化分解制氢的基本原理是什么，目前该技术面临的主要挑战有哪些？

(6) 天然气制氢的主要工艺（水蒸气重整、部分氧化、高温裂解）中，哪种工艺的 CO_2 排放量最低，为什么？

(7) 碱性电解水制氢与质子交换膜（PEM）电解水制氢在催化剂和隔膜材料上有何不同？

(8) 生物质制氢的主要途径有哪些？说明其环保优势。

2-2 论述题：

(1) 结合表 2.1 和表 2.2，对比分析化石燃料制氢、工业副产氢和电解水制氢的经济性、环保性和技术成熟度，指出各自的适用场景。

(2) 为什么说电解水制氢是未来“绿氢”的主要发展方向，目前制约其大规模应用的关键因素有哪些，如何突破？

(3) 从能源安全和环境保护角度，论述我国现阶段以煤制氢为主的原因，以及未来向清洁制氢转型的必要性。

(4) 光催化制氢和生物质制氢均属于可再生能源制氢技术，分析两者在原料利用、技术原理和产业化前景上的异同。

(5) 结合“双碳”目标，探讨如何通过技术改进（如 CCUS、催化剂优化等）降低化石燃料制氢的环境影响，实现“灰氢”向“蓝氢”“绿氢”的过渡。

(6) 对比丙烷脱氢、氯碱副产氢和焦炉煤气制氢的工艺特点，分析工业副产氢在氢能产业链中的优势及局限性。

(7) 高温固体氧化物电解水制氢（SOEC）的效率高于碱性电解和 PEM 电解，为什么尚未实现产业化？结合其技术特点说明挑战与对策。

(8) 甲醇制氢和氨分解制氢在小型化、分布式制氢场景中具有潜力，分析两者的技术原理、产物分离需求及市场前景。

参 考 文 献

[1] 李星国. 氢与氢能 [M]. 北京：科学出版社，2022.

[2] 谢继东，李文华，陈亚飞. 煤制氢发展现状 [J]. 洁净煤技术，2007，13 (2)：77-81.

[3] 赵吉诗. 制氢技术与工艺 [M]. 北京：机械工业出版社，2023.

[4] CUI L G，CAO Y D. A new S-box structure named affine-power-affine [J]. International Journal of Innovative Computing Information & Control，2007，3 (3)：751-759.

[5] 许毛，张贤，樊静丽，等. 我国煤制氢与 CCUS 技术集成应用的现状，机遇与挑战 [J]. 矿业科学学报，2021，6 (6)：659-666.

[6] 史云伟，刘瑾. 天然气制氢工艺技术研究进展 [J]. 化工时刊，2009，23 (3)：59-61.

[7] 崔胜民. 氢能技术 [M]. 北京：化学工业出版社，2024.

[8] 赵宝超，常浩. 天然气制氢工艺技术研究进展 [J]. 化工设计通讯，2022，48 (4)：96-98.

[9] 黄泽皑，周芸霄，张魁魁，等. 甲烷裂解制氢和碳材料工艺研究进展 [J]. 低碳化学与化工，2024，49 (9)：1-11.

[10] ABBAS H F, DAUD W W. Hydrogen production by methane decomposition: A review [J]. International Journal of Hydrogen Energy, 2010, 35 (3): 1160-1190.

[11] SIRIWARDANE R, RILEY J, ATALLAH C, et al. Investigation of methane and ethane pyrolysis with highly active and durable iron-alumina catalyst to produce hydrogen and valuable nano carbons: Continuous fluidized bed tests and reaction rate analysis [J]. International Journal of Hydrogen Energy, 2023, 48 (38): 14210-14225.

[12] PINILLA J, MOLINER R, SUELVES I, et al. Production of hydrogen and carbon nanofibers by thermal decomposition of methane using metal catalysts in a fluidized bed reactor [J]. Znternational Journal of Hydrogen Energy, 2007, 32 (18): 4821-4829.

[13] 张超，宋鹏飞，肖立，等. 天然气催化裂解制氢与熔融金属裂解制氢的技术分析 [J]. 低碳化学与化工，2023，48（2）：127-132.

[14] WNUKOWSKI M J E. Methane pyrolysis with the use of plasma: Review of plasma reactors and process products [J]. Energies, 2023, 16 (18): 6441.

[15] KERSCHER F, STARY A, GLEIS S, et al. Low-carbon hydrogen production via electron beam plasma methane pyrolysis: Techno-economic analysis and carbon footprint assessment [J]. International Journal of Hydrogen Energy, 2021, 46 (38): 19897-19912.

[16] MAŠLÁNI A, HLÍNA M, HRABOVSKÝM, et al. Impact of natural gas composition on steam thermal plasma assisted pyrolysis for hydrogen and solid carbon production [J]. Energy Conversion and Management, 2023, 297: 117748.

[17] ZHANG K, HUANG Z, YANG M, et al. Recent progress in melt pyrolysis: Fabrication and applications of high-value carbon materials from abundant sources [J]. SusMat, 2023, 3 (5): 558-580.

[18] 苏聪龙，侯朝鹏，李红伟. 丙烷脱氢制丙烯催化剂研究进展 [J]. 低碳化学与化工，2025，49（8）：1-18.

[19] 马文明. 丙烷脱氢制丙烯技术研究进展 [J]. 现代化工，2023，43（5）：20-24，30.

[20] ZOU X, ZHANG Y J C S R. Noble metal-free hydrogen evolution catalysts for water splitting [J]. Chemical Society Reviews, 2015, 44 (15): 5148-5180.

[21] WANG J, GAO Y, KONG H, et al. Non-precious-metal catalysts for alkaline water electrolysis: Operando characterizations, theoretical calculations, and recent advances [J]. Chemical Society, 2020, 49 (24): 54-96.

[22] 赵永勤，白书霞，陈柯仰. 电解槽在电解水制氢技术中的应用进展 [J]. 中国科技纵横，2015（14）：2.

[23] 周钧，吴文宏. 压滤式电解水制氢电解槽极板腐蚀机理的研究 [J]. 舰船科学技术，2006，28（2）：34-37.

[24] 胡兵，徐立军，何山，等. 碳达峰与碳中和目标下 PEM 电解水制氢研究进展 [J]. 化工进展，2022，41（9）：4595-4604.

[25] LAY C H, LIN H C, SEN B, et al. Simultaneous hydrogen and ethanol production from sweet potato via dark fermentation [J]. Journal of Cleaner Production, 2012, 27: 155-164.

[26] 孙邦兴，杨华，骈松. PEM 型电解水制氢设备在电厂的应用 [J]. 山东化工，2020，49 (8)：182-184.

[27] SALEHMIN M N I，HUSAINI T，GOH J，et al. High-pressure PEM water electrolyser：A review on challenges and mitigation strategies towards green and low-cost hydrogen production [J]. Energy Conversion & Management，2022，268：115985.

[28] 俞红梅，邵志刚，侯明，等. 电解水制氢技术研究进展与发展建议 [J]. 中国工程科学，2021，23 (2)：146-152.

[29] CARMO M，FRITZ D L，MERGEL J，et al. A comprehensive review on PEM water electrolysis [J]. International Journal of Hydrogen Energy，2013，38 (12)：4901-4934.

[30] 何泽兴，史成香，陈志超，等. 质子交换膜电解水制氢技术的发展现状及展望 [J]. 化工进展，2021，40 (9)：4762-4773.

[31] KATHE M V，EMPFIELD A，NA J，et al. Hydrogen production from natural gas using an iron-based chemical looping technology：Thermodynamic simulations and process system analysis [J]. Applied Energy，2016，165：183-201.

[32] ZHAO Z，CHEN C，LIU Z，et al. Pt-based nanocrystal for electrocatalytic oxygen reduction [J]. Advanced Materials，2019，31 (31)：1808115.

[33] WANG Y，DIAZ D F R，CHEN K S，et al. Materials，technological status，and fundamentals of PEM fuel cells-A review [J]. Materials Today，2020，32：178-203.

[34] AYERS K，DANILOVIC N，HARRISON K，et al. PEM electrolysis，a forerunner for clean hydrogen [J]. The Electrochemical Society Interface，2021，30 (4)：67.

[35] NI M，LEUNG M K，LEUNG D Y. Technological development of hydrogen production by solid oxide electrolyzer cell (SOEC) [J]. International Journal of Hydrogen Energy，2008，33 (9)：2337-2354.

[36] 张文强，于波，陈靖，等. 高温固体氧化物电解水制氢技术 [J]. 化学进展，2008，20 (5)：10.

[37] HAUCH A，KÜNGAS R，BLENNOW P，et al. Recent advances in solid oxide cell technology for electrolysis [J]. Science，2020，370 (6513)：eaba6118.

[38] 王培灿，万磊，徐子昂，等. 碱性膜电解水制氢技术现状与展望 [J]. 化工学报，2021，72 (12)：6161-6175.

[39] 张训，李亚康，赵巍，等. 阴离子交换膜电解槽中各项技术因素对电解水性能的影响 [J]. 矿物冶金与材料学报 (英文版)，2023，30 (11)：2259-2269.

[40] 孙浩，吴维宁，陈丽杰，等. 新能源电解水制氢技术发展研究综述 [J]. 电源学报，2024 (1)：1-15.

[41] 徐冬彦，张华民，叶威. 硼氢化钠水解制氢 [J]. 化学进展，2007，19 (10)：1598-1605.

[42] 沈品，刘虎，朱云峰，等. 镁基材料水解制氢研究进展 [J]. 电源技术，2011，35 (7)：876-879.

[43] 马俊飞. 充氢球磨制备纳米氢化态镁基复合粉体及水解制氢性能研究 [D]. 哈尔滨：哈尔滨工业大学，2009.

[44] SHEN S, MAO S S. Nanostructure designs for effective solar-to-hydrogen conversion [J]. Nanophotonics, 2012, 1 (1): 31-50.

[45] LO C C, HUANG C W, LIAO C H, et al. Novel twin reactor for separate evolution of hydrogen and oxygen in photocatalytic water splitting [J]. International Journal of Hydrogen Energy, 2010, 35 (4): 1523-1529.

[46] 张学婷. 玉米秸秆与浮萍共发酵光合生物制氢工艺优化研究 [D]. 郑州: 河南农业大学, 2021.

[47] ARGUN H, KARGI F. Bio-Hydrogen production by different operational modes of dark and photo-fermentation: An overview [J]. International Journal of Hydrogen Energy, 2011, 36 (13): 7443-7459.

3 氢气的储运

3.1 气 态 储 运

3.1.1 概述

在氢能源体系中，氢的制备是基础，氢的储存与运输又是大规模应用的关键。目前，制氢技术已经相当成熟。但是，由于氢分子体积极小，它们能够穿透最常用的储罐材料，造成氢气损失；并且氢的易燃性（特别是在与空气接触时）以及在储存和运输过程中的安全性问题，给氢气储存技术的发展带来了巨大挑战，限制了氢能的潜在应用场景。因此，氢能利用的首要目标是研发安全、高效、经济且节能的储氢技术。

目前，氢气的储存方法主要包括高压气态储存、低温液态储存、固态储存和有机液体氢储存等，这些方法通过压缩、液化来实现氢的储存。相比其他方案，高压气态储氢具有设备结构简单、制氢能耗低、充放氢速度快、温度适应性好等优点，成为目前应用最广泛且最成熟的储氢技术，预计在未来相当长的一段时间内仍将主导市场。

氢气的运输方式依据其物理状态呈现多样化，主要涵盖气态氢气（GH_2）输送、液态氢气（LH_2）输送、有机载体氢气输送以及固态氢气（SH_2）输送四大类型。在实际应用中，选择适宜的氢气运输方式，需要从四个维度进行系统性考量：运输过程的能量转化效率、单次氢运输量、运输过程中的氢气损耗率，以及具体的运输距离。各类氢气运输方式的详细特点与性能差异，具体呈现于表 3.1 中，以便更直观地进行对比分析与方案选择。

表 3.1　各种氢气储运技术的优缺点

运氢方式		运输量	应用情况	优缺点
气态	集装格	5~10 kg/格	广泛用于实验室规模氢运输	技术成熟，运输量小，适用于短距离、小容量运输
	长管拖车	250~1460 kg/车	广泛用于加氢站规模的氢运输	技术成熟，适用于短距离、小规模运输

续表 3.1

运氢方式		运输量	应用情况	优缺点
气态	管道	310~8900 kg/h	国外处于小规模发展阶段，国内尚未普及	一次性投资高，运输效率高，适合长距离、大规模运输，需要注意防范氢脆现象
液态	槽车	360~4300 kg/车	国外应用较为广泛，国内目前仅用于航天及军事领域	液化能耗和成本高、设备要求高，适合中远距离运输
	液态有机载体	2600 kg/车	试验阶段，少量应用	可大规模输氢、现有石油设施可利用，但加氢及脱氢处理使得氢气的高纯度难以保证
固态	储氢金属	300 kg/车	试验阶段，用于燃料电池	运输容易，不存在逃逸问题，运输的能量密度低

美国能源部（DOE）设定了车载氢燃料电池氢质量密度的目标，计划在2025年达到5.5%，最终目标为6.5%。这些目标为所有高压储氢容器提供了重要的基准。

3.1.2　氢气高压储存原理

氢气在高温低压时可以看作理想气体，通过理想气体状态方程：计算不同温度和压力下气体的量，公式如下：

$$pV = nRT \tag{3.1}$$

式中，p 为气体压力；V 为气体体积；n 为气体的物质的量；R 为气体常数，$R=8.314\ \text{J/(K}\cdot\text{mol)}$；$T$ 为热力学温度。

理想状态时，氢气的体积与压力成正比。但是实际情况，氢气分子是有体积的，且分子间存在着相互作用力，会随着温度的降低和压力的升高，氢气逐渐偏离理想气体的性质，即理想状态下的气体方程不再适用，范德华方程修正为：

$$p = \frac{nRT}{V - nb} - \frac{an^2}{V^2} \tag{3.2}$$

式中，a 为极相互作用力或称为斥力常数，$a=24.76\times10^{-3}\ \text{Pa}\cdot\text{m}^6/\text{mol}^2$；$b$ 为氢分子所占体积，$b=26.61\times10^{-6}\ \text{m}^3/\text{mol}$[1]。

真实气体的体积密度与压力变化，如图 3.1 所示。

真实气体与理想气体的偏差在热力学上可用压缩因子 Z 表示：

$$Z = \frac{pV}{nRT} \tag{3.3}$$

为正确地描述真实气体的性质，历史上曾提出过许多真实气体的半经验方

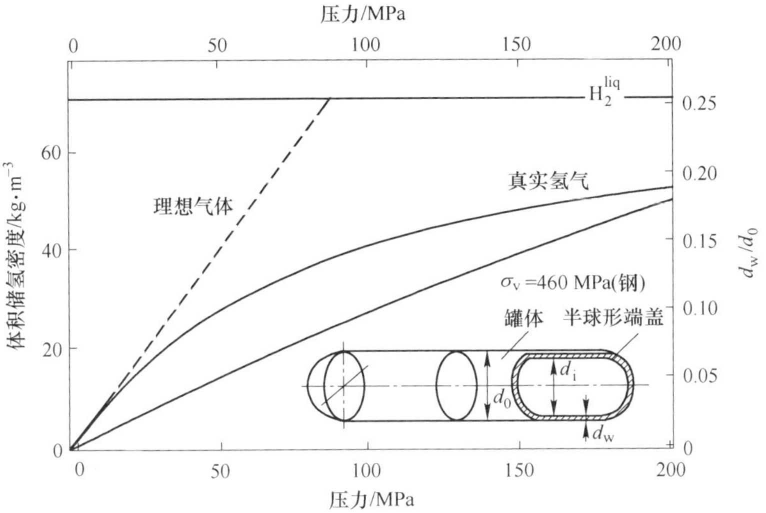

图 3.1 压缩氢气的压力与体积储氢密度和高压气罐壁厚/外径比的关系[1]

程，著名的如范德华方程、Peng-Robinson 方程、Redlich-Kwong 方程、Beattie-Bridgeman 方程、Benedict-Webb-Rubin 方程、Martin-Hou 方程等。这些方程的形式一般由理论分析得到，方程中含有两个或多个与计算气体相关的常数，适用于不同的气体，通过美国国家标准技术所（National Institute of Standard and Technology，NIST）材料性能数据库提供的真实氢气性能数据进行拟合，可得到简化的氢气状态方程：

$$Z = \frac{pV}{RT} = 1 + \frac{CP}{T} \tag{3.4}$$

式中，C 为系数，取值 1.9155×10^{-6} K/MPa[2]。

在 173 K$<T<$393 K 范围内计算，最大相对误差为 3.8%；在 253 K$<T<$393 K 范围内，最大相对误差为 1.1%。

3.1.2.1 高压氢气压缩设备[2,4]

高压氢气通常是通过压缩机获得的。压缩机可以视作一种真空泵，它降低系统低压侧的压力，同时提升系统高压侧的压力，从而使氢气从低压侧流向高压侧。在工程实践中，氢气的压缩主要有两种方法：一种是直接使用压缩机将氢气压缩至所需的储氢容器压力，并存储在较大体积的储氢容器中；另一种是将氢气压缩至较低的压力（如 20 MPa）进行存储。当需要注入时，首先引入一部分气体进行充压，然后启动氢压缩机进一步增压，以使储氢容器达到所需的压力。

氢气压缩机的类型包括往复式（见图 3.2）、膜式（见图 3.3）、离心式、回转式和螺杆式等。在选择压缩机时，需要综合考虑流量、吸气压力和排气压力等参数。

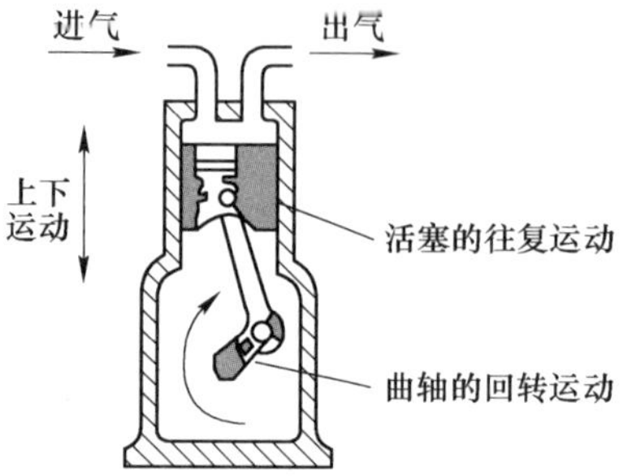

图 3.2 往复式压缩机工作原理[3]

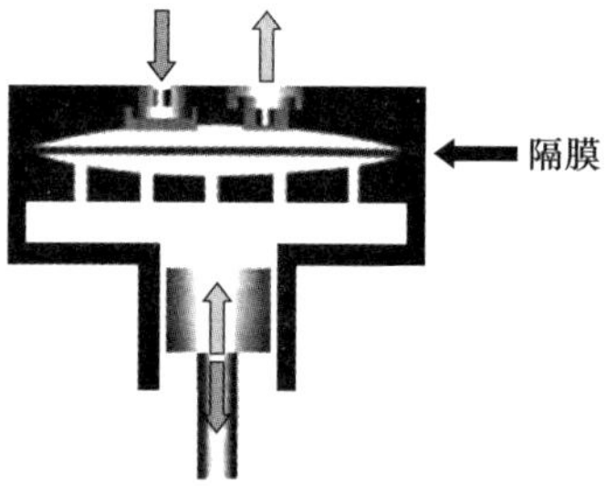

图 3.3 膜式压缩机工作原理[4]

3.1.2.2 高压氢气储存

高压氢气通常用圆柱形高压气罐或者气瓶灌装，这类高压容器的特点是：

（1）结构细长且壁厚。

（2）一般直径较小的高压容器采用平底封头，直径 1 m 以上的常用不可拆的半球形封头，大型高压容器趋向于采用多层球封头。

（3）一般采用金属密封圈密封，密封结构多采用“半自紧”或“全自紧”式。国内最常见的是 15 MPa 的圆柱形高压氢气瓶，国外通常采用 20 MPa 高压氢气瓶。新研发的轻质复合高压储氢容器可以承受的最大压力为 80 MPa，储氢密度可高达 36 kg/m^3，几乎是液态氢在沸点温度时储氢密度的一半[5]。

高压储氢罐的质量储氢密度随着压力升高而下降，这是因为高压储氢罐的壁厚也增加了。高压储氢罐的壁厚满足以下关系：

$$\frac{d_w}{d_0} = \Delta p/(2\sigma_v + \Delta p) \tag{3.5}$$

式中，d_w 为壁厚；d_0 为氢气罐外径；Δp 为超压；σ_v 为材料抗拉强度。

3.1.2.3 按照制造材料分类

根据制造高压储氢装备时使用的不同材料类别，共分为四种类型：Ⅰ型（全金属压力容器）、Ⅱ型（金属内胆纤维环向缠绕压力容器）、Ⅲ型（金属内胆纤维全缠绕压力容器）、Ⅳ型（塑料内胆纤维全缠绕压力容器），见表 3.2。

表 3.2 基于制造材料的高压储氢分类[6]

类型	Ⅰ	Ⅱ	Ⅲ	Ⅳ
组成	 全金属	 金属内胆+GFRP 层（环向缠绕）	 金属内胆+CFRP 层（全缠绕）	 塑料内胆+CFRP 层（全缠绕）

Ⅰ型、Ⅱ型和Ⅲ型压力容器的内衬材料通常采用铝（6061 或 7060）或钢（不锈钢或铬-钼钢）制成，这部分可由三种不同的工艺进行制造。

（1）将板材通过深拉成型，形成凹形封头，再利用挤压或者旋压的方式对另一端收口。

（2）将坯料加热后先冲压出凹形封头，之后经过拉拔制成敞口的瓶坯，再按照挤压或者旋压的方法制成顶封头及接口管等。

（3）利用无缝管材，直接将两端通过挤压或者旋压的方式收口制成，最后对成品进行热处理，以获得所需的力学性能。

从Ⅰ型到Ⅳ型压力容器可以看出，各类型的优缺点有所不同。不同类型压力容器所需的材料壁厚情况如图 3.4 和表 3.3 所示。图 3.4 和表 3.3 中显示，从Ⅰ型到Ⅳ型，压力容器的壁厚逐渐减少，伴随着内衬材料的更换，整体压力容器的质量减轻，质量储氢密度得以提高。在实际应用中，虽然Ⅰ型和Ⅱ型压力容器的重容比较大，质量储氢密度较低，由于其成本较低，仍被广泛应用于工业领域。例如，氢气常以 20~30 MPa 的压力储存在Ⅰ型压力容器中，其质量储存效率约为 1%。

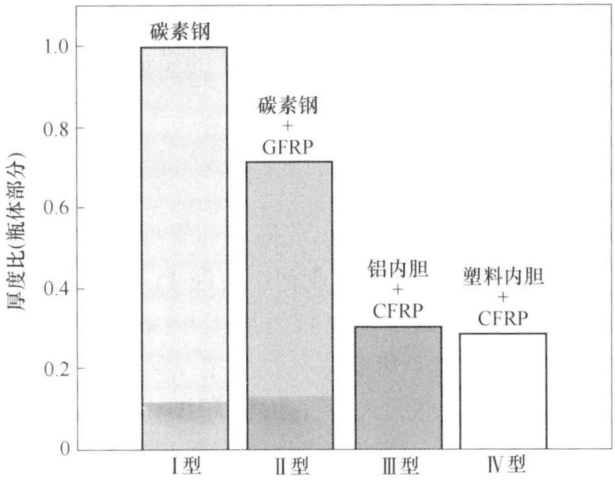

图 3.4　35 MPa 相同容积下各类型压力容器壁厚比较[6]

表 3.3　氢气瓶不同种类的发展情况

类型	Ⅰ型	Ⅱ型	Ⅲ型	Ⅳ型	Ⅴ型
有无内胆	—	有	有	有	无
内胆材料	—	钢	铝/铝合金	塑料	无

续表 3.3

类型	Ⅰ型	Ⅱ型	Ⅲ型	Ⅳ型	Ⅴ型
瓶壁的厚度			比Ⅱ型的减薄	比Ⅱ型的减薄	目前国外正在研究Ⅴ型储氢瓶，但尚未实现商业化，该气瓶仍然使用碳维复合材料缠绕，不使用任何内胆。Ⅴ型瓶具有工作压力 70~100 MPa，无氢脆、无腐蚀性、使用寿命可达30年以上、成本中等等优点，亦可用于航天及车载领域
有无瓶身包裹物	—	有部分包裹物	瓶身全包裹	瓶身全包裹	
包裹缠绕方式	—	环向缠绕	全缠绕	全缠绕	
压力压强/MPa	17.5~20	26~30	30~70	30~70	
储氢质量密度/%	约1	约1.5	约2.4 （50 L瓶）	约4.1 （50 L瓶）	
规格型号	—	—	主要为 35 MPa、 70 MPa两种	主要为 35 MPa、 70 MPa两种	
应用场景	加氢站等固定场景		国内车载	国际车载	

Ⅲ型和Ⅳ型压力容器因采用轻质、高强度的纤维材料，不仅质量较轻，还能够承受更高的压力，常应用于燃料电池汽车，在有限空间内储存足够的氢气，以保障续驶里程。目前，我国燃料电池汽车主要使用35 MPa的Ⅲ型储氢瓶，而性能更优、储量更大的Ⅳ型储氢瓶在国外已经较为成熟并得到应用，国内则仍在研发阶段。近年来，国内外提出了仅依靠碳纤维缠绕的气瓶设计（Ⅴ型瓶），这种气瓶不需要内胆，有望进一步降低高压氢气容器的质量，但其安全性仍需进一步研究。

3.1.3 气态氢气储运方式

（1）高压气态氢气运输主要依赖集装格和长管拖车。集装格由多个小容积（约40 L）、15~20 MPa工作压力的工业钢瓶装配于金属框架中，可组装12~28个瓶组，虽然空间和质量运输效率低（仅适用于50 kg以下氢气运输），但是应用灵活，能用常规货车运输多个集装格。长管拖车装载多个圆柱形无缝高压钢瓶，分为捆绑式和集装箱式。捆绑式将气瓶捆绑固定在半挂车，省框架质量，提高运输效率，但对公路要求高；集装箱式将压力容器头部相连装于标准集装箱框架，配相关装置，便于装卸，卸下可作加氢站气源，已成为氢气近距离运输的主要工具。

（2）气态氢用长管拖车运输路径如下：集中式厂房生产的氢气经管道运送至长管拖车装载终端；半集中式生产中，氢气在同一地点的配气站装载间直接注入拖车，富余氢气存入储存系统。长管拖车将压缩氢气运至加氢站，通过压缩机将氢气提取至加氢站高压缓冲储存系统，用于车辆加注，如图3.5所示。

（3）在发展及应用现状方面，目前我国主要使用工作压力为20 MPa的钢制

(a) (b)

图 3.5 气态运输方式

(a) 长管拖车；(b) 管道运输

图 3.5 彩图

大容积无缝压力容器，材料为 4130X（CrMo 钢），单车可运输氢气 300~400 kg，成本约为 2 元/kg，经济运输距离为 150 km 以内[7]。一种常用的管束由 9 个工作压力为 20 MPa、直径约为 0.5 m、长度约为 10 m 的钢制容器组成，共可充装氢气 3500 m^3（标态）[8]。钢制容器由于其成本低，是目前主流应用对象。然而，钢的密度较大，且容易受到氢脆问题的影响。如果进一步提高工作压力，容器的壁厚和质量也需相应增加，同时也会受到道路承重的限制，因此提升单程运输量并非易事。

为简化模型并保证计算完整，仅研究氢气拖车、液氢罐车、管道三种氢气运输方式主要环节的关键装置。气氢拖车运输中，压缩机产生压缩电耗，拖车带来油耗与人力成本，均影响储运成本；液氢罐车运输的主要难点和成本在于氢液化，其装置技术要求高，制备所需压缩电费也是主要成本；管道运输需用压缩机调整压力，且因摩擦、氢气损耗导致压力下降，需设压气站维持压力，压气站成本是运输成本关键，测算结果见表 3.4。

表 3.4 30 MPa 气氢长管拖车成本测算结果[9]

运输距离/km	细化成本/元 · kg^{-1}									合计成本/元 · kg^{-1}
	车头折旧费	管束式集装箱折旧费	压缩机折旧费	人工费	车辆保险费	油费	过路费	保养费	压缩电费	
50	0.11	0.10	0.11	1.10	0.06	0.42	0.21	0.07	1.32	3.51
100	0.14	0.13	0.13	1.38	0.08	0.85	0.42	0.14	1.32	4.58
150	0.16	0.15	0.16	1.65	0.09	1.27	0.64	0.21	1.32	5.66
200	0.19	0.18	0.19	1.93	0.11	1.69	0.85	0.28	1.32	6.74
250	0.22	0.20	0.22	2.20	0.13	2.12	1.06	0.35	1.32	7.81
300	0.25	0.23	0.24	2.48	0.14	2.54	1.27	0.42	1.32	8.89
350	0.27	0.25	0.27	2.75	0.16	2.96	1.48	0.49	1.32	9.97
400	0.30	0.28	0.30	3.03	0.17	3.39	1.69	0.56	1.32	11.05

续表 3.4

运输距离/km	细化成本/元·kg^{-1}									合计成本/元·kg^{-1}
	车头折旧费	管束式集装箱折旧费	压缩机折旧费	人工费	车辆保险费	油费	过路费	保养费	压缩电费	
450	0.33	0.30	0.32	3.31	0.19	3.81	1.91	0.64	1.32	12.13
500	0.36	0.33	0.35	3.59	0.21	4.24	2.12	0.71	1.32	13.20
550	0.38	0.35	0.38	3.86	0.22	4.66	2.33	0.78	1.32	14.28
600	0.41	0.38	0.40	4.13	0.24	5.08	2.54	0.85	1.32	15.34

30 MPa 长管拖车运输距离与成本之间关系如图 3.6 所示。

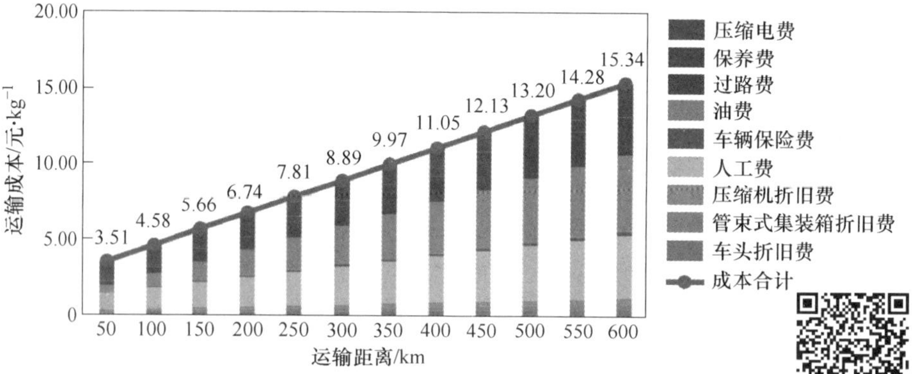

图 3.6 30 MPa 长管拖车运输距离与成本之间关系[9]

图 3.6 彩图

国外氢气输送管道总长 4500 km，国内专用输氢管道约 100 km（如金陵-扬子等），还有 217.5 km 输送混合气的乌海-银川管道，国内管道多作化工原料输送。因国内输氢管道少，专用管道运输参考济源-洛阳段参数，现有短管道靠原料余压输送，无须加压站。长距离运输需设压气站，鉴于国内无相关建设经验，参照国外标准，输氢量 10 万吨时压气站间距 270 km，年运维费 20 万元，投资额占管道总投资 20%，按 100%利用率计算，见表 3.5。

表 3.5 管道输氢运输距离与成本间关系（100%利用率）[9]

距离/km	细化成本/元·kg^{-1}				成本合计/元·kg^{-1}
	管道折旧费	管道维护费	压气站折旧费	电费	
50	0.16	0.01	0.03	0.6	0.80
100	0.32	0.03	0.06	0.6	1.01
150	0.48	0.04	0.10	0.6	1.21
200	0.63	0.05	0.13	0.6	1.41
250	0.79	0.06	0.16	0.6	1.62

续表 3.5

距离/km	细化成本/元・kg⁻¹				成本合计/元・kg⁻¹
	管道折旧费	管道维护费	压气站折旧费	电费	
300	0.95	0.08	0.19	0.6	1.82
350	1.11	0.09	0.22	0.6	2.02
400	1.27	0.10	0.25	0.6	2.23
450	1.43	0.11	0.29	0.6	2.43
500	1.59	0.13	0.32	0.6	2.63
550	1.75	0.14	0.35	0.6	2.83
600	1.90	0.15	0.38	0.6	3.04

管道输氢运输距离与运输成本之间关系（100%利用率）如图 3.7 所示。

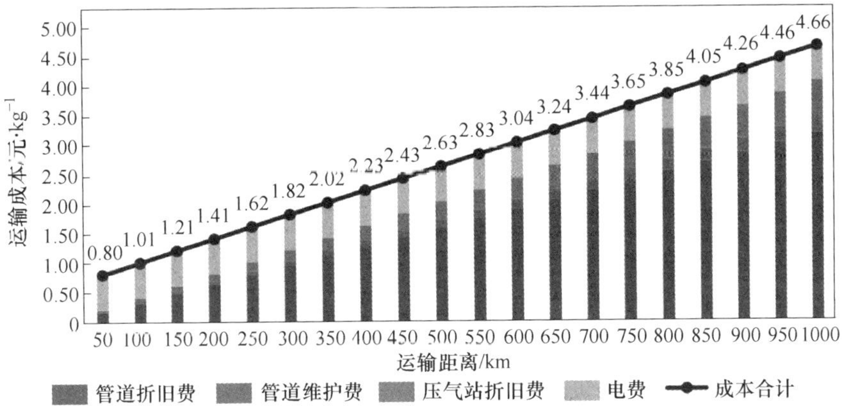

图 3.7 管道输氢运输距离与运输成本之间关系（100%利用率）[9]

图 3.7 彩图

3.2 低温液态储运氢

3.2.1 概述

在氢能利用的技术版图中，低温液态储氢凭借其高能量密度的优势，成为关键存储方式。这一技术的核心，是先将氢气压缩，然后深冷到约-253 ℃以下，使之变为液氢，再存储到特制的绝热真空容器中。其原理：基于氢气独特的物理特性，在极低温度下，氢气分子热运动大幅减缓，分子间距离缩小，从而以液态形式存在；相较于气态氢气，液态氢气的体积能量密度提升可达 10 倍以上，极大提高了单位空间的储氢量。原料氢气需经过预处理，去除其中的杂质，如水分、二氧化碳等，因为这些杂质在低温环境下可能会凝固，堵塞管道或影响液氢纯度。完成预处理后，氢气进入压缩阶段，通过多级压缩机逐步提升压力，在这个过程中，氢气的温度也会因压缩做功而升高，因此需要配套的冷却系统对其进行降温，以保证压缩过程的安全性和效率。

压缩后的高压氢气紧接着进入节流阀前冷却环节，该环节利用高效的制冷设备，将氢气温度降至接近其液化温度。随后，氢气经过等焓膨胀过程变成高压氢气，当高压氢气在绝热条件下通过狭窄的节流阀时，由于压力突然降低，氢气迅速膨胀对外做功，自身温度急剧下降，这个过程使得氢气温度降低，部分氢气开始液化，从而产生气液混合状态的流体。

混合液体进入分离装置后，利用气液密度差异，将气态氢气和液态氢气进行分离。分离出的气态氢气会重新返回压缩阶段，与新输入的原料氢气混合，继续参与循环；分离得到的液态氢气，经过进一步提纯和质量检测，最终被输送至特制的绝热真空容器中进行存储。这些容器采用多层绝热结构，包括真空层、多层反射绝热材料等，能够有效阻止外界热量传入，尽可能减少液氢的蒸发损失，维持液氢的低温存储状态。

低温液态储氢技术的应用，不仅为氢能的大规模存储和长距离运输提供了可能，也为氢能在燃料电池汽车、分布式能源等领域的应用奠定了基础。

3.2.2 氢气液化原理

液氢存储技术通过将气态氢转化为液态实现储存。与气态氢相比，液态氢在低压下密度更高，它无色无味无毒，在特殊场景有优势。标准 1 个大气压（101.325 kPa）下，液态氢饱和温度为 20.37 K（−252.78 ℃），密度约 70.85 kg/m^3，是气态氢的 790 倍，临界温度仅 33.19 K（−239.97 ℃），如图 3.8 所示。正因临界温度极低，氢气液化需复杂高精度设备；且液氢存储对容器绝热

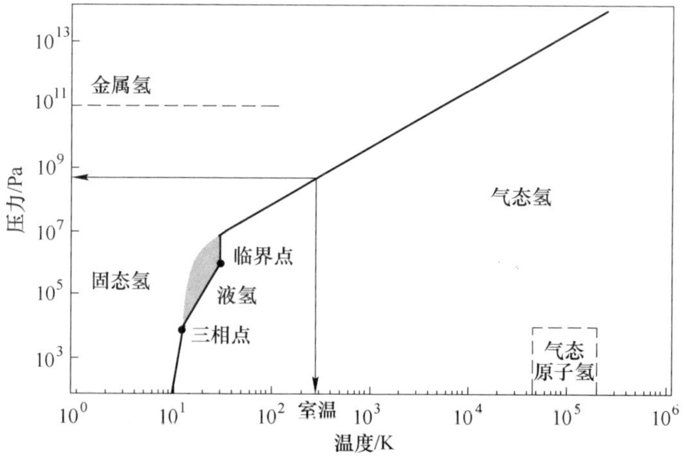

图 3.8 氢的温度与压力相图

性、材料兼容性要求严苛，难度远超氧气、氮气等常见气体存储。

（1）存储过程。

1）压缩。首先，氢气在压缩机中被压缩，这个过程中增加了氢气的压力。

2）预冷。压缩后的氢气通过换热器进行冷却，通常使用液氮作为冷却剂，将氢气冷却到低于其临界温度（−240 ℃）。

3）节流膨胀。冷却后的氢气通过节流阀进行等焓膨胀，这导致氢气的温度进一步降低。

（2）相关技术。

1）林德工艺。这是一种常见的氢气液化工艺，通过压缩氢气、热交换器冷却，再通过节流阀进行等焓膨胀来实现液化。

2）克劳德过程。该过程结合了膨胀引擎和焦耳-汤姆逊膨胀效应，通过在膨胀机中进行等熵膨胀来提高制冷效率。

3）柯林斯流程。类似于克劳德过程，通过焦耳-汤姆逊膨胀阀膨胀氢气，然后通过逆流模式流回热交换器进行冷却。

4）氦布雷顿循环。使用氦气作为制冷剂，通过液氮预冷来减少压缩机的工作量。

这些技术通过不同的方式实现氢气的液化，选择哪种技术取决于具体的应用需求和条件。

3.2.2.1 正-仲氢转化

氢分子按原子核自旋方向分为正氢（自旋平行）和仲氢（自旋相反），二者化学性质相同，物理性质有差异，正氢能量状态、比热容和潜热更高。如图 3.9 所示，热平衡下，正、仲氢比例随温度变化，常温及高温时仲氢约占 25%，降至 120 K 正氢开始转化为仲氢，20 K 时仲氢占比达 99.8%，但自然转化缓慢，常温

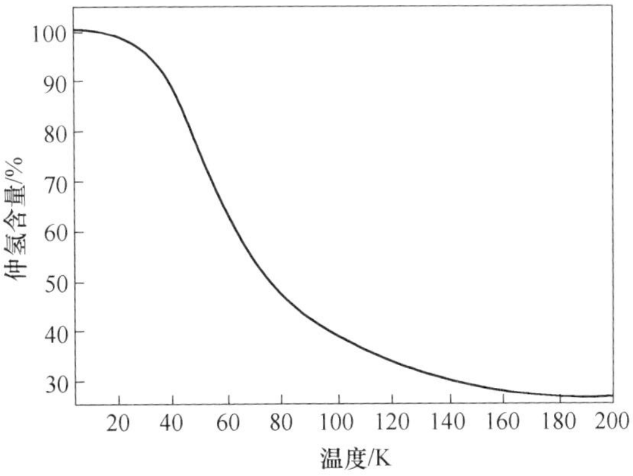

图 3.9 正-仲氢含量随温度变化图[10]

迅速液化的液氢比例难达平衡，且正氢转仲氢放热高于液氢汽化潜热，会导致液氢蒸发。成品液氢仲氢含量至少95%，长期储运需达98%，氢液化时需促进转化，可设正-仲氢转化器、用催化剂（如铬镍催化剂等）加快反应。大规模氢液化工程常分阶段转化，80 K产生约50%仲氢，20 K实现几乎完全转化，转化通过核自旋重新定向完成。

3.2.2.2 焦耳-汤姆孙定律

焦耳-汤姆孙效应（Joule-Thompson Effect）是指在等焓条件下，当气流被强制通过一个多孔塞、小缝隙或者小管口时，由于体积膨胀造成压力降低，从而使温度发生变化的现象，如图3.10所示。

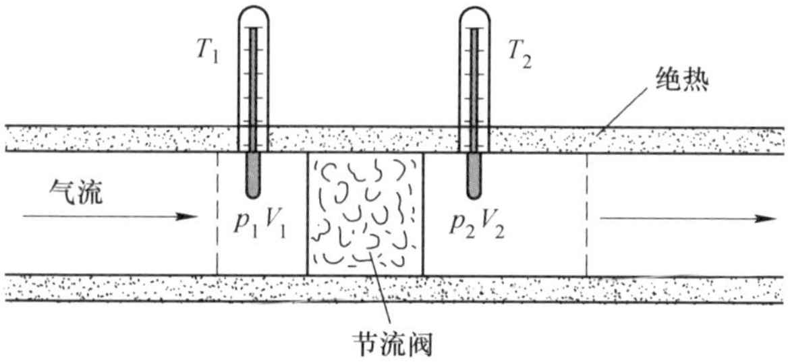

图3.10 焦耳-汤姆孙效应示意图

常温常压的大部分气体通过节流阀之后温度都会下降，从而产生制冷效应，而氢、氦等少部分气体经过节流阀之后温度会升高，产生致热效应。但是，绝热节流前后的气体焓并未发生变化，该过程的气体状态量变化如下：

$$H = U_1 + p_1V_1 = U_2 + p_2V_2$$

式中，H为气体的焓，J；U为气体的内能，J；p为气体的压力，Pa；V为气体的体积，m^3；下角标1为节流前的状态；下角标2为节流后的状态。

通常采用焦耳-汤姆孙系数μ来表征焦耳-汤姆孙效应，μ定义为等焓条件下温度随压力的改变：

$$\mu = \left(\frac{\partial T}{\partial P}\right)_H \tag{3.6}$$

对于不同的气体，其μ值在不同的压力和温度下是各不相同的。对于任何真实气体，在压力-温度图上，当压力降低而温度保持不变时，通过这些点形成的曲线被称为该气体的转化曲线。转化曲线上的点对应的焦耳-汤姆孙系数，除了该曲线上的点外，任何节流操作引起的压力变化都会导致温度的变化。当μ值为负时，温度会升高；当μ值大于零时，温度则会降低，如图3.11所示。因此，为了使气体制冷甚至液化，可以在一定的温度范围内通过强制节流来实现这一过程。

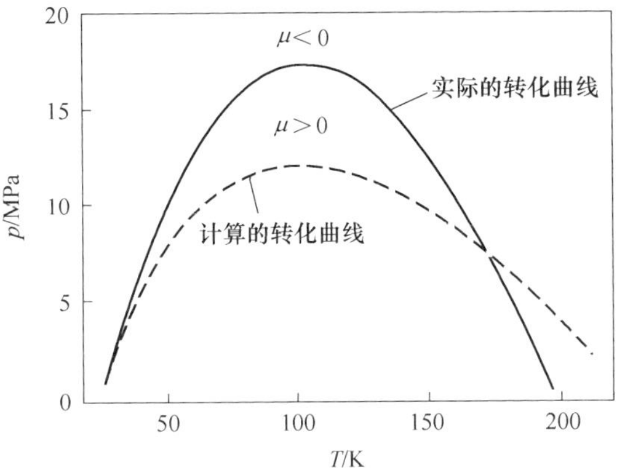

图 3.11 正常氢的转化曲线及理论计算的转化曲线

在 1 atm（1 atm＝101.325 kPa）的压力下，氦气和氢气具有非常低的转化温度，例如氦的转化温度为−222 ℃。因此，当氦气和氢气在室温下膨胀时，其温度会升高。真实气体在等焓条件下自由膨胀时，温度可能会上升或下降，这取决于其初始温度。对于特定压力，真实气体存在一个焦耳-汤姆孙转化温度，气体在此温度以上时温度会上升，而低于该温度时温度则会下降，在转化温度正好时气体温度保持不变。大多数气体在常压下的转化温度高于室温，以下是引起温度上升和下降的原因分析：

（1）温度上升。当分子发生碰撞时，分子势能会暂时转化为动能。随着分子间平均距离的增加，单位时间内的平均碰撞次数减少，势能降低，因此动能增加，导致温度上升。

（2）温度下降。当气体膨胀时，分子间的平均距离增大。由于分子间存在吸引力，气体的势能会升高。因为这一过程是等熵的，总能量守恒，因此势能的增加必然导致动能的减少，从而使温度下降。

当气体温度高于转化温度时，温度上升的影响更为明显；当气体温度低于转化温度时，温度下降的影响则更为明显。

3.2.2.3 氢气液化方法[11]

氢气的液化方法大致可分为利用焦耳-汤姆孙效应的简易林德法（Linde）和在此基础上再加上绝热膨胀的方法。后者又可分为利用氦气的绝热膨胀产生的低温来液化氢气的氦气布雷顿法，以及让氢气本身绝热膨胀的氢气克劳德法，如图 3.12 所示。

简易林德法（焦耳-汤姆孙流程）是最早的气体液化循环，通过高压低温氢气膨胀制液氢，装置简单可靠但效率低，多用于实验室。流程中氢气先常压压缩，经液氮预冷后节流膨胀，未液化气体返回热交换器。氢气需降至 202 K 以下

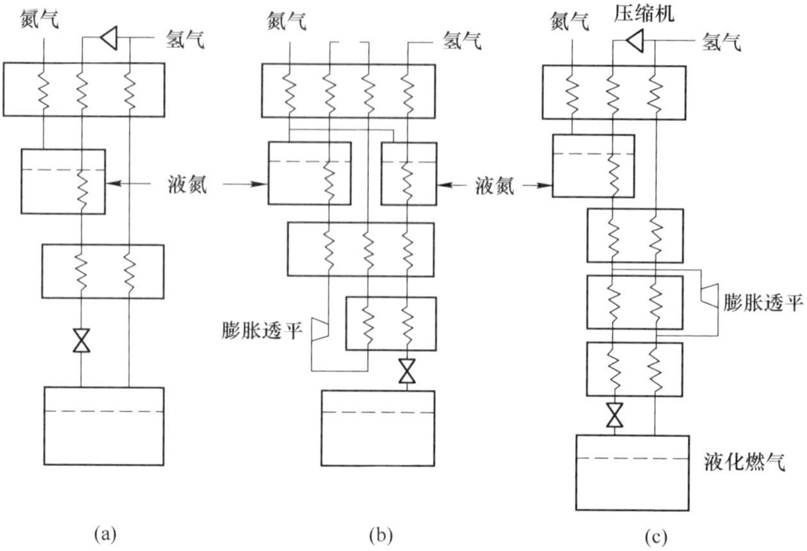

图 3.12 氢气的液化方法

（a）简易林德法；（b）氦气布雷顿法；（c）氢气克劳德法[11]

膨胀才会变冷，且需 10~15 MPa 压力、50~70 K 温度节流才能达理想液化率。

氦气布雷顿法适用于中等规模液氢生产，以惰性氦气为保护气防止压缩机和膨胀涡轮机爆炸，可全量液化氢气，减少转移时闪蒸损失。

氢气克劳德法结合氢气等熵膨胀与焦耳-汤姆孙效应，理论上涡轮机绝热膨胀可获更大温降冷量，无须预冷可持续制冷。虽然实际只能制冷不能冷凝（防叶片损坏），但是效率高于焦耳-汤姆孙过程，液氢产量翻倍且动力需求小，已用于大规模液氢生产。

3.2.3 氢气液化储运方式

3.2.3.1 液氢罐

液氢罐应用广泛，涵盖液氢工厂巨型球罐、运输罐箱罐车、加氢站及交通工具燃料罐，还有实验室和卫星用微型罐等。虽然体积形状各异，但是基本结构多为带真空夹套的双层设计。由于 1 个标准大气压（1 atm）下饱和液氢温度低至 −252 ℃，汽化潜热小，为减少蒸发、维持液态，需从热传导、对流、辐射三方面隔绝热量，此为液氢容器设计关键技术[12]。

液态氢通常存储在液氢储罐中，其外形一般为球形或圆柱形。美国国家航空航天局（NASA）使用的液氢储罐容积为 3900 m^3，直径为 20 m，液氢的蒸发损失量每年约为 600000 L。由于蒸发损失与容器的表面积和容积比值（S/V）成正比，因此储罐容积越大，液氢的蒸发损失就越小，球形是最佳的储罐形状。

双层绝热真空球形液氢储罐的容积为 50 m^3 时蒸发损失 0.3%~0.5%，1000 m^3降至 0.2%，19000 m^3 低至 0.06%，球形结构应力分布均匀、机械强度高，但加工难、成本高。当前常用圆柱形容器作液氢储罐（见图 3.13），公路运输型直径一般不超 2.44 m，相比球形储罐，其表面积与体积比（S/V 值）仅增大 10%。

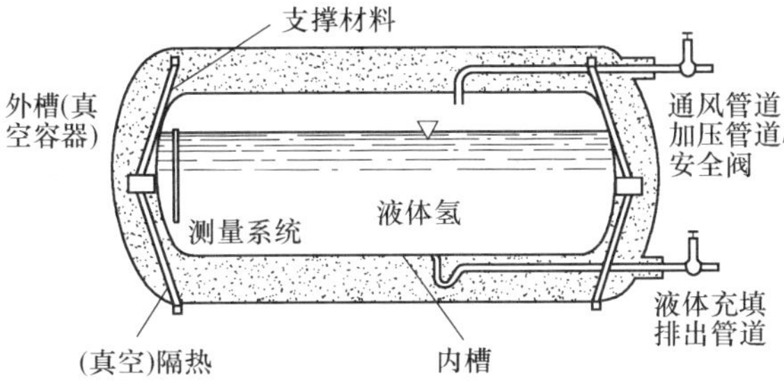

图 3.13 圆柱形液氢储罐结构示意图

由于液氢储罐的各个部位温度存在差异，可能会出现“层化”现象。这种现象是由对流作用引起的，较热的液氢会聚集在储罐的上部，而较冷的液氢则沉降至下部。这导致罐体上部的蒸汽压力增大，而下部的压力几乎没有变化，从而造成储罐承受不均匀的压力。因此，在储存过程中，必须排出上部的氢气以确保安全。还可能发生“热溢”现象，其主要原因如下。

(1) 液体的平均比焓高于在饱和温度下的值，此时液体蒸发损失不均匀，导致不稳定的层化现象，进而引起气压的突然降低。常见的情况是下部的液氢处于过热状态，而表面液氢仍然处于“饱和状态”，从而会产生大量蒸汽。

(2) 操作压力低于维持液氢在饱和温度所需的压力，此时仅表面层的压力与储罐的压力相等，内部压力则较高。如果由于某些因素导致表面层的扰动，就会出现“热溢”现象。

为了解决“层化”和“热溢”问题，可以采用以下方法：

(1) 在储罐内部垂直安装导热性能良好的板材，以迅速消除储罐上下部的温差；

(2) 通过将热量导出罐体来保持液体处于过冷或饱和状态，例如使用磁力冷冻装置。

3.2.3.2 液氢容器的材料

传统液氢容器多采用不锈钢 0Cr19Ni9、铝合金等金属材料，如欧空局 40 MPa、12 m^3 高压液氢容器为 250 mm 厚不锈钢绕板结构，我国 10 MPa、4 m^3 高压液氢容器是 60 mm 厚不锈钢单层卷焊结构。

车载储氢等应用场景下，液氢储罐设计需兼顾强度与轻量化，提升质量储氢效率，降低内层热容以减少灌氢蒸发损失。为此，传统金属材料逐渐被低密度、高强度复合材料替代，玻璃强化塑料（GFRP）和碳纤维强化塑料（CFRP）是典型代表。表3.6为这两种复合材料与不锈钢和铝合金的主要性能对比。

表3.6 复合材料与金属材料的主要性能对比

材料	密度 ρ/g·cm^{-3}	强度 σ/MPa	热导率 λ/W·(m·K)$^{-1}$	比热容 /J·(kg·K)$^{-1}$	性能比 $\sigma/(\rho\lambda)$
GFRP	1.9	1000	1	1	526
CFRP	1.6	1200	10	1	288
不锈钢	7.9	600	12	400	5.8
铝合金	2.7	300	120	900	0.86

复合材料因低密度、高强度、低热导率和低比热容，利于液氢储存容器轻量化和减少灌氢损失，但气密性、均匀性不及金属材料，易致气体渗透，且纤维与塑料线膨胀系数差异大，冷却时易生成裂纹，因此研发低温防气透材料意义重大。

低温液态储运氢技术发展彰显科技创新力量，凝聚科研人员心血。这契合我国“创新、协调、绿色、开放、共享”新发展理念：创新驱动攻克氢能液化储存难题，为大规模应用奠基；同时，需注重环节协调、加强国际合作、共享成果，推动全球氢能产业发展。

3.2.4 氢气液化应用

3.2.4.1 *液氢在航空领域的应用*

氢能量密度是汽油的3倍，用于航空可使飞机自重降低三分之二。相较航空煤油，液氢作燃料能提升飞机性能，如超音速液氢飞机起飞质量仅为煤油飞机的一半，每千克液氢有效载荷能耗是煤油的70%。实验和研究表明，相同条件下液氢燃料质量低于煤油，减轻飞机总质量可缩短跑道需求、增加载荷并降低油耗，见表3.7。

表3.7 主要能源物理特性对比[13]

液态能源	存储温度/℃	密度 /t·m^{-3}	体积能量密度 /MJ·L^{-1}	与轻柴油的容积比	热值 /MJ·kg^{-1}	质量气化潜热 /kJ·kg^{-1}	爆炸极限范围 /%	扩散系数 /cm^2·s^{-1}	最小点火能量 /MJ
LNG	−163	0.4400	21.2	1.7	50.0	511	5~15	0.196	0.274
液化石油气	−42	0.5300	26.7	1.3	46.0	395	2~9	0.121	0.020
甲醇	65	0.7900	14.9	2.4	19.9	850	6~37	0.132	0.140
液氨	−33	0.6170	12.7	2.8	18.6	1370	16~25	0.198	8.000
液氢	−253	0.0708	8.5	4.2	120.0	447	4~72	0.630	0.017

不过，液氢燃料箱体积是煤油的3倍，液氢飞机需朝超高音速（>6 Ma）、

远航程（>10000 km）、超高空（30000 km）发展以发挥优势。

氢气作为航空燃料的最大问题是高空排放可能形成冰云，导致高层大气降温、云层增多，或引发温室效应、损害臭氧层，相关影响仍在研究中；若影响过大，飞机飞行高度将受限。

3.2.4.2　液氢的运输

A　液氢陆地运输

低温液态储氢容器对绝热性能要求高，低温材料和绝热技术制约其大规模发展。材料方面，液氢容器常用不锈钢、镍基合金等，现役储罐多采用常规奥氏体不锈钢，其能否作为推荐材料纳入标准，有待研究评估。绝热技术分被动与主动两类，大的都用被动绝热（如堆积绝热、真空多层绝热等），主动绝热因结构复杂、能耗高、成本高，应用受限。

液氢由仲氢和正氢混合而成，正氢向仲氢自发转化放热会致液氢蒸发，需在液化时用催化剂提升转化率。液氢运输类似液化天然气，可从工厂、接收站运至加氢站等终端，绿色氢能源基地、贸易中转接收站也会向氢需求大的地区输送。陆地运输装备有液氢罐式集装箱、公路罐车、铁路罐车等。

在公路和铁路运输过程中，需遵循交通运输部发布的危险货物运输管理相关规定。液氢罐车的示意图如图 3.14 所示。各国和地区的道路运输法规及管理要求存在差异，陆地运输罐车的最大尺寸和容积也不尽相同。在中国，低温液体汽车罐车的最大容积不得超过 52.6 m^3。

(a)　　(b)

图 3.14　液氢的运输

（a）液氢罐车；（b）液氢运输船

图 3.14 彩图

B　液氢的水路运输

液氢储氢相比气态储氢，最大优势在于密度大，更适用于氢能大规模、远距离储运。但液氢储存存在诸多挑战：安全要求高，易气化且氢气易渗透、易引发“氢脆”，泄漏后易燃烧爆炸；蒸发气回收利用难度大、成本高，维持低温环境能耗超氢气本身 30%；技术源于航天领域，入门的门槛高，规模化技术经验集中于航天，推广至船舶等领域难度大。

近年来，国际上液氢运输船项目增多。日本是先行者，2021 年川崎重工建造全球首艘 1250 m^3 液氢运输船并首航，同年完成 160000 m^3 球罐型运输船概念设计；韩国、荷兰、法国等企业也积极开发不同类型液氢运输船。国内液氢运输船相关研究、规范制定尚处起步阶段，沪东中华造船获多国船级社原则性认可，中国船舶及海洋工程设计研究院也推出设计方案。

美国是最早用船舶运液氢的国家，20 世纪 60—70 年代“阿波罗航天项目”中用 947 m^3 储罐驳船运液氢，从路易斯安那州至佛罗里达州肯尼迪航天中心，比陆地运输更高效、安全、经济。2004 年德国试制超 300 m 长 SWATH 小水面双体船，配 5 个球形储罐。日本川崎重工建造的液氢运输船总长 116 m、宽19 m，自重约 8000 t，有两个 1250 m^3 真空绝热储罐。

3.3　液 氢 储 运

3.3.1　有机液体

有机液体储氢材料，也称为液态有机储氢载体（liquid organic hydrogen carriers，LOHC），是一类能够在催化剂作用下，通过化学反应实现吸氢和放氢的有机化合物。从原理上讲，任何含有不饱和键（如 C ═ C 双键或 C ≡ C 三键）的有机物均可通过氢化反应（放热反应）实现储氢，而通过脱氢反应（吸热反应）实现放氢[14]。常用不饱和液体有机物如环烷烃、N-乙基咔唑等。LOHC 储氢技术的储氢密度高，可在常温常压条件下储氢，安全且运输便捷。但氢吸放比物理储氢难，需额外反应、氢分离纯化设备，放氢需加热，能耗高、成本增加[15]。图 3. 15 所示为液态有机储氢载体储氢的基本原理。

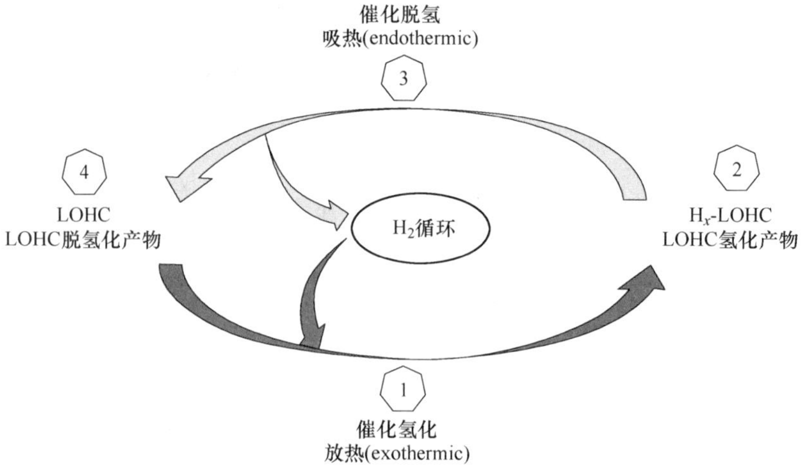

图 3. 15　液态有机储氢载体储氢的基本原理

图 3. 15 彩图

3.3.2 常见有机液体储氢原理

有机液体储氢技术通过不饱和液体有机物可逆加氢、脱氢反应来实现储放氢。理论上，烯烃等不饱和芳香烃及其氢化物可作储氢材料，像苯和环己烷等能在不破坏碳环主结构下进行可逆加氢、脱氢。理想的 LOHC 不仅要有高储氢密度，还需满足储氢稳定性、脱氢速率和效率、成本、运输安全及与现有设备兼容性等要求。目前，常用 LOHC 物质包括苯（benzene）、甲苯（toluene）、萘（naphthalene）、咔唑（carbazole）、N-乙基咔唑（N-ethylcarbazole，NEC）、二苄基甲苯（dibenzyltoluene，DBT），如图 3.16 所示。

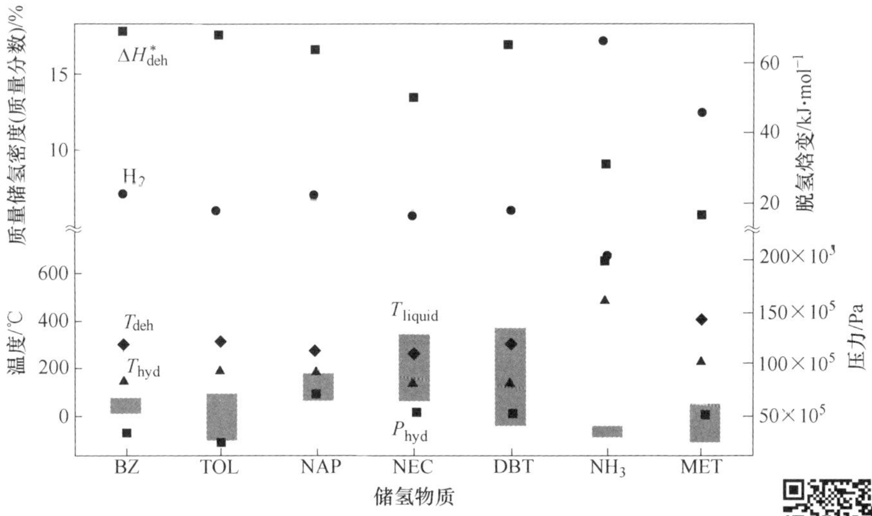

图 3.16 常见 LOHC 的储氢密度、脱氢反应焓变、脱氢反应温度和压力[16]

图 3.16 彩图

（1）苯/环己烷储氢体系（benzene/cyclohexane，BZ/CHE）利用苯与环己烷之间的可逆化学反应来实现氢的储存，其质量储氢密度为 7.2%。在 20～40 ℃下，环己烷及其脱氢产物苯常温常压均为液态，可利用现有燃料运输方式储运。1 mol 环己烷能携带 3 mol 氢，反应热低于氢燃烧热，可提供丰富氢能。但苯具有剧毒，且环己烷低沸点、高挥发性，导致生成氢气的分离纯化困难。

（2）甲苯/甲基环己烷储氢体系（toluene/methylcyclohexane，TOL/MCH）的质量储氢密度为 6.2%。由于甲苯的毒性相对较低，该体系的脱氢过程能产生氢气和甲苯。甲基环己烷和甲苯在常温常压下均为液态，且其加氢和脱氢过程可逆且相对简单。因此，TOL/MCH 储氢体系已被日本千代田化工建设株式会社（Chiyoda Corporation）投入商业应用[17]。

（3）萘/十氢化萘储氢体系（naphthalene/decahydronaphthalene，NAP/DEC）具有较强的储氢能力，其质量储氢密度为 7.3%，体积储氢密度为 62.9 g/L，且在常温下呈液态，方便进行储氢。但在加氢、脱氢及运输时，或存在原料持续损耗问题。1 mol 反式-十氢化萘可携带 5 mol 氢，反应热约为 66.7 kJ/mol H_2，约占氢气燃烧热的 27%，能提供丰富氢能。

（4）N-乙基咔唑/十二氢乙基咔唑（N-ethylcarbazole/perhydro-N-ethylcarbazole，NEC/PNEC）储氢体系的质量储氢密度为 5.8%。N-乙基咔唑（NEC）是无色片状晶体，溶于热乙醇、乙醚、丙酮，不溶于水，光照下易变黑、聚合。与其他 LOHC 体系比，NEC/十氢-N-乙基咔唑（PNEC）体系氢化、脱氢焓变低（50 kJ/mol H_2），130~150 ℃可快速加氢，150~170 ℃能脱氢，与燃料电池工作温度匹配，是理想储氢介质。但氮-烷基键弱，270 ℃以上可能去烷基化，且 NEC 工业产量低、熔点高于室温，运液态氢需加热。

（5）二苄基甲苯/十八氢化苄基甲苯（dibenzyltoluene/perhydro-dibenzyltoluene，DBT/H18-DBT）储氢体系的质量储氢密度为 6.2%，并具有低毒性和高热稳定性。该体系约在 140 ℃可快速加氢，270~320 ℃能脱氢。可用氢气混合物加氢，与工业制氢过程兼容，省略氢分离纯化步骤。其储氢密度受操作影响大，经几个氢化/脱氢循环后，因不完全脱氢，储氢密度约降 77%。

OHC 储氢技术前景良好，质量储氢密度高，运输安全便捷，能与现有石油运输设施兼容，可实现大规模、长距离、长期的氢能存储运输，为车用燃料电池供氢。相较高压气体氢、低温液氢、固态金属氢化物储氢技术，有机液体氢化物储氢法有以下优势（见表 3.8）：

（1）有机液体氢化物的质量和体积储氢密度较高，常用材料（如环己烷、甲基环己烷、十氢化萘等）均能达到相关标准；

（2）环己烷和甲基环己烷等物质在常温常压下呈液态，与汽油相似，能够利用现有的石油管道设施进行储存和运输，安全便捷，并可进行长距离运输，帮助解决我国东西部地区能源分布不均的问题；

（3）催化加氢和脱氢反应是可逆的，可以长期存储，储氢介质可反复使用，如果能大规模获取化学原料，将有助于降低储氢成本。

LOHC 储氢技术虽优点多，但也有不足，比如：操作条件苛刻，对催化加氢、脱氢装置要求高；脱氢需低压高温非均相条件，受传热、传质和反应平衡限制，效率低，易产生副反应导致氢气不纯；高温下脱氢催化剂孔结构易遭破坏，引发结焦和失活。图 3.17 所示为常见有机液体氢化和脱氢工艺示意图。

表 3.8 有机液体储氢比较

有机液体	质量储氢密度/%	体积储氢密度/g·L^{-1}	优点	缺点
苯/环己烷	7.2	—	储存、运输安全方便	加氢、脱氢条件苛刻
甲苯/甲基环己烷	6.2	—	成本较低	脱氢技术复杂，有一定毒性
萘/十氢化萘	7.3	62.9 g/L	可循环使用	脱氢温度高，存在原料损耗
N-乙基咔唑/十二氢乙基咔唑	5.8	—	储氢密度高、放氢温度低	原材料成本高、能量消耗较高
二苄基甲苯/十八氢化苄基甲苯	6.2	—	热稳定性好、安全性高	原材料成本高、反应机理复杂

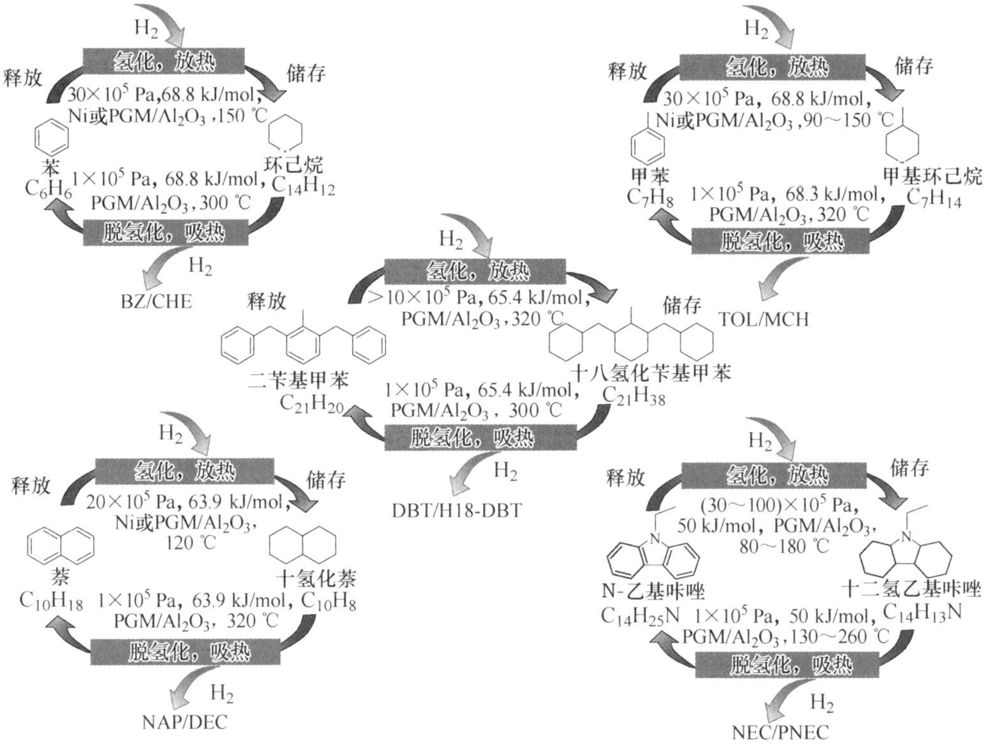

图 3.17 常见有机液体氢化和脱氢工艺示意图[17]

图 3.17 彩图

3.3.3 液氨

液氨（NH_3）是无碳的能源和化学储氢方式，质量储氢密度（17.6%）、体积储氢密度（100 g/L）、能量密度（22.5 MJ/kg）高，安全可靠、运输成本低，有相应的储存运输设施及规范。与极低温度液氢（-253 ℃液化）比，液氨在1 atm（101.325 kPa）下液化温度-33 ℃，9 atm 下 25 ℃，液化温度更高。“氢-氨-氢”储氢可降能耗和运输难度，液氨体积储氢密度比液氢高 1.7 倍，长距离氢能储运有优势。但液氨腐蚀性、毒性强，储运有潜在危害。“氢-氨-氢”体系的“氢经济”也称“氨经济”，其中氢氮在催化剂下合成氨，液氨储存运输，又在催化下分解放氢[18-19]。氨燃料补给便捷、运输设施成熟、成本低、无碳排放，与燃料电池高效发电、高能量密度相结合，经电解水和氮还原，可实现无碳氨燃料电池高效循环发电应用，如图 3.18 所示。

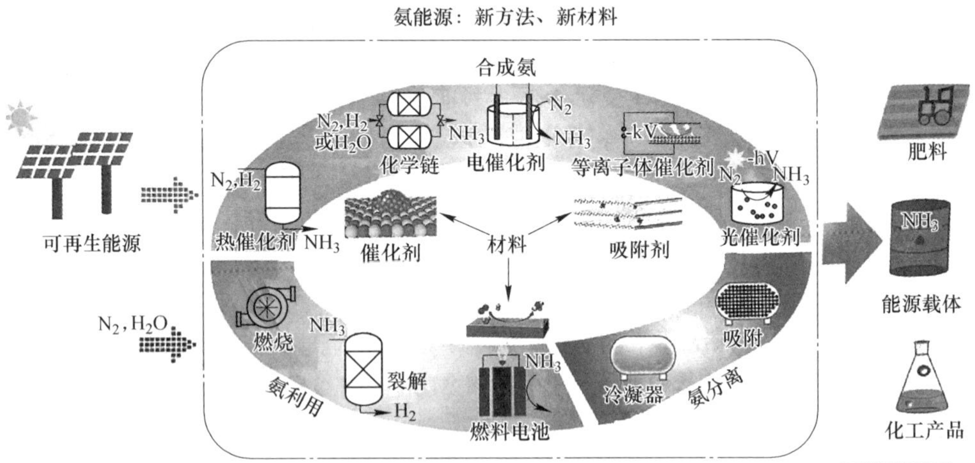

图 3.18　氨循环经济产业示意图[20]

图 3.18 彩图

由于氨会破坏 Nafion™质子交换膜，因此其本身不能直接用于质子交换膜燃料电池（proton exchange membrane fuel cell，PEMFC）[21]。因此，在将氨作为储氢技术应用于燃料电池之前，需要实现高效的氨分解产氢和高纯度的氢分离。实现整个“氨经济”的循环利用需要解决以下问题：

（1）开发低温（80~150 ℃）下的高效氨分解制氢和氢纯化技术，以实现与燃料电池及直接燃烧应用的整合；

（2）研发高效的绿色合成氨催化技术，以直接将空气中的氮气和水结合合成液氨，避免电解水制氢和氢化合成氨过程中的能耗问题。

3.3.3.1　*液氨合成与裂解工艺*

液氨合成工艺：目前主要的合成氨技术包括哈伯法合成氨技术（haber-bosch process）、化学链合成氨技术（chemical looping ammonia synthesis，CLAS）、电化学合成氨技术（electrochemical ammonia synthesis，ECAS）、等离子体合成氨技术（plasma ammonia synthesis，PAS）和光化学合成氨技术（photochemical synthesis of ammonia，PCSA）[22]。

哈伯法合成氨技术（haber-bosch process）由德科学家弗里茨·哈伯和卡尔·博施 1905 年开发，目前仍是合成氨主要方法，如图 3.19 所示。全球超 85%氨产量（约 2 亿吨/年）靠近终端用户，主要用于农业肥料，其余用于化学加工工业。合成氨是放热应，平衡后产率 10%~20%。传统哈伯法在 20~30 MPa 高压、300~500 ℃高温下进行，在高温下提升反应速率。这使得合成氨工业的能耗巨大，每年消耗全球能量产出的 1%~2%，并产生 4 亿~5 亿吨二氧化碳[21-23]。

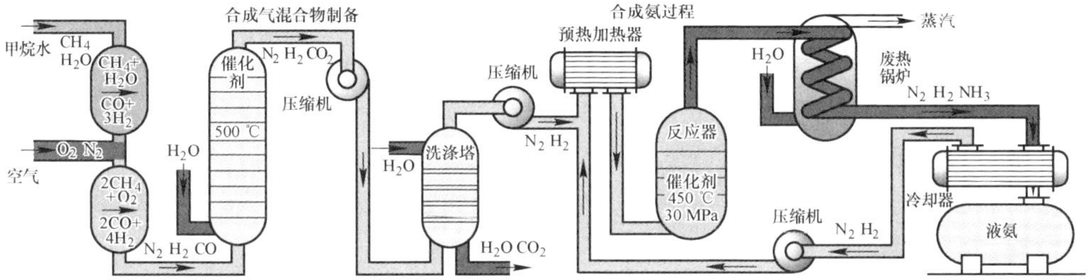

图 3.19　哈伯法合成氨示意图

图 3.19 彩图

在合成氨反应中，氮气分子的解离化学吸附（N≡N 键断裂成 N 原子）是关键的速率决定步骤。主族氧化物促进剂（如 Al_2O_3、CaO、K_2O）负载铁仍然是最广泛使用的催化剂[24]。合成氨工厂通常需要与甲烷重整制氢和氮气分离工厂进行耦合，整个工艺流程大致为：甲烷和水通过重整反应生成合成气（$CH_4+H_2O \rightarrow CO+3H_2$），然后与空气混合，进一步将甲烷氧化为合成气（$2CH_4+O_2 \rightarrow 2CO+4H_2$）。一氧化碳接着通过水煤气变换反应完全氧化为二氧化碳（$CO+H_2O \rightarrow CO_2+H_2$），随后通过二氧化碳洗涤器去除 CO_2 和 H_2O，获得高纯度的氮气和氢气原料。氮气和氢气的混合气经过机械压缩和预加热后，进入 300 atm（10.1 MPa）和 450 ℃的反应器，反应生成氨气（$N_2+3H_2 \rightarrow 2NH_3$），单次转化率为 10%~20%；反应后获得的混合气（N_2、H_2 和 NH_3）通过冷却器将氨气转化为液氨，剩余的 N_2 和 H_2 混合气则继续循环进入合成氨反应器，最终总转化率可达到 97%。与传统合成氨技术相比，绿色哈伯法合成氨技术使用电解水产生的绿色氢气和空气分离装置（air separation unit，ASU）分离出氮气。这样生产 1 t 合成氨所需能量为 27 kW，而 ASU 装置和机械压缩分别需要 3.5 kW 和 1.5 kW[25]。

电化学合成氨技术（electrochemical ammonia synthesis，ECAS）是另一个具有广泛应用前景的合成绿氨路线，具有以下优点：

（1）相比于使用传统的热化学合成氨，电化学合成氨能够在温和的条件下，实现氮气的活化和转化；

(2) 温和的操作条件有利于分散合成过程，适合基于可再生能源产生电的小规模合成和分布式合成氨；

(3) 利用水作为合成氨的氢来源，避免了传统合成气产氢的碳排放问题。

电化学合成氨也存在一些问题，具体有：

(1) 缺乏高效的 N≡N 键活化、断裂的催化剂；

(2) 催化剂在电解液中易发生溶解、团聚和结构重构。

在考虑使用阴离子交换膜（AEM）进行电化学合成氨及直接氨燃料电池时，碱性电解质更适合于电化学氮循环。尽管质子交换膜（PEM）和酸性电解质因其广泛的应用性和较高的氨吸附选择性（相对于 N_2 和 H_2）而常用于电化学合成氨，但在酸性电解质中，析氢反应（HER）的发生高于碱性电解质。在碱性电解质中，可以利用水作为质子源，并使用无贵金属阳极进行析氧反应（OER），从而抑制析氢反应。利用水分子作为氢的来源可以有效避免与氢气相关的生产、储存和运输问题[26]。

对于商用电化学合成氨的要求，氨的生产速率应达到不小于 10^{-6} mol/(cm^2·s)，法拉第效率需不小于90%，能量利用效率需不小于60%。目前的电化学合成氨体系无论使用何种类型的电催化剂，其法拉第效率普遍低于1%。开发能够抑制析氢反应并同时促进氮还原反应（NRR）的高性能电催化剂，是实现电化学合成氨的关键[27]。

3.3.3.2　甲醇储氢原理

甲醇分子式 CH_3OH，相对分子质量 32，是无色、有乙醇味的挥发性可燃液体；常压下沸点 64.7 ℃，自燃点 473 ℃，可与水及多种有机液无限互溶，易吸湿，蒸气与空气混合爆炸范围 6%～36.5%。作为最简单醇类，甲醇含 C—H、C—O 和 O—H 键。作为液态化学储氢材料，甲醇具有较高的能量密度（21.6 MJ/kg）、质量储氢密度（12.5%）和体积储氢密度（99 g/L）[28]。

常温常压下，甲醇为液态，便于储运，来源广泛（传统化工及可再生能源）。甲醇直接脱氢主要生成一氧化碳（CO），而常用的低温质子交换膜燃料电池（LT-PEMFC）要求燃料为高纯度氢气，杂质（如 CO）含量需控制在极低水平（通常 $<10^{-6}$ ppm，“ppm”为百万分之一），直接用甲醇会使铂（Pt）基催化剂中毒失活[29]。高温质子交换膜燃料电池（HT-PEMFC）由于其催化剂抗毒性强，对 CO 耐受度达 1%～2%，拥有一定的优势。从氢能燃料电池应用需求看，甲醇与水催化重整制氢更合理有效，反应温度 200～300 ℃。相比其他燃料重整制氢，该反应快速温和，既能降低燃料气中 CO 含量，还能利用储氢分子还原水获取额外氢气，使甲醇单位质量储氢密度突破理论上限至 18.75%，理论上 1 kg 甲醇与水反应可生成 187.5 g 氢气。图 3.20 所示为甲醇循环经济链示意图。

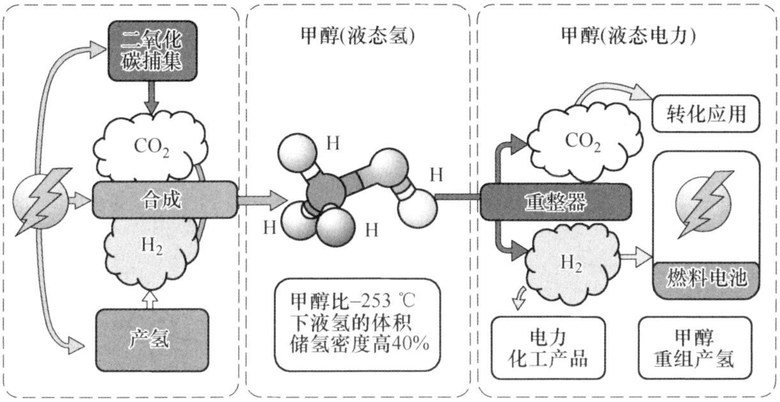

图 3.20 甲醇循环经济链示意图[30]

图 3.20 彩图

3.3.3.3 甲醇合成与裂解工艺

A 甲醇合成工艺

甲醇合成工业始于 1923 年，主要通过压缩的合成气在催化剂的作用下进行合成。生产 1 t 甲醇所需的资源和排放为：在甲烷水蒸气重整反应中，约需要 10 MW · h当量的天然气，并会释放约 0.5 t 的 CO_2；在部分氧化过程中，则需要大约 10.5 MW · h 的石油，同时释放约 1.4 t CO_2[31]。

甲烷可通过 CO_2 氢化反应合成，氢气源于电解，CO_2来自电厂烟道气或水泥厂进行二氧化碳碳捕集（CCS）。CCS 技术成本高、能耗大，如果达到 85%效率时，捕捉 1 t CO_2需要 44 kW · h 压缩能耗与 890 kW · h 溶液再生能耗。若直接用空气二氧化碳捕集（DAC），捕 1 t CO_2 约需 300 kW · h 电能与 1800 kW · h 热能[32]。虽然 CO_2 氢化合成甲醇是一个可行的方案，但由于二氧化碳捕集技术的高昂成本，使其不适合用于甲醇的大规模生产。

20 世纪 20—60 年代中期，所有甲醇生产都采用锌铬催化剂。1966 年，英国帝国化学工业（ICI）公司研制成功铜基催化剂（Cu/ZnO），采用含有 CO_2 的合成气作为原料，在 250 ~ 300 ℃ 和 8 ~ 10 MPa 条件下合成甲醇[33]，如图 3.21 所示。

B 甲醇裂解工艺

从分子层面分析，甲醇裂解产氢的本质是将分子内的全部氢原子释放的过程，主要涉及的化学反应包括 C—H、O—H 键等化学键的解离以及碳原子从低价经多步反应氧化为 CO_2。在甲醇制氢反应中，加入氧化剂对制氢反应的热力学、产氢效率、反应器的设计优化及反应条件会产生影响。传统甲醇裂解制氢技术包括：甲醇直接裂解（DE）、甲醇部分氧化裂解（POX）、甲醇与水蒸气重整（MSR）和甲醇自热重整制氢（ATR），见表 3.9。

$$CO+2H_2 \longrightarrow CH_3OH \quad \Delta H=-90.7\ kJ/mol$$

$$CO+3H_2 \longrightarrow CH_3OH+H_2O \quad \Delta H=-49.5\ kJ/mol$$

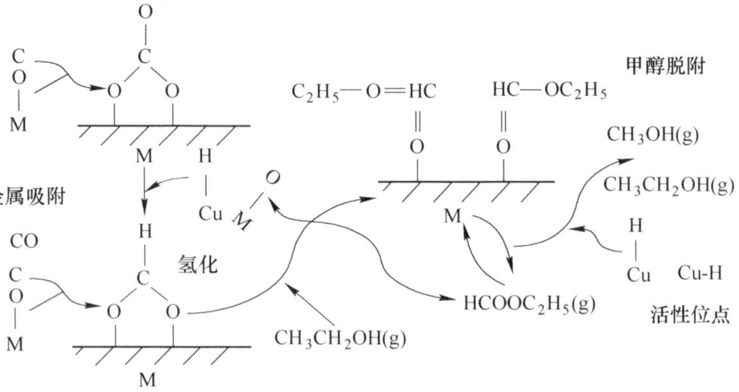

图 3.21 甲醇合成反应方程式和机理

表 3.9 传统甲醇裂解制氢技术

反应类型	反应式	优点	缺点
直接裂解	$CH_3OH \longrightarrow CO+2H_2$ $\Delta H=90.7$ kJ/mol	高温反应迅速	需外部供热，产物 CO 含量高
与水蒸气重整	$CH_3OH+H_2O \longrightarrow CO_2+3H_2$ $\Delta H=49.5$ kJ/mol	产氢量高，温度低	需完整热管理系统供热
部分氧化裂解	$CH_3OH+0.5O_2 \longrightarrow CO_2+2H_2$ $\Delta H=-195.2$ kJ/mol	条件温和，反应迅速	产物氢含量低
自热重整制氢	$CH_3OH+(1-x)H_2O \longrightarrow CO_2+(3-x)H_2$ $\Delta H=(49.5-241.8x)$ kJ/mol	易于启动，结合吸/放氢反应简化热管理	产氢量低，商业经验有限，需细化系统控制

传统甲醇裂解制氢（DE）技术成熟，适用于中小规模制氢，关键发展方向是优化催化剂、完善反应耦合，降低反应温度，提升氢气选择性和产率。甲醇直接裂解制氢吸热，高温利于转化，但温度过高能耗大、催化剂热稳定性差。

甲醇直接裂解催化剂需具备高氢气选择性、良好热稳定性和较高低温活性。铜基催化剂是理想选择，早期研究聚焦 Cu 系，如 Cu/ZnO 和 Cu/Cr 二元催化剂。Cu-ZnO 催化剂在甲醇合成中表现佳，但用于甲醇裂解时活性、稳定性差，甲醇转化率低；Cu/Cr 系催化剂活性和稳定性较好，但选择性低且有污染问题。因此，甲醇直接裂解制氢的关键在于研发高性能、高选择性催化剂，实现 250～300 ℃下甲醇完全转化。

甲醇与水蒸气重整制氢（MSR）是吸热反应，反应温度一般在 250～300 ℃，一般采用金属氧化物负载的 Cu、Ni 等过渡金属催化剂，以 Pt 系催化剂活性最好[34]。甲醇经水蒸气重整可视为甲醇裂解和 CO、水蒸气变换反应的集成，从水分子中获得额外 50%的氢，因而产物中氢含量高，可接近 75%，其反应流程简单，产物易分离，如图 3.22 所示。如作为加氢站氢气来源的前端，MSR 制氢技术的 H_2 含量高、技术成熟，是当前制氢反应的最佳选择[35]。在甲醇与水蒸气重整制氢催化剂研究方面，山西煤化所和北京大学针对甲醇和水液相制氢的反应特点，借助实验设计和理论计算相结合的方法，开发出新型单原子 Pt/α-MoC 双功能催化剂，实现了低温下（150~190 ℃）高效产氢[34]。

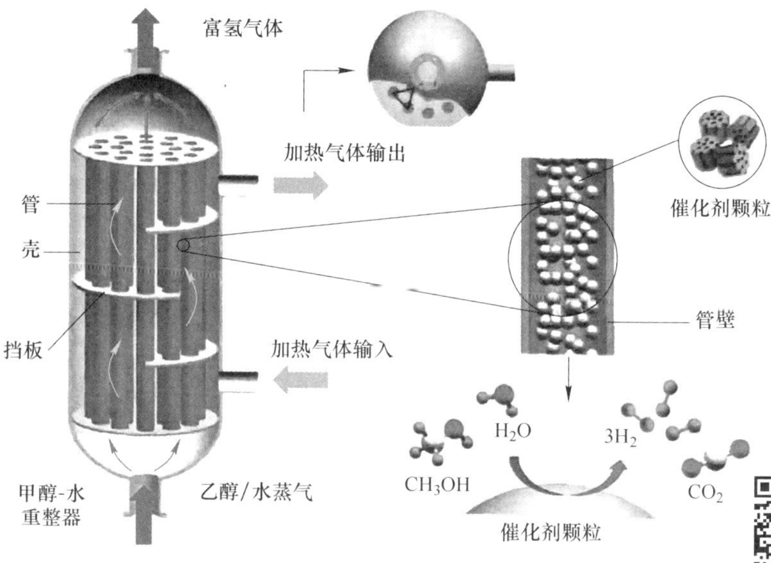

图 3.22 甲醇水蒸气重整制氢示意图[36]

图 3.22 彩图

甲醇部分氧化裂解（POX）是用氧气部分或完全替代水作氧化剂的甲醇重整制氢技术，加氧可改变反应热力学性质，当氧浓度超过水浓度 12.5%时，甲醇制氢反应变为放热[37]。该反应放热快，副产物主要是 CO_2，每分子甲醇自热重整可产生 2~3 分子氢。纯氧作氧化剂时氢产物浓度达 66%；空气作氧化剂时氢浓度降至 41%，并且由于氮气过多，分离氨气也存在困难。目前，该技术催化剂研究不足，反应剧烈放热导致过程控制困难。

甲醇自热重整制氢（ATR）是将甲醇部分氧化与甲醇水蒸气重整两个过程相结合的技术。该过程整体为微放热反应，温度控制在 300~500 ℃，使用的催化剂主要为 Cu、Zn 等氧化物。尽管该方法具有较高的反应速率和氢气产率，但其催化剂的开发和过程控制技术仍显不足[38]。通过引入 Cu—CuO 化学链循环，增强的甲醇自热重整制氢技术能够实现系统的自供热，同时氧载体 CuO 能实现自供氧，从而无须额外的加氧或空分设备。通过加入碳载体，可以在反应过程中吸收 CO_2，从而提高氢气的浓度。然而，该技术的发展仍处于初级阶段，其面临的主要挑战包括高性能循环氧载体的开发和反应器的设计[39]。

3.3.4 液氢储运方式

富氢液态化合物是指以富氢液体（N-乙基咔唑、液氨、甲醇等）为介质储运氢，该技术储氢密度高、安全、运输成本低。但是，加氢脱氢需贵金属催化剂高温催化合成与分解，能耗高且催化剂易失效，分解有副反应，氢气不纯净需分离提纯，从而增加成本。不过其运输网络成熟、规范、灵活，是适合大规模储运氢的有效选择。

3.3.4.1 液氨储运氢技术的应用

液氨合成、储存和运输的基础设施及相关技术成熟。氨活性低，燃爆危险性低于其他气液。其特性有：无水氨不易燃，氨蒸气在空气中易燃易爆炸，受热分解放毒，操作需防护；会腐蚀铜锌等合金，与氧化剂等反应。防运输泄漏是关键问题。如果发生液氨泄漏，可以参考《液氨泄漏的处理处置方法》(HG/T 4686—2014)[40]进行应急处理。氨的毒性和腐蚀性是液氨作为氢运输载体所面临的主要挑战之一。

氨主要通过槽罐运输，主要交通工具为汽车、火车或装载于大型的运输船中，如图 3.23 所示。全球氨年生产近 2 亿吨，98%原料来自化石燃料，72%以天然气为原料。未来作为氢运输载体需用绿色氢气制氨降碳。氨分解制氢含杂质氨，当氨浓度达1×10^{-6} mol/L 时，一周内会因氨分子被质子交换膜中 H^+ 不可逆吸附积累，降低燃料电池寿命。根据国家标准，氢气中氨含量应不大于 0.1×10^{-6}，氨制氢气分离氮后还需除氨[41]。

(a) (b)

图 3.23 液氨运输方式

（a）液氨槽罐；（b）液氨运输船

图 3.23 彩图

3.3.4.2 有机液体储运氢技术应用

有机液体（主要包括环已烷、咔唑和吲哚等）作为氢的储运介质，可以在常温常压下采用汽车、轮船和火车进行运输，这一方式与石油或汽油的运输相似，能够利用现有的石油/汽油基础设施。然而，这种方法面临以下几个关键问题。

（1）有机液体的毒性：环已烷、咔唑和吲哚等物质具有一定的毒性，因此开发无毒的有机液体作为氢储运介质是确保氢能安全使用的重要目标。

（2）长途运输的经济性：尽管有机液体的运输方式与现有的石油/汽油运输相似，但并不存在返空运输的概念。脱氢后的有机液体储氢介质仍需随车返回加氢，这意味着往返运输均为重载，需要考虑其经济性。

（3）加氢和脱氢条件苛刻：以 N-乙基咔唑为例，加氢需在 200 ℃ 和 6 MPa 的条件下进行，脱氢则需要在 230 ℃ 和 0.1 MPa 下完成。

（4）副反应问题：有机液体在脱氢过程中常伴随副反应，可能导致释放的氢气不纯，存在一氧化碳、甲烷等对燃料电池有毒的气体。

（5）催化剂成本高：为实现优异的加氢和脱氢性能，通常需要使用贵金属催化剂，而这些催化剂的寿命较短，增加了系统的成本，见表 3.10。

表 3.10 有机液体氢能储运综合成本[42] （元/kg H_2）

项目	N-乙基咔唑装置	甲苯装置	二苄基甲苯装置	备 注
氢气	8.44	8.44	8.44	生产成本不考虑载体损耗
加氢	0.96	2.75	2.51	
储氢载体运输	4.1	4.5	4.2	
脱氢（按导热油加热）	7	13.98	12.8	城市短途管束车运氢费用
气氢运输	7	7	7	
加氢站到站氢价	27.54	36.27	34.95	

有机液体氢能储运（LOHC）技术最早在日本、欧洲开始研究，已建工业化示范装置，代表企业有德国 HT 和日本千代田。德国 HT 于 2013 年成立，专注二苄基甲苯为储氢载体的 LOHC 技术研发，采用科莱恩催化剂和 HyGear 净化系统，完成工业化技术准备，在德国 Dormagen 化学园区建装置，进入示范阶段。2017 年，日本千代田等四家公司成立 AHEAD，研究甲苯为储氢载体的 LOHC 技术，利用甲苯与甲基环已烷体系，2020 年实现全球首次远洋气运输，2022 年初实现“文莱至日本长崎，年供氢 210 t”应用场景示范，如图 3.24 所示。

图 3.24 基于日本千代田公司开发的甲苯-甲基环己烷 LOHC 系统

图 3.24 彩图

在氢能产业发展、聚焦储运背景下，我国 LOHC 技术借鉴国外成果，在甲苯、二苄基甲苯和 N-乙基咔唑等方向进行探索，出现了武汉氢阳能源有限公司、中化学科学技术研究有限公司等研发单位。武汉氢阳与中化学建投在京、沪分别建设日供氢 400 kg、相距 1463 km 的加氢运氢脱氢一体化装置，经三次试车验证关键指标达设计水平。中化学科学技术研究有限公司建设国内首套甲苯-甲基环己烷中试装置，规模 300 kg/d，超 1000 h 中试试验，攻克核心技术，具备工业化推广条件。其他研发单位完成技术储备，建设中试装置，积累技术，融资建实体公司，具备从研发向工业化推广的技术条件[43]。图 3.25 所示为有机液体加氢脱氢一体化装置。

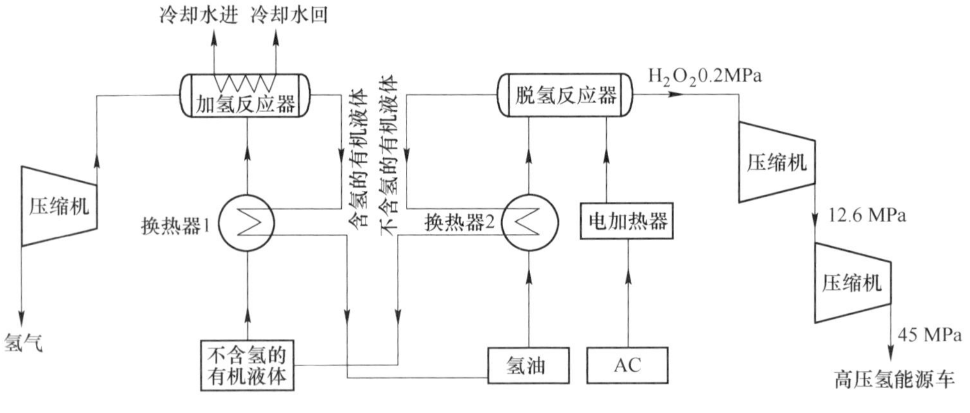

图 3.25 有机液体加氢脱氢一体化装置

3.3.4.3 不同运输方式特点总结

目前，氢能的主要运输方式包括高压气态运输、低温液态运输、有机液体运输和固态金属运输等，典型氢能运输方式的原理、适用场景及发展现状等见表 3.11。

表 3.11 氢能不同运输方式[44]

运输方式	运输工具	原理	压力/MPa	适用场景	发展现状
高压气态运输	长管拖车	将氢气以高压气体形式注入特定储氢高压气态运输器或管道中进行运输	15~35	短距离，大规模	(1) 发展成熟，是目前中国应用最广泛的输氢方式； (2) 单车装载量约 350 kg，装卸时间各需 4~8 h，技术及产品成熟，前期投资小
	长输管道		中低压≤4 高压 4~12	长距离，大规模	(1) 目前中国氢气长输管道建设尚处于起步阶段； (2) 前期投资大，存在材料相容性、密封性等技术难点，是实现氢气长距离、大规模运输的最经济选择和必然趋势
低温液态运输	液氢槽车、液氢船舶	通过物理或化学方式将氢能从气态变为液态进行运输	<1	中长距离，中大规模	(1) 目前主要应用于航天及军事领域，在民用领域尚处于起步阶段； (2) 单车装载量约 3000 kg，装卸时间 12 h，液化成本高
有机液体运输	罐车、长输管道	通过不饱和有机液体与氢的可逆反应施压类似现加氢与脱氢	与成品油运输压力类似	中长距离，中大规模	(1) 目前中国通过有机液体运输氢能尚处于成品油运输中长距离于试验阶段； (2) 在储氢载体、脱氢能耗、脱氢催化剂成本等方面亟待进一步改进
固态金属运输	货车	使用具有物理吸附性质和微格网孔的材料吸附氢气或镁、铁等化学氢化物进行储氢	—	短距离	(1) 目前处于研发试验阶段，未来发展潜力较大； (2) 储氢密度高，安全性高，可控性和灵活性强，但材料制备成本、循环稳定性等方面仍需改进

3.4 固态储运氢

许多固态材料是潜在可逆储氢介质，按储氢机理分为物理吸附型和化学氢化物型。物理吸附储氢依靠材料与氢分子间范德华力吸脱附氢气，在这个过程中氢以 H_2 分子存在，因物理吸附放热且结合力弱，材料多在低温（如液氮沸点

77 K）下吸附能力强，包括碳材料、金属有机框架、沸石多孔材料等。化学氢化物储氢材料通过与氢结合成稳定化合物储氢，主要有金属氢化物（金属或合金吸氢生成二元/多元氢化物）、配位氢化物（中心原子与氢共价形成阴离子配位基团，再与金属离子配位）、氨硼烷及其衍生物三类。实际应用中，可依场景和条件选择不同储氢材料体系实现氢存储。

3.4.1 金属储氢原理

金属储氢的原理在于金属（M）与氢生成金属氢化物（MH_x）：

$$M + xH_2 \longrightarrow MH_x + xH \quad (\text{生成热})$$

元素周期表中，除惰性气体以外，几乎所有元素都能与氢反应生成氢化物。但并不是所有金属氢化物都能作为储氢材料，只有能在温和条件下大量可逆吸/放氢的金属或合金氢化物才能作为储氢材料使用。金属与氢的反应是一个可逆过程，正向反应吸氢、放热，逆向反应释氢、吸热。改变温度与压力条件可使反应按正向、逆向反复进行，实现材料的吸/放氢功能。如图 3.26 所示，在金属合金体系的氢化反应过程中，其步骤可简化归纳如下：

（1）氢气从气体主相迁移至金属与合金处；

（2）氢气自气体相边界向金属与合金表面扩散；

（3）氢气在金属与合金表面形成物理态吸附，此时氢以氢分子形式存在于金属合金表面；

（4）氢分子于表面分解为氢原子，这些氢原子在金属合金表面形成化学态吸附；

（5）表面化学吸附的氢原子穿透金属与合金表面，进入其主体内部；

（6）氢原子在形成的氢化物相中向颗粒内部扩散，直至抵达氢化物与金属合金的界面；

（7）氢原子在氢化物与金属表面发生反应，最终形成氢化物。

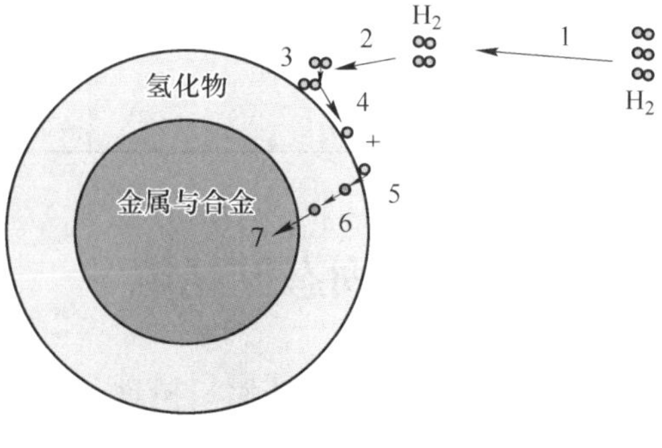

图 3.26 金属与合金的氢化反应过程

图 3.26 彩图

上述是简化后的氢化反应过程。当体系包含多元组分，或存在催化剂等其他影响因素时，氢化反应过程将更为复杂。在这个简单氢化反应过程中，通常步骤3~7的反应速率慢于步骤1和步骤2。若其中某一步骤成为整个氢化过程中最慢的环节，则整个反应速率由该步骤决定，那么此步骤即被称为氢化过程中的限速反应。

在一定温度和氢气压力条件下，储氢金属或合金与氢反应生成金属氢化物，并释放出热量。当提高温度或降低氢气压力时，氢化物释放出氢气，可以用以下公式表示：

$$\frac{2}{x}\mathrm{M(s)} + \mathrm{H_2(g)} \underset{p_2,T_2}{\overset{p_1,T_1}{\rightleftharpoons}} \frac{2}{x}\mathrm{MH}_x\mathrm{(s)} + \Delta H \tag{3.7}$$

式中，M为金属和合金；ΔH为反应热；p_1、T_1和p_2、T_2分别为吸收和放出氢时压力和温度条件。

在金属和合金氢体系中，正向反应表现为吸氢，逆向反应则为放氢。基于这一特性，我们能够通过调控体系的温度与氢气压力，实现金属及合金对氢的吸收与释放，这便是储氢金属和合金吸放氢的核心原理。该反应过程可通过储氢合金与氢反应的平衡压力-组分-等温（PCT）曲线图进行直观呈现。图3.27所示为典型吸氢过程PCT曲线，其横轴代表合金中氢的含量，通常以氢原子与金属原子的比值衡量；纵轴表示氢的平衡压力，多采用对数形式展示。

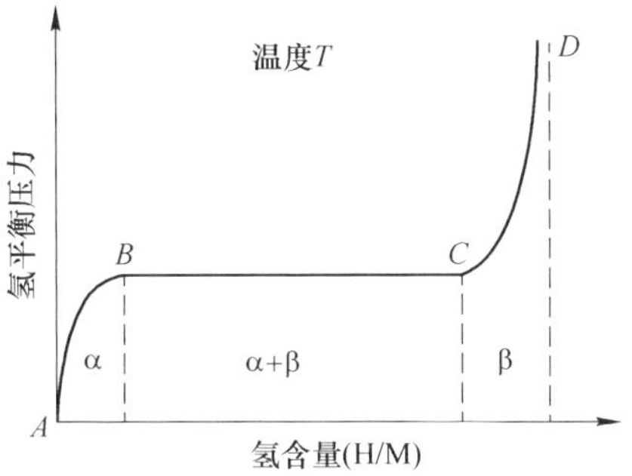

图3.27 吸氢过程的压力-组分-等温（PCT）曲线

在反应初始阶段，即从A点开始，氢气分子在金属表面发生解离，形成氢原子。这些氢原子继而从金属表面向内部扩散，并进入金属晶格间隙，与金属结合形成氢-金属固溶体，这一过程对应曲线从A点到B点，此时的金属相被称为α相，即AB段。当反应进行至B点，氢开始与金属发生进一步反应，生成氢化物，曲线从B点向C点延伸，新生成的相为β相。因此，BC段处于α相和β相共存的状态。依据Gibbs相律$F=C-P+2$，在BC段，体系组元C仅包含金属和氢，相数P为α相、β相以及氢气，经计算可得$F=2-3+2=1$。这表明在组分发生变化时，平衡压力保持不变，所以在理想状态下 BC 段呈现为水平台阶状。

当反应进行到 C 点后，α 相完全消失。随着压力继续升高，氢化物中的氢含量会有少量增加，直至达到 D 点，整个氢化反应结束。

图 3.28 所示为在不同温度条件下测定的 PCT 曲线。通过对这些曲线进行分析处理，能够推导出 van′t Hoff 曲线方程，进而获取反应焓与反应熵的直观示意图。在该体系中，存在明显的热力学规律：随着温度逐步上升，体系内的氢平衡压力会相应的提高；与此同时，在热力学因素的主导下，PCT 曲线的平台区长度会逐渐缩短。PCT 曲线显示了很多信息，凭借它，我们可以精准获取一系列衡量储氢材料性能的关键指标。例如，能够明确金属（合金）与氢发生反应时的平台压力，即材料有效吸放氢的稳定压力区间；确定材料的最大吸氢量，反映其储氢的极限能力；测算平台宽度，这一区间对应着材料的有效放氢范围；观察滞后效应，即材料吸氢与放氢过程中曲线的差异程度，体现材料在吸放氢可逆性方面的表现。

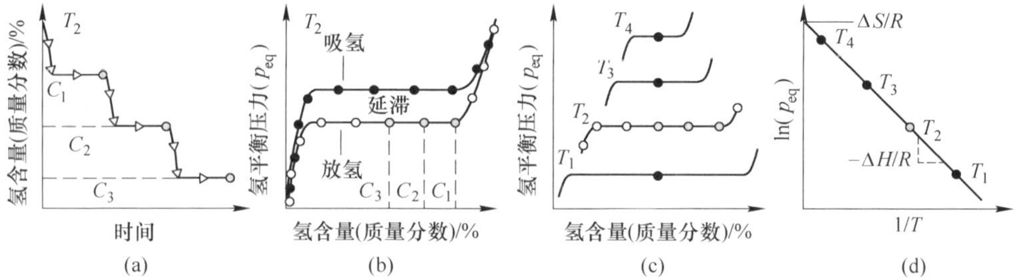

图 3.28 通过 PCT 曲线测量来计算热力学性能

（a）储氢材料氢含量随时间变化曲线；（b）储氢材料吸放氢过程中氢平衡压与氢含量关系及延滞现象曲线；（c）不同温度下储氢材料氢平衡压与氢含量关系曲线；（d）储氢材料热力学参数（以 $\ln(p_{eq})$-$1/T$ 关系体现）曲线

单质金属除了 V 能够具备室温附近平衡压在 $10^5 \sim 10^6$ Pa 以外，其他金属都不具备。目前研究较多的储氢金属合金主要都是二元体系或者基于二元体系。单纯从化学角度考虑，此类储氢合金 A_mB_n 由两大类元素组成，氢与元素作用如图 3.29 所示。

评价一种储氢合金的综合性能有一系列的指标，包括 PCT 特性、活化性能、动力学、抗毒化性能、循环稳定寿命、安全性能以及材料价格等。因为在应用储氢材料时，特别是氢动力汽车的应用，需要面对多方面的苛刻要求。2024 年美国能源部修改了对未来氢动力汽车使用储氢材料的实用化指标值（见表 3.12），降低了对储氢材料体系的质量密度等设计指标。日本 NEDO 新能源产业技术开发机构也有类似的材料储氢目标值。具体而言，一种储氢材料的大规模实用化，它需要满足一系列的要求。

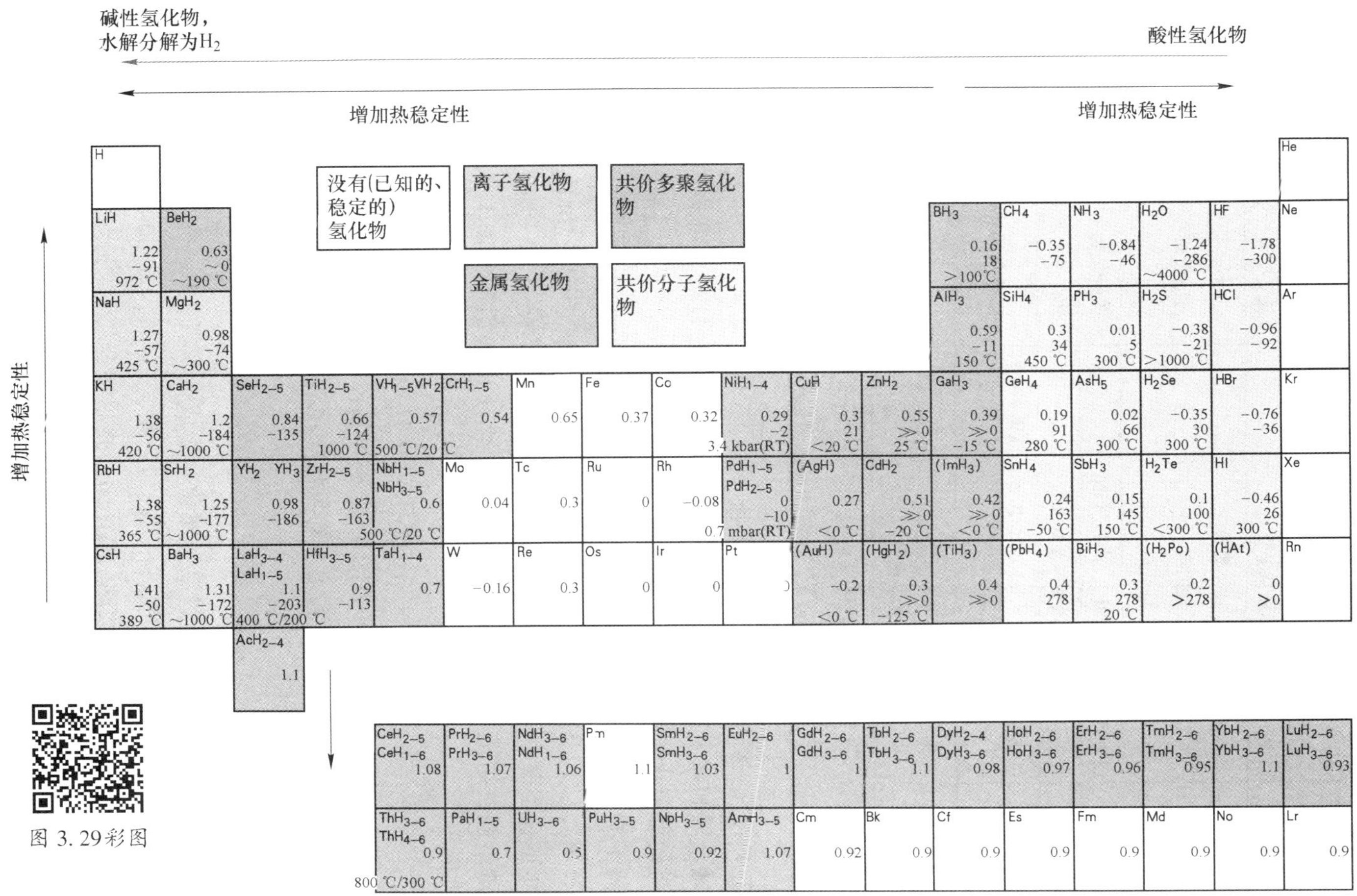

图 3.29 氢与元素作用[45]

图 3.29彩图

表 3.12 2024 年美国能源部储氢材料指标

指标类别	目标值	备 注
质量储氢密度	≥6.5%（车载系统）	氢气质量占系统总质量的百分比
体积储氢密度	≥50 g/L（车载系统）	氢气质量与系统体积之比
工作温度	−40~85 ℃（高压气态） ≤150 ℃（金属氢化物） ≤200 ℃（化学储氢）	适应极端环境，降低热管理需求
工作压力	≤700 bar（70 MPa，高压气态）	平衡安全性与储氢效率
循环寿命	≥1500 次（容量衰减≤10%）	确保长期使用稳定性
系统成本	≤10 元/(kW · h)（约 10 元/(kW · h)，666 元/kg H_2）	目标为 2030 年商业化成本
充放氢速率	≤3 min（车载加氢） ≤5 min（材料 90% 容量）	匹配燃料电池车辆快速加氢需求
物理吸附材料（质量分数）	77 K：≥5.5%，≥40 g/L 25 ℃：≥3.0%（100×10^5 Pa）	如 MOFs、碳材料

3.4.1.1 离子型或类盐型氢化物

碱金属和碱土金属（Be 和 Mg 除外）的电负性较低，可将电子转移给氢而生成类盐型氢化物。碱金属和碱土金属的氢化物具有离子键，故称为离子型氢化物。离子型氢化物的结构和物理性质与盐类相似，它们的通式为 MH 或 MH_2，其中含有 H^-，如 LiH、NaH、KH、RbH、CsH、CaH_2、SrH_2、BaH_2 等。这样元素化合生成这类氢化物时都放出大量的热，并且这类化合物一般为白色晶体，熔点、沸点高，熔融时能导电。它们的化学性质也很活泼，能与水剧烈反应放出氢气。

$$NaH + H_2O(g) = H_2 + NaOH \tag{3.8}$$

$$CaH_2 + 2H_2O(g) = 2H_2 + Ca(OH)_2 \tag{3.9}$$

电正性较强的镧系和锕系元素的氢化物也有离子型晶体结构和离子型氢化物的物理性质。

3.4.1.2 金属型氢化物

氢与ⅢB、ⅣB、ⅤB 族过渡金属化合生成金属氢化物，氢特性介于 H^- 和 H^+ 之间，形成间隙型化合物。如 Se、Y、La 系、Ac 系，在 300 ℃与氢反应生成 MH_2（$x<3$）氢化物，吸氢放热（$\Delta H<0$，放热型金属），无固定组成，氢吸收量随温度升高递减，类似金属型氢化物，称过渡型氢化物。

Ti、Zr、Hf 与氢反应生成 MH_2 间隙氢化物，在空气中稳定且不与水反应；V、Nb、Ta 生成非整比氢化物。这两族吸氢量取决于温度和压力，氢进入使金属晶格膨胀，氢化物密度小于金属，吸氢可逆，加热或减压迅速放氢，温度升高氢含量降低。

金属氢化物有金属光泽，电导率与金属大致相同，性脆，粉碎后呈银灰或黑色，粒度越细越黑，生成热与离子型氢化物基本相同。

氢与ⅥB、ⅦB族过渡金属反应以H^+形成固溶体，生成间隙型化合物，氢含量不固定，一定条件下随温度升高而增大，溶氢吸热（$\Delta H>0$，吸热型金属），氢溶解度小，常与ⅠA～ⅡA、ⅢB～ⅤB族金属配制合金满足储氢材料性能要求。

3.4.1.3 共价型或分子型氢化物

氢与ⅢA～ⅦA族元素反应生成分子型或共价型氢化合物，与ⅦA族生成非金属氢化物。共价型氢化物由高电负性元素生成，ⅢA～ⅦA族元素与氢共用电子对成共价键，形成分子型晶体，熔沸点低、有挥发性、无导电性。

储氢合金与氢反应机理为氢分子吸附到合金表面离解成氢原子，进入金属晶格形成固溶体，氢原子再向内部扩散形成氢化物；金属晶格是储氢容器，氢原子饱和时形成金属氢化物相。

储氢合金与氢的反应是多相反应，步骤为：（1）H_2传质；（2）化学吸附的H_2解离成2H；（3）H表面迁移；（4）吸附态氢（H）转化为吸收态氢（H）；（5）氢在α相中扩散；（6）α相转化为β相；（7）氢在β相中扩散。由此看出，放氢过程是吸氢逆过程。

3.4.2 储氢合金的分类

3.4.2.1 储氢合金简介

储氢合金是由易生成稳定氢化物的金属元素A（ⅠA～ⅡA、ⅢB～ⅤB族，如La、Ce等）和对氢亲和力小的过渡金属元素B（如Fe、Co等）组成的金属间化合物。A易与氢反应、放热量大、吸氢多，形成稳定氢化物，放热反应（$\Delta H<0$），是放热型金属；B与氢亲和力小、氢溶解度小，通常不生成氢化物，吸热反应（$\Delta H>0$），是吸热型金属。A金属氢化物是强键合，B金属氢化物是弱键合，前者决定储氢量，后者决定吸/放氢可逆性、调节生成热与分解压力。

目前研究开发的储氢合金有稀土系AB_5型、钛系和锆系AB_2型、钛-镍系、镁系、钒系固溶体、稀土-镁-镍系合金等。

A 稀土系AB_5型合金

AB_5型合金是较早研究开发的储氢合金，是中、日等国已大规模产业化的Ni/MH电池负极材料。其晶体为$CaCu_5$型结构，A侧由La或含Ce、Pr、Nd等多种稀土元素组成，B侧由Ni、Co、Mn、Al等不吸氢金属组成。该合金易活化，吸/放氢动力学性能好，但一个AB_5单元吸氢原子数有限，电化学容量低，且含Co等昂贵元素。目前，国内外学者针对其电化学容量衰减机理和提高电化学稳定性做了大量研究，包括组分优化、热处理、表面处理和复合合金化等。

B　钛系和锆系 AB_2 型合金

TiFe 合金是钛系储氢合金的代表，理论储氢密度为1.86%（质量分数），室温下平衡氢压为0.3 MPa，具有 CsCl 型结构。该合金放氢温度低、价格适中，但是不易活化，易受杂质气体的影响，滞后现象严重。目前该体系合金研究的重点主要是通过元素合金化、表面处理等手段来提高其储氢性能。锆系以 $ZrMn_2$ 为代表，该合金具有吸/放氢含量大，在碱性电解液中可形成致密氧化膜，从而有效阻止电极的进一步氧化，但存在初期活化困难、放电平台不明显等缺点。目前，该系列合金研究的重点主要也是元素合金化，如用 Zr 替代 Ti，用 Fe、Co、Ni 等代替 Mn。

C　Mg 系合金

Mg 系储氢合金是一种轻质、高能储氢合金，它具有储氢量大、价格低和环境友好等特点，被认为是一种很有潜力的储氢介质，以 MgNi 合金和 Mg_2Ni 合金为典型代表是目前最具应用前景的储氢材料。

（1）一种常见的 Mg 系合金为 MgNi 储氢合金。Mg 吸氢后形成 MgH_2，其理论电化学放电容量可达2200 mA·h/g，Mg_2Ni 形成 Mg_2NiH_4 的储氢量则相当于1080 mA·h/g。但是，Mg 系合金也存在着吸/放氢动力学性能差和在碱性电解液中循环稳定性差的缺点，所以一直没有用于实际生产。国内外研究人员主要通过元素取代、表面处理、多相复合等途径来改善合金电极的综合吸/放氢和电化学性能。为了能够满足电池在室温条件下应用的条件，在 Mg 系合金中 Mg 和 Ni 的比例应接近1∶1。但是，在 Mg-Ni 二元相图中，MgNi 金属间化合物并不存在，因此常采用非平衡方法制备 MgNi 合金，如机械球磨法、射频溅射法、激光烧蚀法和熔体快淬法等。通过上述方法制备的 Mg 系合金通常为晶态和非晶态结构的混合体。

（2）另一种常见的 Mg 系合金为 Mg_2Ni 储氢合金，其储氢量可以达到3.6%（质量分数），理论放电容量高达999 mA·h/g。与 MgNi 合金相比，Mg_2Ni 合金的储氢容量大大增加，但是其放电动力学和抗腐蚀性能较差。虽然 Mg 系合金与 AB_5 型和 AB_2 型储氢合金相比，具有很高的储氢容量，但由于 Mg 在碱性电解液中不稳定，生成 $Mg(OH)_2$ 钝化膜，现存的 Mg 系合金电极材料的衰减仍然十分严重，如何防止 Mg 在碱性电解液中的氧化和腐蚀，仍然是一个问题。同时，镁系储氢合金在吸/放氢反应时对环境温度要求过高，吸/放氢动力学性能差，很难满足实际需要。因此，人们在改善合金电极的吸/放氢动力学和循环稳定性方面进行了大量的研究。

D　钒系固溶体合金

钒系固溶体合金是以钒（V）为基体，通过固溶其他元素（如钛、铬、铝、铁、锆等）形成的合金体系。根据溶质元素及结构特点，钒与氢反应可生成 VH 及 VH_2 两种类型氢化物，VH_2 的理论储氢密度为 3.8%（质量分数）。VH 由于平衡压太低（10^{-9} MPa），所以室温时 VH 放氢不能实现，而 VH_2 要向 VH 转化，因此实际室温储氢密度只有 1.9%，但钒系固溶体的储氢密度仍高于现有稀土系和钛系储氢合金。钒系固溶体合金具有储氢密度较大、平衡压适中等优点，但其氢化物的分解压受合金化元素的影响很大，且合金熔点高、价格昂贵、制备相对比较困难、对环境不太友好，所以不适合大规模应用。

3.4.2.2 稀土系 AB_5 型储氢合金

AB_5 型储氢合金具有 $CaCu_5$ 型六方晶体结构，其典型代表为 $LaNi_5$（见图 3.30），空间群为 P6/mmm。$LaNi_5$ 在室温和几个大气压下即与氢反应，生成 $LaNi_5H_6$ 金属氢化物，其结构类型未发生改变，仍为 $CaCu_5$ 六方晶体结构。氢化反应可用下式表示：

$$LaNi_5 + 3H_2 = LaNi_5H_6$$

$LaNi_5$ 吸氢产物为 $LaNi_5H_6$，储氢量约为 1.4%（质量分数），室温下的放氢平衡压力约为 0.2 MPa，分解热为-30.1 kJ/mol，十分适合室温环境操作。

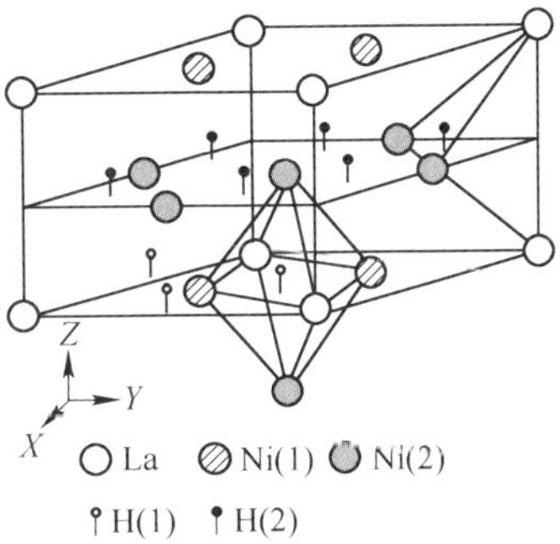

图 3.30 AB_5型储氢合金结构

为了进一步改善储氢电极合金的综合电化学性能，日本及我国采用成本较低的混合稀土 Ml（富镧）或 Mm（富铈）代替 $LaNi_5$ 合金中成本较高的纯 La，同时对合金 B 侧实行多元合金化，相继开发了多种 AB_5 型混合稀土系合金，其中比较典型的合金有 $Mm(NiCoMnAl)_3$ 和 $Ml(NiCoMnTi)_5$ 等，其最大放电容量可达 280~320 mA·h/g，并具有较好的循环稳定性和综合电化学性能，现已在国内外 MH/Ni 电池中得到广泛的应用。

虽然 AB_5 型稀土系储氢电极合金已在 MH/Ni 电池生产中得到应用，但目前 AB_5 型合金的综合电化学性能（包括电化学容量、循环稳定性、动力学性能等）与 MH/Ni 电池的发展需求仍有较大差距；同时，AB_5 型合金由于受到单一 $CaCu_5$ 型结构的限制，合金的本征储氢量［约 1.4%（质量分数）］偏低，使 MH/Ni 电池在提高能量密度方面受到制约。因此，研究开发新型稀土系储氢合金成为当前的一个重要研究方向。

近年来，国内外为提高电池的能量密度和充/放电性能，主要从以下方面进行了大量的试验，并取得了很好的成果。合金成分优化有以下两个方面。

（1）A 侧优化。A 侧的 La、Ce、Pr、Nd 四种元素因物理化学性质不同，对合金电化学性能影响复杂。Ce、Pr、Nd 原子半径小于 Ni，单独替代 La 会使合金晶胞体积减小，多种稀土元素同时替代时晶胞体积变化复杂。La 有助于提升合金电化学容量，但含量过高会降低耐蚀性，影响循环寿命。少量 Ce 可降低合金腐蚀速率，改善循环寿命，不过会使最大放电容量和高倍率放电性能下降。

（2）B 侧优化。B 侧元素常用 Al、Co、Mn 等替代，因替代元素原子半径大于 Ni，可使合金晶胞体积膨胀，改善储氢性能。Al 能降低氢的平衡压力，抑制腐蚀，延长循环寿命，但会使容量和高倍率放电性能下降。Co 可减少体积膨胀，抑制粉化，改善循环寿命，不过会降低活化性能等，且成本高。Mn 是调整平衡氢压的有效元素，可调整吸/放氢平台压力，降低滞后，减小电池内压，对最大放电容量和高倍率放电性能有影响。

3.4.2.3 AB_2 型 Laves 相合金

AB_2 型 Laves 相合金由于具有较高的能量密度，一直以来被作为第二代类 Ni/MH 电池负极材料活性物质进行研究。Laves 相为拓扑密堆相，为紧密堆积结构，其中 A 侧原子和 B 侧原子的半径比为 1.225。AB_2 型 Laves 相合金包括三种结构类型：六角形 C14（$MgZn_2$，$P6_3/mmc$）、立方体 C15（$MgCu_2$，$Fd/3m$）和六角形 C36（$MgNi_2$，P63/mmc）。其中，C14 型和 C15 型合金都是较好的储氢材料，但是 C36 型 Laves 相合金的储氢性能较差。在 C14 和 C15 相中，氢原子主要占据晶格的四面体间隙。虽然可以用来储氢的 AB_2 型合金种类较多，但是 Ti 系和 Zr 系 AB_2 型合金应用最为广泛。早期对于 AB_2 型合金的研究主要集中在二元晶体和玻璃体合金，但是作为 Ni/MH 电池负极材料的研究重点很快就转向了多元素二元金属间化合物。AB_2 型 Laves 相合金中常见的元素主要有 Ti、Zr、V、Fe、Cu、Al、Cr、Mn、Co 等，其中一般采用 Ti、Mg 和一些稀土元素对合金 A 侧进行替代，而 B 侧主要替代元素有 V、Mn、Cr、Fe、Co、Al、Cu 等。其中，Mg、Ti、Zr、Nb 一般认为有利于合金的容量，V、Mn、Cr 等则可以调整金属氢化物的稳定性；Al、Mn、Co、Fe、Ni 等元素则可以增强合金的催化活性；Mo、Cr、W 等元素的加入会使得合金的导电性增强。除了元素替代之外，快速冷凝、退火处理、表面处理等也是用来改善 AB_2 型 Laves 相合金电极的常用方法。其中，快速冷凝是通过使合金熔体在很短的时间内迅速冷却来抑制合金的偏析，并使合金组织均匀、晶粒细化，从而改善合金特性；退火处理是将合金锭放入高温炉中，在惰性气体保护下将合金加热到一定温度并保温，目的是使合金均质化，从而减小合金内部的应力，使合金均匀化，该方法对于改善合金的吸氢量和循环寿命尤为有效；表面处理主要是通过改善合金的表面状态，从而加速合金表面电荷传输或提高催化活性。

3.4.2.4 A_2B 型储氢合金

镁系储氢合金是极具潜力的轻质高能储氢材料，如 Mg_2Ni 合金理论储氢容量达 3.6%，理论放电容量 999 mA・h/g。金属镁储量丰富、价格优于稀土合金，备受研究者关注并取得系列成果。制备非晶态和纳米晶态镁系合金，可提高电化学容量、改善动力学性能、降低氢吸放温度；为提升使用寿命，国内外还开展多元合金化、表面处理和热处理等研究。典型的 Mg_2Ni 及其氢化物 Mg_2NiH_4 晶胞结构如图 3.31 所示。Mg_2Ni 晶体为六方结构，空间群 P6222，吸氢先形成结构与之相同的 $Mg_2NiH_{0.3}$，在高温高压下生成 Mg_2NiH_4，低温相 LT-Mg_2NiH_4 为单斜晶体，空间群 C12/C1，晶格常数 a、b、c 分别为 1.4343 nm、0.64038 nm、0.64830 nm。Mg_2Ni 型储氢合金应用中最大问题是氢化物稳定性强、难释氢，需高温才能放氢，对合金中 Mg 和 Ni 部分取代可改变晶体结构参数，影响储氢性能。

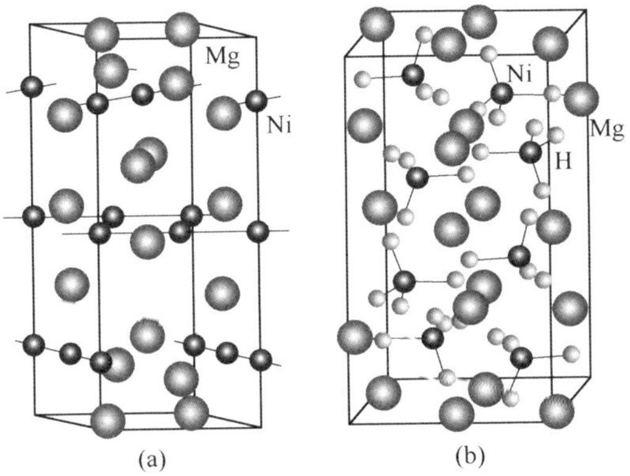

图 3.31 Mg_2Ni（a）及其氢化物 Mg_2NiH_4（b）的晶胞结构

3.4.2.5 钛系合金

钛（Ti）是银白色过渡金属，地壳中分布广、储量丰富，密度 4.5 g/cm³，熔点 1668 ℃，沸点 3260 ℃。钛具有密度低、强度高、耐腐蚀等多种特性，还有储氢等特殊功能。作储氢材料时，钛与氢形成稳定的 TiH_2（氢化钛），呈暗灰色粉末或结晶。TiH_2 具有 CaF_2 型晶体结构，属立方晶系，空间群 Fm3m，晶格常数 $a=b=c=0.4454$ nm，晶胞含 12 个原子、原胞含 3 个原子，Ti 与 H 原子数比分别为 4∶8 和 1∶2，结构如图 3.32 所示。

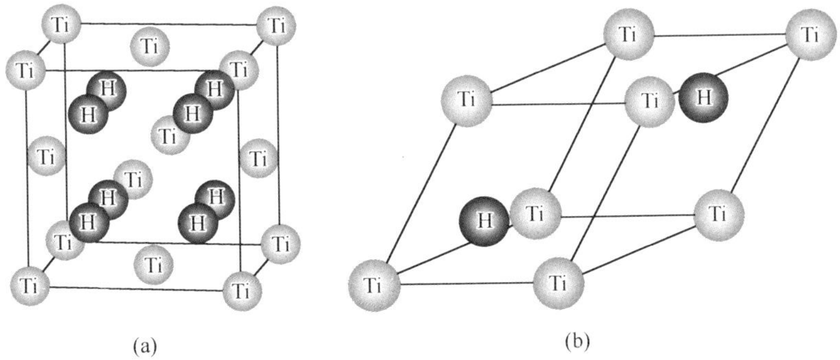

图 3.32 TiH_2的晶胞（a）和原胞（b）结构示意图

TiH_2 放氢条件苛刻，于 400 ℃下可以缓慢分解，真空中在 600~800 ℃完全脱氢，可见 TiH_2 很难进行氢的释放，因此多将金属 Ti 与其他金属混合，如 Fe、Cr、Mn 等过渡金属进行合金化后作为储氢材料。

Ti 基二元合金体系：常见二元合金体系有 AB 型的 TiFe、TiCo、TiNi 等合金和具 Laves 相结构的 AB_2 型合金（如 $TiMn_2$、$TiCr_2$ 等）。

TiFe 合金能在室温可逆吸放氢，储氢量大［室温可吸收 1.86%氢气（质量分数），大于 $LaNi_5$ 等］，可循环，氢气平衡压约 0.3 MPa，资源丰富、价格便宜，已应用于工业，但存在活化困难、抗杂质气体中毒能力差的问题。

TiCo 系储氢合金储氢容量与 Ti-Fe 系相近，易活化、毒化性能强，放氢温度高，常加过渡金属元素取代部分 Co 来改善吸放氢性质，取代元素原子半径小于 Ti 时上升、大于 Ti 时放氢平衡压力下降。

Ti-Mn 系合金储氢材料由具 Laves 相结构的 Ti-Mn 合金发展而来，Laves 相为 AB_2 型密排结构金属间化合物，原子半径比为 1.1~1.6。该材料储氢量近 2%（质量分数），室温吸放氢好、易活化、抗中毒佳、价格低，在氢储存与净化领域应用多。Ti 与 Mn 形成合金，Ti 摩尔含量超 36%才吸氢，36%~40%内吸氢量随 Ti 含量升高而增加，超 40%后则减少，Ti 摩尔含量 40%的 $TiMn_{1.5}$储氢性能最优，室温可活化，生成$TiMn_{1.5}H_{2.4}$，生成焓 28.5 kJ/mol H_2，理论储氢量 1.8%（质量分数），293 K 时分解压力 0.5~0.8 MPa。加金属元素取代部分 Ti 或 Mn 可调控性能，Zr 替换部分 Ti，合金吸放氢生成焓和熵增大、滞后减小，因间隙环境改变，Zr 含量增加导致晶格常数、间隙位置体积增大，氢化物更稳定，平衡压力下降；Fe、Co、Ni 等过渡金属元素替换部分 Mn，PCT 曲线平台变平，随取代元素量增加，平台压力上升、滞后减小，改善储氢性质。

3.4.2.6 Mg 系储氢合金

镁基储氢材料由于其具有高储氢容量（质量储氢密度，MgH_2 为 7.6%，Mg_2NiH_4 为 3.6%，Mg_2FeH_6 为 5.5%），在地壳中丰富的储量以及低廉的价格而具有广阔的应用前景。

镁基储氢合金以 MgH_2/Mg 储氢体系为基础，该体系吸放氢反应的化学反应式为：

$$Mg + H_2 \rightleftharpoons MgH_2 \tag{3.10}$$

$$MgH_2 + 2H_2O(l) = Mg(OH)_2 + 2H_2\uparrow \tag{3.11}$$

$$MgH_2 + H_2O(g) = MgO + 2H_2\uparrow \tag{3.12}$$

MgH_2 最常见的稳定结构是 β-MgH_2。β-MgH_2 的空间群为 $P4_2/mmm$，每个镁原子与 6 个氢原子配位形成一个变形的八面体（见图 3.33），电荷分布为 $Mg^{1.91+}H^{0.26-}$[45]，这个结构使 MgH_2 具有很高的结构稳定性，放氢反应的焓变为 75 kJ/mol H_2，100 kPa H_2压下 MgH_2 的热解温度为 280 ℃[46]。氢化镁除了热分解放氢外，还可发生水解放氢反应，理论产氢量高达 15.2%（质量分数）。

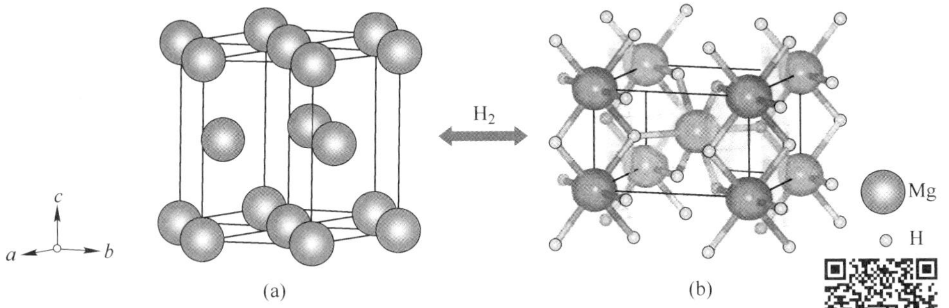

图 3.33 Mg（a）和 β-MgH_2（b）的晶体结构

图 3.33 彩图

A 镁基储氢材料热解放氢性能及改性方法

目前，镁基储氢体系主要通过形成合金、添加催化剂、结构优化以及轻金属配位氢化物复合等几方面来提升材料的储氢性能。

a 合金化

MgH_2 的热力学稳定性高，分解反应不易发生，而改善 MgH_2/Mg 热力学性能的方法之一就是镁与过渡族元素、稀土元素、部分土族元素分别形成合金。通过形成热力学性能更加稳定的合金相，改变反应路径，从而降低反应焓变。研究者们将 Ni、Ti、In、Al、Ag、Si、Ga、La、Cd 等元素与 Mg 制备金属间化合物[47-54]，形成特定比例的对应合金，见表 3.13。从表 3.13 中可以看到，除了 La、Fe 与 Ti 以外，大多数合金的吸放氢反应焓变降低，尤其是添加 Si 后，Mg_2Si 的氢化物形成焓变数值甚至降低至 36.4 kJ/mol H_2。

表 3.13 部分镁基材料的储氢性能

合金	氢化物生成焓 ΔH/kJ · mol^{-1} H_2	质量储氢密度/%
Mg_2Ni	−64.5	3.6
Mg_3Cd	−65.5	2.8
Mg_2Si	−36.4	5.0
Mg_5Ga_2	−68.7	5.7
Mg_3Ag	−68.2	2.1
Mg_2FeH_6	−87	5.5
MgH_2-Ti	−75.2	6.7

在镁基合金中，Mg_2Ni 是最具代表性的 Mg 基储氢合金之一，质量储氢密度为 3.6%，吸放氢反应焓变为具有最高的体积储氢密度（150 kg/m^3），质量储氢密度为 5.5%[55]。Mg_2FeH_6的放氢焓变为 87 kJ/mol H_2。由于 Mg_2Fe 相不具有稳定性，故 Mg_2FeH_6 的形成需要经历漫长的金属原子迁移过程，可利用高能球磨法以及氢化燃烧法来制备高纯 Mg_2FeH_6[56]。

b 催化剂添加

添加催化剂可提高镁基储氢材料的动力学性能，氢在镁表面的解离能较高（1.15 eV），添加催化剂可以降低氢分子在镁表面的解离能，改善吸氢反应的动力学性能[57]。同时，部分金属/化合物会原位形成 MgM_xH_y 或 MH_x 等催化组元，常见的如 Mg_2NiH_4、TiH_2，形成 H 解离/脱附的快速通道，形成“氢泵”效应，活化能（E_a）降低，大幅提升镁基储氢材料的动力学性能。此外，催化剂的效果不仅与其本身性质有关，其形态、粒径、分散度等因素也显著影响其催化活性。

改善 MgH_2/Mg 体系储氢性能的添加剂可以归类为金属及金属间化合物、金属氧化物、其他金属化合物、碳材料、金属基和碳基复合催化剂等。过渡金属通常对提升 MgH_2/Mg 体系的吸放氢反应具有积极作用。氢分子在 Pd、Cu、Ni 和 Fe 等过渡金属上的分解能分别降低至 0.39 eV、0.56 eV、0.06 eV 和 0.03 eV，低于 Mg 的 1.15 eV[57]，金属催化剂能够使 H_2 分子快速解离发生吸氢反应，有利于 Mg/MgH_2 体系的吸/放氢动力学。Cui 等[58]通过直接球磨还原法制备了具有核-壳结构的 Mg-Tm（Tm = Ti、Nb、V、Co、Mo、Ni）复合材料，原位生成的催化组元与 Mg 接触紧密，放氢温度明显下降。Mg-Tm 的储氢动力学性能排序为 Mg-Ti>Mg-Nb>Mg-Ni>Mg-V>Mg-Co>Mg-Mo，结构分析显示 Ti/TiH_2、Nb、Mg_2Ni/Mg_2NiH_4、V、Co、Mo 为催化相。在其他类型的添加剂中，MXenes 是一种高效改善 Mg 基材料吸放氢性能的二维层状材料。Zhu W 等[59]报道了自组装 Ni 修饰 Ti_3C_2MXene（Ni@ Ti-MX）基添加剂对改善 MgH_2 储氢性能的影响。MgH_2/NiaTi-MX 复合样品在吸放氢过程中形成了多组分催化相（Mg_2Ni、TiO_2、金属 Ti 或非晶态碳）并构成协同效应，增强了 H 在 Mg 表面的吸/脱附。此外，将碳材料与金属基催化剂一起引入 MgH_2/Mg 体系，由于碳材料的隔离/包裹作用，可以阻止 Mg/催化组元的长大/团聚，使得金属基催化剂复合碳材料的少量添加即可增加镁基复合材料的循环稳定性能[60-61]。

c 纳米结构调控

Mg 基材料纳米化是同时提高 MgH_2/Mg 体系吸放氢热/动力学性能的有效手段。MgH_2/Mg 储氢材料颗粒降低到充分小时，大多数原子会暴露在表面上，材料具有更高的比表面积/界面面积和更多的活性位点，造成 MgH_2/Mg 热力学上的不稳定性，更容易发生吸/脱氢反应。纳米尺寸 MgH_2/Mg 通常需用模板材料来对 MgH_2 纳米颗粒进行限域，从而有效保持 Mg 基颗粒的结构稳定性。从结构来分，限域材料包括 1D 碳纳米管、2D 石墨烯、3D 多孔碳材料和金属有机框架材料（MOF）等。纳米结构的合成方法，可分为高能球磨法、化学还原法、氢化法、气相沉积法和熔融法等。纳米化改善 MgH_2 热/动力学性能的机理如图 3.34 所示，纳米化可同时改变反应的焓变（ΔH）和活化能（E_a）。

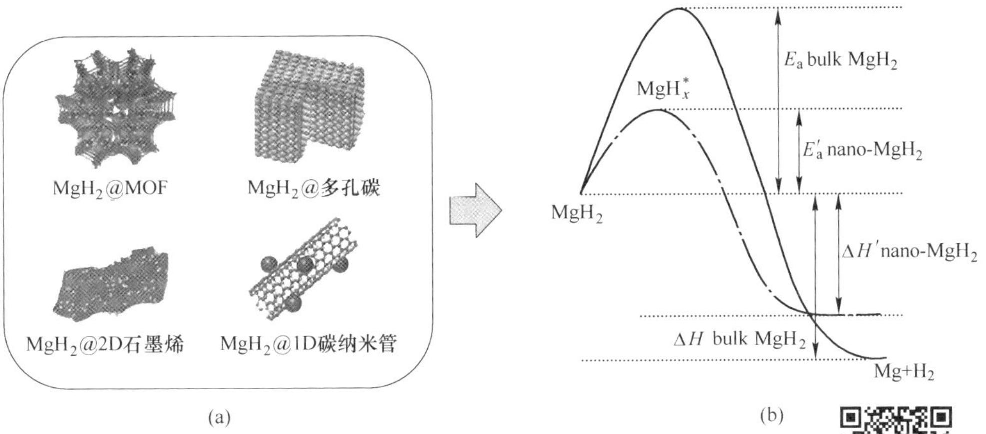

图 3.34 纳米化改善 MgH_2 热/动力学性能的机理
(a) 不同限域材料负载纳米结构示意图;
(b) 纳米化前后热/动力学性能变化能垒对比图

图 3.34 彩图

d MgH_2-复杂氢化物复合体系

MgH_2 与轻金属配位氢化物复合材料的脱氢/氢化反应路径发生改变，导致材料的热力学稳定性降低，提升了镁基储氢材料的热/动力学性能。同时，轻金属配位氢化物的储氢容量较高，增加了体系的储氢容量。同时 MgH_2-$LiBH_4$ 复合材料是近年来研究最多的体系之一[62]。MgH_2-$LiBH_4$ 复合材料的放氢反应分别在 300 ℃和 350 ℃进行，在氢化过程中形成了稳定性较高的中间相 MgB_2，因此降低了吸放氢焓变，MgH_2-$LiBH_4$ 复合材料的吸放氢焓变降低为 46 kJ/mol H_2。这些中间化合物的形成改变了反应路径，从而导致复合材料的热力学性能改善，但动力学性能仍然不足，需要添加催化剂来改善动力学性能。

B 镁基储氢材料的水解放氢性能

MgH_2 在水解释氢过程中，产物 $Mg(OH)_2$ 逐渐包裹在 MgH_2 表面，抑制了水解反应的进行。改善 MgH_2 的水解性能可通过改善水解环境、加入催化剂、减小颗粒尺寸来增加活性表面。

由于 $Mg(OH)_2$ 钝化层为碱性沉淀，加入 HCl、H_2SO_4、HNO_3 等可调节溶液的 pH 值，随着 pH 值下降，水解速率显著提升[63]。但是，加入酸过多会导致酸的消耗，降低经济效益。$FeCl_3$、$TiCl_3$、$MgCl_2$、$ZrCl_4$ 等盐溶液通过金属离子的水解反应，生成 $M(OH)_x$ 沉淀和 H^+，H^+能够溶解表面沉积的 $Mg(OH)_2$，也可提升 MgH_2 的水解性能[64]。此外，通过电弧等离子体法、高能球磨法，直接利用过渡金属单质、氧化物、卤化物等与 MgH_2 复合对其表面进行改性[65-66]。金属盐在水中水解生成不溶于水的氢氧化物沉淀，并生成 H^+，降低水解环境的 pH

值；加入金属可以在溶液中形成原电池，加大反应进行的深度；反应过程增大 MgH_2 水解反应的新鲜表面，从而促进 MgH_2 的水解反应。

典型的氢化镁水解制氢燃料电池系统，如图 3.35 所示。氢化镁水解产氢-燃料电池系统通过氢化镁水解来制取氢气，再将氢气导入氢燃料电池来发电，该系统的优点在于能量密度高、安全性高，且产物 $Mg(OH)_2$ 无毒并可回收利用。氢化镁水解产氢-燃料电池系统开发的主要难点在于水解反应控制和装置集成，其中涉及实际耗水量大、产氢不稳定、反应难控制等问题。目前，国内外研究者们利用材料优化、精确控制加水速率来使氢气平稳可控生成，利用氢净化系统进一步提升供氢纯度来提高工程适用性，适用于千瓦量级以下的中小型备用电源、无人机、水下潜航器等[67]。

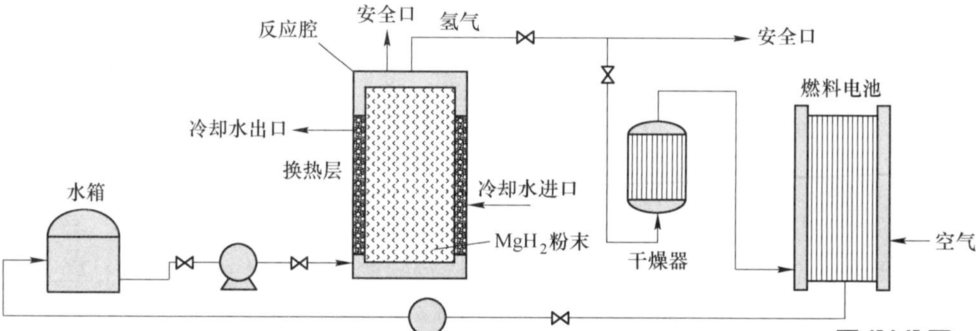

图 3.35 氢化镁水解制氢燃料电池系统

图 3.35 彩图

3.4.2.7 钒系固溶体合金

钒系固溶体合金由于其较高的电化学容量被认为是很有前景的 Ni/MH 电池负极材料之一。V 系固溶体合金可与氢气反应生成 VH 和 VH_2 两种不同的氢化物，其中，VH_2 中氢含量可达到 3.8%（质量分数），转化为电化学容量为 1018 mA · h/g。但是，VH 化合物过于稳定，在常压下很难可逆放氢，所以实际可以利用到的容量仅限于 VH_2 转化为 VH 过程中的容量，即 1.9%（质量分数），仍高于 AB_5 型合金和 AB_2 型合金。虽然 V 系固溶体合金的储氢量较大，但是早期人们发现该类合金单独存在时，在碱液中电催化活性很弱，可逆电化学容量很低，所以很长时间未能作为电极材料使用。直到 1995 年研究人员发现，具有第二相的 $V_3TiNi_{0.56}$ 合金可以大量的吸/放氢，钒系固溶体合金才开始被作为电极材料加以研究，而且合金多元化和多相化为设计良好电化学性能的储氢合金提供了新思路。根据这个思路，研究设计了一系列过计量比的 $Ti_{0.8}Zr_{0.2}(V_{0.533}Mn_{0.107}Cr_{0.16}Ni_{0.2})_x$（$x=2\sim6$）合金，合金中同时含有 C14 型 Laves 相（$MgZn_2$ 型结构）和钒系固溶体相。其中，钒系固溶体相是主要的吸氢相，而 C14 型 Laves 相不但具有吸氢作用，而且在电化学反应中也可以起到催化作用。在这两相的共同作用产生了较好的电化学特性，尤其是较好的放电容量。

Ti-V 系合金在碱性电解液中的容量衰减主要有两方面原因：一方面是合金颗粒的粉化，另一方面是活性物质的氧化和腐蚀。组分优化是优化储氢合金电极电化学性能的有效方法，因此，人们研究了 Ti、Zr、Cr、Fe、Mn、Al、Co 和 Ni 元素在 Ti-V 系合金中的作用。研究发现，Ti、Zr 和 V 是主要的吸氢元素，Ni 主要对氧化还原反应起到催化作用，Mn 和 Co 提高合金表面活性，Cr、Al 和 Fe 可以提高合金的抗腐蚀的能力。在 Fe 部分替代 Ti-V 系合金中，V 则可在很大程度上降低成本。同时，人们研究了稀土元素（Y、La、Ce、Pr 和 Nd）替代 Ti 对加 Fe 的 Ti-V 系合金电化学性能的影响，发现 Y 可以提高合金的放电容量；合金的退火处理也可以通过使合金内部组成元素均匀化来显著提高合金的综合电化学性能。1273 K 温度下退火 8 h 后，$Ti_{0.8}Zr_{0.2}(V_{0.533}Mn_{0.107}Cr_{0.16}Ni_{0.2})_4$ 合金的放电容量达到了 412 mA · h/g，相比于铸态合金提高了约 13%，同时循环稳定性和倍率放电性能也得到了改善。虽然 Ti-V 系合金的综合电化学性能已经得到了很大的改善，但是倍率放电性能和循环稳定性仍不能满足实际需要，对于该类合金还需要做更进一步的研究。

3.4.2.8 La-Mg-Ni 系超晶格储氢合金

A La-Mg-Ni 系超晶格储氢合金的晶体结构

La-Mg-Ni 系超晶格储氢合金具有堆垛结构，典型代表如图 3.36 所示，图中 n 为［AB_5］亚单元与［A_2B_4］亚单元的比例。

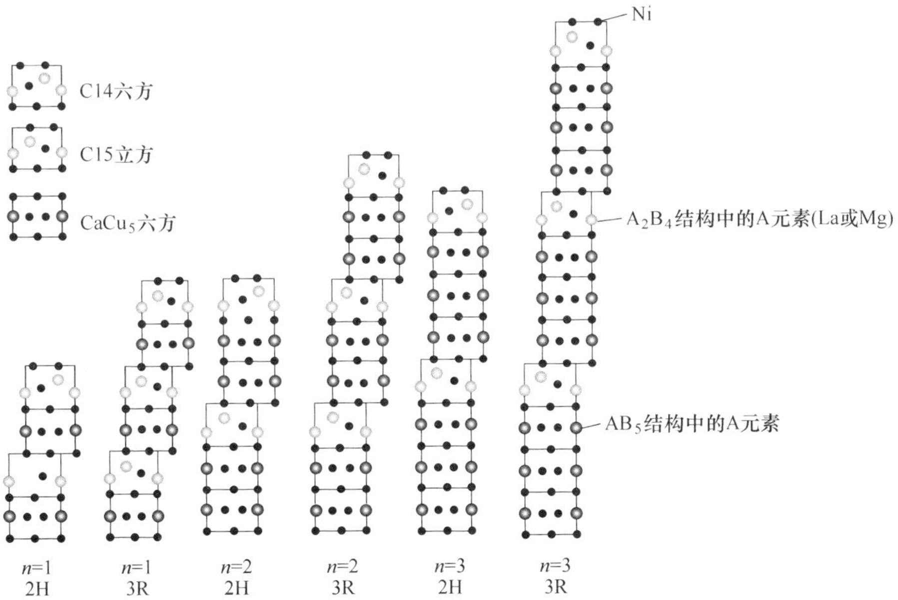

图 3.36 La-Mg-Ni 系超晶格储氢合金的结构示意图

AB_3 型结构可以表示为：$A_2B_4+AB_5 \rightarrow A_3B_9 \rightarrow 3AB_3$（$n=1$）

A_2B_7 型结构可表示为：$A_2B_4+2AB_5 \rightarrow A_4B_{14} \rightarrow 2A_2B_7$（$n=2$）

A_5B_{19}型结构可表示为：$A_2B_4+3AB_5 \rightarrow A_5B_{19}$（$n=3$）

由于 Laves 相合金结构根据价电子浓度的不同可分为 $MgZn_2$ 型（C14）和 $MgCu_2$ 型（C15），因而 RE-Mg-Ni 系合金每种类型超晶格结构也可分为两种：当［A_2B_4］亚单元为 $MgZn_2$ 型结构时形成的超晶格结构为 P63/mmc 空间群结构（2H 型）；为 $MgCu_2$ 型结构时形成的超晶格为 R-3m 空间群结构（3R 型）。每种超晶格合金均有 2H 和 3R 两种类型：AB_3 型合金分为 $CeNi_3$ 型（2H 型）和 $PuNi_3$ 型（3R 型），A_2B_7 型合金分为 Ce_2Ni_{17} 型（2H 型）和 Gd_2Co_7 型（3R 型），A_5B_{19}型合金分为 Pr_5Co_{19}型（2H 型）和 Ce_5Co_{19}型（3R 型）。

B　La-Mg-Ni 系超晶格储氢合金的组成与物相结构特征

此类合金虽然均具有［$LaNi_5$］与［$(La,Mg)Ni_4$］沿 c 轴方向堆垛而成的结构，但是根据化学组成与热处理条件的不同而出现不同的堆垛比例，从而形成不同的物相。一般来说可能存在的物相结构有 Ce_5Co_{19}型、Pr_5Co_{19}型、Gd_2Co_7型、Ce_2Ni_{17}型、$PuNi_3$型、$CeNi_3$型、$CaCu_5$ 型等，这些物相在一定条件下会出现共存与相互转变。

在二元 RE-TM 合金中，除 Ce 以外的稀土元素均有利于 $PuNi_3$ 型结构的形成；当稀土元素采用 Ce 时，合金的结构则转变为 $CeNi_3$ 型。关于 B 侧元素的研究表明，当使用 Co 和 Mn 部分取代时，$PuNi_3$ 相保持不变，而 Al 部分取代则会使合金结构向 Ce_2Ni_7 型转变。A_2B_7 型结构一般分为 Ce_2Ni_7 和 Gd_2Co_7 两种晶体结构，原子半径较大的稀土元素（La、Ce、Pr）有利于前者的生成；当使用原子半径较小的稀土元素时，物相结构则以后者为主[68]。

C　La-Mg-Ni 系超晶格储氢合金的气-固储氢性能

超晶格 RE-Mg-Ni 系储氢合金的研究始于 $PuNi_3$ 型合金。1997 年，Kadir 等[69]对合成的 $PuNi_3$ 型 RMg_2Ni_9（R＝La、Ce、Pr、Nd、Sm 和 Gd）合金的储氢性能进行了研究，发现合金吸/放氢性能取决于合金的元素组成。其中，$LaMg_2Ni_9$ 合金在 30 ℃吸氢量仅约为 0.33%［约(0.2 H/M]，平台压力为 2 atm（202.6 kPa）。但是，与 $LaNi_3$ 合金相比，$LaMg_2Ni_9$ 合金吸氢后没有发生非晶化现象。这表明合金结构的稳定性明显增强，吸/放氢可逆性也提高。其中，$CaMg_2Ni_9$ 合金在273 K下的可逆储氢量可达到 1.48%，使用 Y 部分取代 Ca 和 Ca 部分取代 Mg 之后的 $(Y_{0.5}Ca_{0.5})(MgCa)Ni_9$合金在 263 K 下的可逆储氢量即可达到 2%。Hayakawa 等[70]认为，这是加入 Mg 以后消除 AB_5 子单元与 A_2B_4 子单元之间不匹配性的结果。这类具有 RMg_2Ni_9 型结构的储氢合金也因为储氢量高等优点而开始受到重视。此外，Xin 等用 Ca 分别替代 La 和 Mg 时，$(La_{0.65}Ca_{0.35})(Mg_{1.32}Ca_{0.68})Ni_9$合金的吸氢量增加，可达到 1.87%（质量分数），并且该合金具有良好的循环稳定性，经过2000次吸放氢循环后，合金的储氢量仍然可以达到1.61%（质量分数）[71]。除了储氢量以外，吸放氢平台压力也是评价合金性能的重要参数，在La-Mg-Ca-Ni合金中加入Y元素则可以比较方便地调节合金的吸放氢平台压力[72]。

D La-Mg-Ni系超晶格储氢合金的电化学储氢性能

超晶格La-Mg-Ni系储氢合金的电化学性能与合金的结构密切相关，而合金化学计量比、元素组成和La与Mg比例是影响合金结构的重要因素。Pan等[73]研究了超晶格储氢合金中化学计量比变化对合金相结构和电化学性能的影响，发现在La-Mg-Ni-Co合金中，合金主相$LaNi_5$相和$(La,Mg)Ni_3$相的相对含量随着x的增加发生明显变化，从而影响合金的电化学性能。其中，$La_{0.7}Mg_{0.3}(Ni_{0.85}Co_{0.15})_{3.5}$合金最大放电容量达到396 mA·h/g，并具有良好的综合电化学性能。Zhang等[74]通过使用Ce部分取代La降低了合金在吸放氢过程中的晶胞体积膨胀/收缩率，增强了其抗腐蚀能力，从而使合金的寿命得到了延长。目前关于B侧元素的取代研究较多，主要集中在Al、Co、Mn、Fe、Cu、Si、B和Cr等元素，而研究较为系统并广泛使用的为Al、Co和Mn元素，并且成为不可或缺的B侧元素。另外，研究发现Mg在合金中具有重要作用，由于Mg原子半径小，只进入超晶格结构中的［A_2B_4］亚单元，Mg的加入消除了［AB_5］亚单元与［A_2B_4］亚单元之间的不匹配性，提高合金结构稳定性，使得合金体系吸/放氢性能得到明显的改善。表3.14中列出了一些典型超晶格储氢合金的电化学性能。

表3.14 一些代表性超晶格储氢合金的电化学性能

合金组成	最大放电容量 C_{max}/mA·h·g^{-1}	高倍率放电性能 HRD/%	循环稳定性 SN(N)/%
La_2MgNi_9	398	72.8（600 mA/g）	60.6（100）
$La_{0.69}Mg_{0.31}Ni_{3.05}$	360	36.6（1440 mA/g）	66.1（100）
$La_{0.6}Nd_{0.15}Mg_{0.25}Ni_{3.4}$	396	62.5（1200 mA/g）	89.1（100）
$La_{0.75}Mg_{0.25}Ni_{3.05}Co_{0.2}Al_{0.05}Mo_{0.02}$	388.4	89.8（900 mA/g）	—
$La_{0.75}Mg_{0.25}Ni_{3.3}Co_{0.5}$	313.3	—	89.4（50）
La_4MgNi_{19}	367	56（1200 mA/g）	70.9（100）
$La_{0.78}Mg_{0.22}Ni_{3.67}Al_{0.10}$	393	44.5（1800 mA/g）	81.4（200）

除了元素取代以外，热处理和表面处理也是提高La-Mg-Ni系超晶格合金电化学性能的有效后处理手段。对超晶格La-Mg-Ni系储氢合金进行退火处理可以使合金的晶粒长大，消除合金的内部应力，调整合金相的相对含量，使合金组分

更加均匀，提高合金电极的电化学放氢容量和循环稳定性。表面电化学反应在Ni-MH电池负极工作过程中也起着重要的作用。储氢合金电极的电化学反应发生在气/固/液的三相界面，很大程度上取决于合金表面的特性[75-76]。

3.5 无机非金属储氢

氢与金属和非金属元素都有较高的反应活性，从而生成具有不同键合方式的氢化物。比如说，氢与电负性小的碱金属和碱土金属倾向于形成离子型氢化物；此时氢以H^-方式存在，H^-的直径为0.14~0.21 nm。相比之下，氢与电负性大的元素（比如卤族元素），相结合形成酸，此时氢提供电子而形成氢阳离子（H^+）。大多数的过渡金属或者合金中，氢主要以原子状态侵入原子空隙中形成金属型氢化物。金属型氢化物主要由密度较大的金属元素组成，所以其单位质量储氢密度通常低于3.0%。另外，氢与部分元素（如Fe、Ni、B、N、Al等）相结合能形成共价键，这一类氢化物通常被称为无机非金属氢化物。表3.15为部分配位氢化物简介。

表3.15 部分配位氢化物简介

材料	密度/g·cm^{-3}	质量储氢密度/%	体积储氢密度/kg·m^{-3}	氢化物生成焓/kJ·mol^{-1} H_2
$LiBH_4$	0.66	18.36	122.5	-194
$Mg(BH_4)_2$	0.989	14.82	146.5	—
$NaBH_4$	1.07	10.57	113.1	-191
$LiAlH_4$	0.917	10.50	—	-119
$NaAlH_4$	1.28	7.41	—	-113
$Mg(AlH_4)_2$	—	9.27	72.3	—
$LiNH_2$	1.18	103.6	103.6	-179.6
$Mg(NH_2)_2$	1.39	7.15	99.4	—

3.5.1 硼氢（B-H）化物储氢体系

20世纪50年代，人们发现H与B发生作用可形成多种构型的分子化合物（B_nH_m），并被用于火箭推进燃料。但是，金属硼氢化物作为储氢材料被研究是21世纪初期才发生的。B与H先形成$[BH_4]^-$基团，再与金属阳离子配位形成金属硼氢化物，如$LiBH_4$、$Mg(BH_4)_2$和Ca$(BH_4)_2$等，普遍具有较高含氢量（>5%），远高于已被实际应用材料的储氢密度。然而，这类金属硼氢化物具有较高的热稳定性，其分解放氢大都按照反应式进行[77-78]，而且放氢后生成了高惰性的单质硼，其逆向的再吸氢反应异常困难。因此，金属硼氢化合物成为目前固态储氢材料的研究焦点之一[79-80]。

$$MBH_4 \rightleftharpoons MH + B + \frac{3}{2}H_2 \quad (3.13)$$

3.5.1.1 轻金属硼氢化物储氢

金属硼氢化物通式为 $M(BH_4)_n$（n 为金属 M 的价态），氢和硼通过共价键相连形成 $[BH_4]^-$，所带负电由 Li、Na、K、Be、Mg、Ca 等金属阳离子来补偿。由于 $LiBH_4$、$Mg(BH_4)_2$ 和 $NaBH_4$ 质量储氢密度较高，因此具有较好的应用前景。

A $LiBH_4$ 的合成

1940 年，Schlesinger 和 Brown 首次报道了利用 B_2H_6 在 LiC_2H_5 中合成 $LiBH_4$，随后又报道了 LiH 和 B_2H_6 可以在乙醚溶液中合成 $LiBH_4$ 而在没有溶剂存在的条件下不发生反应。与 Schlesinger 等认为溶液条件下才能实现 $LiBH_4$ 的生成不同，瑞士的一个研究小组报道了在没有溶剂的条件下通过以下的气固反应合成了 $LiBH_4$：

$$2LiH_2 + B_2H_6 = 2LiBH_4 \quad (3.14)$$

指出 B—H 键的形成是单质元素制备 $LiBH_4$ 的限制步骤，使用 B_2H_6 作为起始反应物可以有效降低单质硼中 B—B 键断裂的能量能垒。1958 年，Goerri 通过单质元素在 550~700 ℃和 30×10^5 ~ 150×10^5 Pa 氢压的条件下按照如下的反应合成了 $LiBH_4$：$M+B+2H_2 = MBH_4$（M = Li、Na、K、$\frac{1}{2}$Mg 等）并以同样的方法制备了ⅠA族和ⅡA 族金属硼氢化合物。但是，至今没有其他的报道表明遵照式可以实现单质元素与氢气反应制备 $LiBH_4$，理论计算也表明 LiH 代替单质 Li 在热力学上更为适宜商业化的 $LiBH_4$ 是在乙醚或者异丙胺的溶液中通过 $NaBH_4$ 和卤化锂之间的离子置换的湿化学反应实现工业化制备，反应如下：

$$NaBH_4 + LiCl \xrightarrow{\text{有机溶液}} LiBH_4 + NaCl \quad (3.15)$$

$$NaBH_4 + LiBr \xrightarrow{\text{有机溶液}} LiBH_4 + NaBr \quad (3.16)$$

反应后生成的 $LiBH_4$ 和卤化钠可以通过一些特定的有机溶剂（如 $LiBH_4$ 溶于四氢呋喃而卤化钠具有很小的溶解度）进行分离，最后将溶液在适宜的条件下进行挥发处理获得固态 $LiBH_4$。

近年的研究结果表明，通过 LiH 和 B 在特定的条件下与氢气按照如下的反应也可以制备 $LiBH_4$：

$$LiH + B + \frac{1}{2}H_6 = LiBH_4 \quad (3.17)$$

该反应在 35 MPa 的高氢压条件下将 LiH 和 B 加热至 600 ℃时能够检测到 $LiBH_4$ 的生成。此外，通过在氢气气氛下高能球磨 LiH 和 B 的混合物同样能够合成 $LiBH_4$。不论是高温高压还是高能球磨 LiH 和 B，产物中的 $LiBH_4$ 只有不超过 30%的产率，表明单质硼中较强的 B—B 键键能是阻碍 $LiBH_4$ 生成的关键因素。

也有报道可通过合成 Li 和 B 的中间化合物降低 $LiBH_4$ 的生成条件。该方法是在氩气气氛下将过量的 Li 与 B 的混合物加热至 330 ℃和 450 ℃制备得到 LiB_3 和 Li_7B_6 化合物，然后将上述产物在 150 MPa 氢气压力下加热至 700 ℃制备得到 $LiBH_4$。该反应利用的原理是：通过预处理 Li 和 B 的混合物生成 LiB_3 和 Li_7B_6 化合物，再使其与氢气反应生成 LiH，该反应路径降低了氢化反应的能垒，能够明显地促进 $LiBH_4$ 的生成。Li-B 与 H_2 反应生成 $LiBH_4$ 的过程示意图如图 3.37所示。

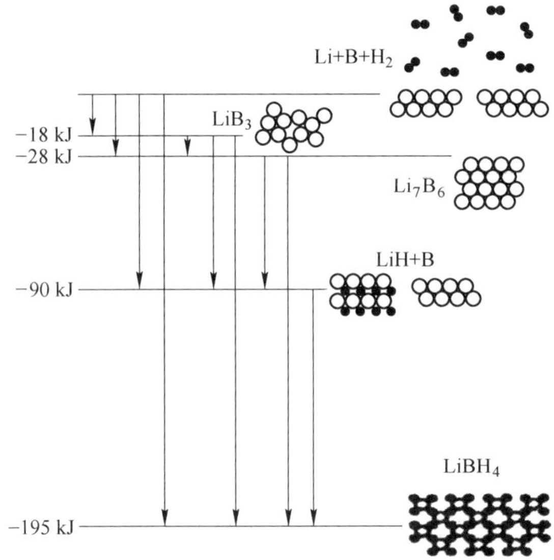

图 3.37　Li-B 与 H_2 反应生成 $LiBH_4$ 的过程示意图

B　$LiBH_4$ 及其复合体系

$LiBH_4$ 在常温下是一种白色盐状粉末，密度为 0.66~0.68 g/cm^3，熔点为 275~278 ℃，质量储氢密度高达 18.36%[81]。商业合成的 $LiBH_4$ 是在乙醚或异丙胺溶液中通过 $NaBH_4$ 和卤化锂（LiCl、LiBr）间的交换反应实现的[82]，其反应方程式为：

$$NaBH_4 + LiX \longrightarrow LiBH_4 + NaX \qquad (X = Cl、Br) \qquad (3.18)$$

$LiBH_4$ 在室温下的结构属于正交晶系，空间群为 Pnma[83-84]，晶格常数为 $a=0.718$ nm，$b=0.443$ nm，$c=0.680$ mn，每个 $[BH_4]^-$ 基团均被 4 个锂离子

(Li^+) 以四面体形式包围，每个 Li^+ 也同时被 4 个 $[BH_4]^-$ 基团以四面体形式包围，如图 3.38 (a) 所示。在 105 ℃左右，$LiBH_4$ 发生由正交晶系转变为六方晶系的晶型 ($P6_3mc$，$a=0.428$ nm，$c=0.695$ nm)，同时伴随有少量氢气释放，如图 3.38 (b) 所示。

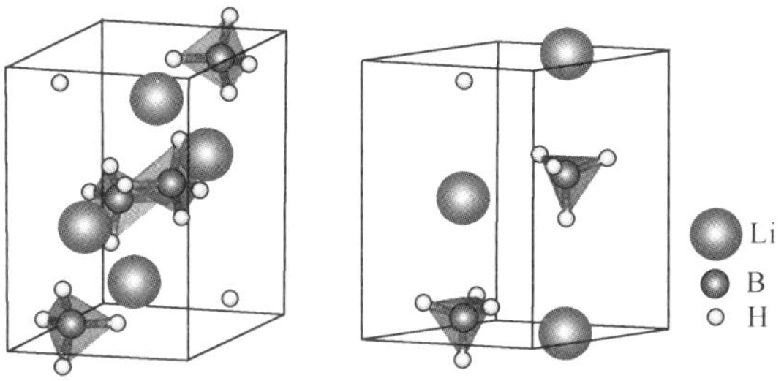

(a)　　(b)

图 3.38　$LiBH_4$ 在低温和高温的不同结构

(a) 低温；(b) 高温

图 3.38 彩图

3.5.1.2　硼氢化物的物化性质和吸/放氢机制

A　物化性质

碱金属/碱土金属硼氢化物通常为白色粉末，密度为 0.6~1.2 g/cm^3，大都不溶于烃类、苯，溶于四氢呋喃等[84-85]。在干燥空气中稳定，对潮湿空气、含质子溶剂敏感，具较强还原性，尤其对醛、酮和酯等有机基团还原效果明显，热稳定性较高，在干燥空气中 300 ℃以上分解，在氢气中需更高温度才分解。

过渡金属硼氢化物常温下不稳定，不能直接暴露在空气中，不宜长期存储；颜色与金属阳离子相关，有液态、气态、固态等形态。如 $Sc(BH_4)_3$ 为无定形白色固体，惰性气体中常温稳定，潮湿空气中迅速分解；$Ti(BH_4)_3$ 是挥发性白色固体，室温极不稳定，20 ℃分解生成 TiB_2、H_2 等，其中的一种产物常温下为易挥发无色液态，熔点-64 ℃，沸点 44.5 ℃，极不稳定[86]。

B　吸/放氢反应机制

$LiBH_4$ 具有较高的热稳定性，其标准放氢反应焓变为-69 kJ/mol H_2，故纯 $LiBH_4$ 在常压下的分解温度位于 370~470 ℃之间[87]。在加热过程中，$LiBH_4$ 经过三个分解阶段，释放出 13.8%氢气，最终生成 LiH 及 B；实际上，$LiBH_4$ 的热分解过程较为复杂，目前仍不十分清楚，主要归因于其中间产物多为非晶态物相，且与实际的反应条件密切相关。初步认为，$LiBH_4$ 热解首先在 118 ℃时相变，由正交晶系转变为六方晶系，约在 280 ℃熔融，伴随缓慢的氢释放，在 400 ℃以上生成 LiH 和 B[88]。图 3.39 给出了 $LiBH_4$ 及其热解产物的标准生成焓变[89]。以低温相 $LiBH_4$ 为基态，在 118 ℃时，吸收热量 4.18 kJ/mol H_2 转变为

高温相 $LiBH_4$；升温至 280 ℃时，吸收热量 7.56 kJ/mol H_2 开始熔化；接着吸收热量 91.68 kJ/mol H_2 生成 LiH 和 B。

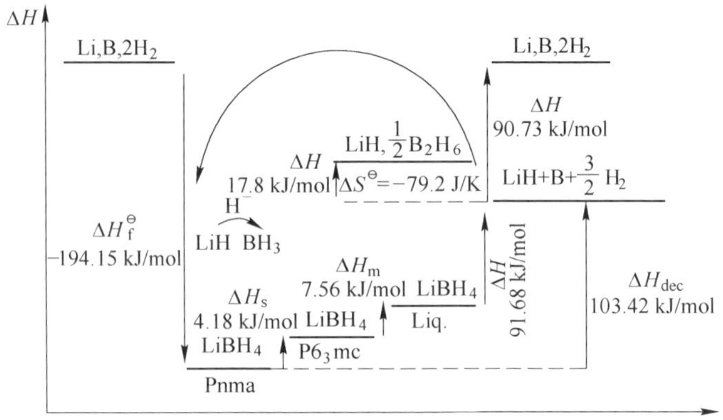

图 3.39 $LiBH_4$ 各相与中间产物的焓变示意图

提升 $LiBH_4$ 储氢性能的方式分为以下几种。

（1）利用元素替代和复合氢化物进行热力学调控。$LiBH_4$ 反应物去稳定是在材料中添加另一种反应物，使材料在反应时与添加物发生反应改变反应路径，得到热力学更加稳定的生成物，使 $LiBH_4$ 在热力学性能上得到改性。Pinkerton 等[90]首次通过将 $LiNH_2$ 与 $LiBH_4$ 按照摩尔比 2：1 进行复合，制备出 $LiBH_4$/$2LiNH_2$ 体系储氢材料 $Li_3BN_2H_8$。该体系储氢量为 11.9%（质量分数），在 190 ℃熔化，250 ℃开始放氢，放氢量可达 10%（质量分数），放氢产物为 Li_3BN_2，但同时放氢过程中会释放 2%~3% NH_3，且放氢过程由 $LiBH_4$ 放氢反应的热力学吸热变为热力学放热反应，难以可逆吸氢。利用 MgH_2 也可改善 $LiBH_4$ 的吸放氢性能[70]，即 Li-Mg-B-H 体系，该反应体系的最大储氢量为 11.4%（质量分数）。添加 MgH_2 后，$LiBH_4$ 的分解焓相比于各单相体系的反应焓变明显降低，约为46 kJ/mol H_2，这是由于 MgB_2 相对于单相体系的反应放氢产物 B 或 Mg 更加稳定，并且此体系循环稳定性较好。此外，金属硼氢化物的稳定性与中心金属原子电负性相关，可采用高电负性阳离子部分替代 Li 离子降低 $LiBH_4$ 稳定性。目前，采用阳离子替代可形成 $Li_{1-x}M_xBH_4$（M = Mg、Ca、Cu、Sc、Mn、Al、Zn）等体系，会降低体系的放氢焓变和放氢温度[80]。

（2）通过催化掺杂或原位反应生成的活性物质，提供足够活性反应点来提高反应动力学。催化掺杂是改善 $LiBH_4$ 吸放氢动力学性能的一种重要技术手段，典型添加剂包括氧化物、卤化物、金属单质以及碳基材料。Züttel 等[91]最早发现了 SiO_2 对 $LiBH_4$ 的性能改善作用，添加质量分数 25% SiO_2 的 $LiBH_4$ 可以在 200 ℃开始放氢，最终放氢量为 9%（质量分数）。除了普通氧化物外，具有多孔结构的氧化物，在与 $LiBH_4$ 的结合过程中会限域 $LiBH_4$，使得 $LiBH_4$ 在催化活性物质和多孔结构的共同作用下获得更好的吸放氢性能。例如，添加了多孔 TiO_2 微米棒的 $LiBH_4$@ $3TiO_2$（质量比 1∶3）[92]，起始放氢温度降低至 100 ℃，表观活化能也降低至 121.9 kJ/mol H_2，动力学性能获得改善，而且由于产物中出现 Li/Ti/O 三元化合物，$LiBH_4$ 放氢路径发生变化，热力学性能发生改变。

（3）纳米化，通过减少颗粒尺寸、优化材料结构和进行纳米限域，同时提高体系的热力学和动力学性能。将 $LiBH_4$ 颗粒尺寸控制在纳米级别将会显著改善吸放氢性能，降低 $LiBH_4$ 颗粒尺寸的方法主要有溶剂蒸发法、熔融法和原位反应法[93-97]。溶剂蒸发法通过将 $LiBH_4$ 溶解于四氢呋喃等有机溶剂中，再蒸发溶剂来获得纳米 $LiBH_4$；直接熔化法是基于 $LiBH_4$ 在 277 ℃熔化的性质来限域于基底材料中，其吸放氢循环过程中各产物的位置流动都被抑制，使各产物之间保持良好接触，元素不会有明显的富集现象，进而可以获得更加优异的循环稳定性。基底材料可以选择具有多孔结构和高比表面积的碳材料，也可以选择具有催化效应的多孔 TiO_2 或二维层状 Ti_2C_3。Zhang 等[98]采用丁基锂和三乙胺硼烷为反应前驱体，以石墨烯为基体进行原位反应，在一定氢压和温度下，形成了石墨烯负载、原位纳米 Ni 催化的超细 $LiBH_4$ 纳米颗粒复合储氢材料（$LiBH_4$/Ni@ G），$LiBH_4$ 的含量高达 70%，其形貌与储氢性能如图 3.40 所示。该样品加热至 130 ℃时即开始放氢。等温测试可知，在 300 ℃下保温 150 min，$LiBH_4$/Nia@ G 可以放氢 9.2%（质量分数）；在 300 ℃/10 MPa H_2 下保持 200 mm即可完全吸氢；300 ℃吸放氢循环测试表明，经过 100 个循环后，放氢容量仍接近 8.5%（质量分数），容量保持率高达 92.4%，达到目前硼氢化物研究中最佳的循环稳定性能。

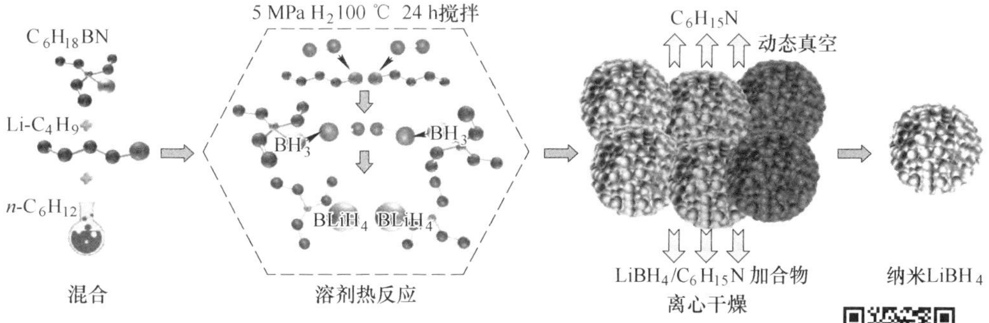

图 3.40　纳米 $LiBH_4$合成及反应示意图

图 3.40 彩图

3.5.1.3　$NaBH_4$储氢体系

$NaBH_4$热分解温度超过 500 ℃，正因为其热分解温度过高，热分解析氢效率偏低且反应条件苛刻，目前对于其热分解反应研究较少；研究多集中在它的水解放氢，但其水解反应副产物偏硼酸钠水合物不溶于水并伴随有热量的释放，抑制了放氢反应的继续进行，进而降低了 $NaBH_4$的放氢量。因此，通过催化剂促进 $NaBH_4$的水解放氢反应是一个常用的改进策略。Zhang 等[99]成功地合成了一种由碳纳米球负载的超细双金属 Pt-Co 纳米颗粒高效催化剂，用于从 $NaBH_4$水解中析出氢。在制备过程中通过调节溶剂来调节Pt-Co纳米颗粒在碳纳米球表面上的生长，所制备的 CNSs@ Pt-Co 催化剂在动力学和热力学测试以及催化性能测试中表现出极高的催化活性值，即使经过 5 个循环，制氢转化率仍为100%。Delmas 等[100]和 Netskina 等[101]研究了 Co-B 催化剂对 $NaBH_4$ 水解制氢反应的催化效果，二者都认为催化核心粒子表面的一层氧化膜在提高反应产氢速率方面起到重要作用。Delmas 的研究表明，由于氧化层还原放热和水解反应的协同效应，再加上硼化钴催化剂的高效率，在室温下能观察到一个放氢增强区，$NaBH_4$和 H_2O 迅速发生反应放出 H_2，产氢量达到 8.7%（质量分数）。Netskina 的研究表明，催化剂前体 Co_3O_4的一个显著特征是不完全还原性，这一特性导致活性颗粒稳定在未还原的氧化物表面上。在基于 $NaBH_4$的颗粒中使用这种催化剂导致氢化物介质中氧化钴的额外还原，并形成额外的活性硼化钴相，这就是氢气产生速率增加的原因。

$NaBH_4$水解析氢反应是不可逆的，且 $NaBH_4$再生成本高限制了其大规模应用。据此，Ouyang 等[102]首次开发了一种经济方便的 $NabH_4$再生方法，再生机理为中间产物 MgH_2通过 H^-配体逐步取代 OH^-基团的过程。真正的水解副产物（$NaBO_2 \cdot 2H_2O$ 和 $NaBO_2 \cdot 4H_2O$）代替脱水偏硼酸钠在室温和常压下用 Mg 再生 $NaBH_4$。因此，解决了干燥 $NaBO_2 \cdot xH_2O$ 获得 $NaBO_2$过程中的热浪费问题。该法成本比以 MgH_2 为起始试剂降低了 34 倍，$NaBH_3$ 的最高转化率可达 68.55%。

3.5.1.4 $Mg(BH_4)_2$储氢体系

$Mg(BH_4)_2$理论质量储氢密度可达 14.8%，镁电负性比锂高，因而镁配位氢化物稳定性低于锂配位氢化物，故 $Mg(BH_4)_2$ 热分解温度低于 $LiBH_4$。但是，$Mg(BH_4)_2$分解放氢和 $LiBH_4$ 一样是一个十分复杂的过程，过程涉及多种未知中间产物。目前，多构建配位氢化物之间的不稳定复合体系来改善 $Mg(BH_4)_2$的吸氢热力学以及可逆储氢性能。Liu 等[103]研究了 $Mg(BH_4)_2$-$NaAlH_4$复合体系的储氢性能和储氢机理，结果表明，球磨后的 $Mg(BH_4)_2$-2$NaAlH_4$样品在 101～530 ℃下经过三步反应放出约 9.1%（质量分数）的氢气。加氢过程中，脱氢后的样品在 400 ℃、100 atm（10.1 MPa）的氢气压力下，通过复杂的反应过程可获得6.5%（质量分数）的氢气。实验表明，在中等温度和氢气压力下，$Mg(BH_4)_2$-$NaAlH_4$复合体系的可逆储氢性能非常具有应用前景。

在无机非金属储氢领域，科研人员不断探索新的储氢材料和技术，这是对科学真理的执着追求。硼氢化物等储氢材料的研究虽然面临诸多困难，如热稳定性高、放氢后再吸氢困难等，但科研人员不放弃，通过各种方法改进材料性能。这种对科学的热爱和对未知的探索精神，值得我们学习和弘扬，激励更多年轻人投身于科研事业，为推动我国在该领域的发展贡献智慧和力量。

3.5.2 金属铝氢（Al-H）储氢体系

金属铝氢化物一般用 $M(AlH)_n$（n 为金属原子 M 的价态）表示，为白色粉末，易与水反应，具有强的还原性，可做脂类工业生成的还原剂。碱金属氢化物与卤化铝在有机溶剂（如乙醚、二甲醚等）中发生反应，生成 $LiAlH_4$、NaAlH 等金属 Al 氢化物，反应式如下：

$$4LiH + AlCl_3 > LiAlH_4 + 3LiCl \tag{3.19}$$

$$4NaH + AlBr_3 > NaAlH_4 + 3NaBr \tag{3.20}$$

反应结束后滤除副产物 LiCl 或 NaBr 后，加热脱出溶剂，即可得到 LiAlH 或 $NaAlH_4$晶体。

碱金属 M（M = Li、Na、K、Cs 等）单质和 Al 在高压氢气中 140 ℃下，按下式：

$$M + Al + 2H_2 \xrightarrow[140\ ℃,250\ atm]{\text{THF 或烃}} MAlH_4 \tag{3.21}$$

反应生成 $NaAlH_4$ 晶体，反应生成 $MAlH_4$ 可获得较高的产率。该反应以四氢呋（THF）或烃作为反应介质，乙基铝为催化剂。另外，NaH 与 A1 在 17.5 MPa 氢气中通过高温熔炼可合成 $NaAlH_4$。目前，$LiAlH_4$和 $NaAlH_4$等配位氢化物，可以直接从市场上购买。其他的配位铝氢化物，可在 $NaAlH_4$的基础上通过置换反应合成，如 $Mg(AlH_4)_2$可通过式 $2NaAlH_4+MgCl_2 \rightarrow Mg(AlH_4)_2+2NaCl$。除了以上介绍的湿式合成方法以外，机械合金化（俗称球磨）等干式合成方法也得到了广泛应用。

晶体结构：$LiAlD_4$属于单斜晶系，空间群为 P21/c。Li^+由周围 5 个孤立的 $[AlD_4]^-$四面体围绕，以三角双锥形式配位。$NaAlD_4$的空间群为 $I4_1/a$，具有体心四方结构。每个 Na^+周围由最近邻的 8 个孤立［AlD_4］$^-$围绕，形成一个扭曲的反四方棱柱的空间构型。$KAlD_4$具有 $BaSO_4$型结构，空间群为 Pnma，每个 K^+由附近的 7 个［AlD_4］$^-$四面体围绕，并与这 7 个［AlD_4］$^-$四面体的 10 个 D 原子成键。随着碱金属阳离子半径的增大（如 $Li^+<Na^+<K^+$），其配位数逐渐增加，导致 $LiAlD_4$、$NaAlD_4$和 $KAlD_4$具有不同的晶体结构，不过它们也有许多相同之处，晶胞中都包含近似理想结构的［AlD_4］$^-$正四面体，［AlD_4］$^-$四面体的大小接近，如图 3.41 所示。

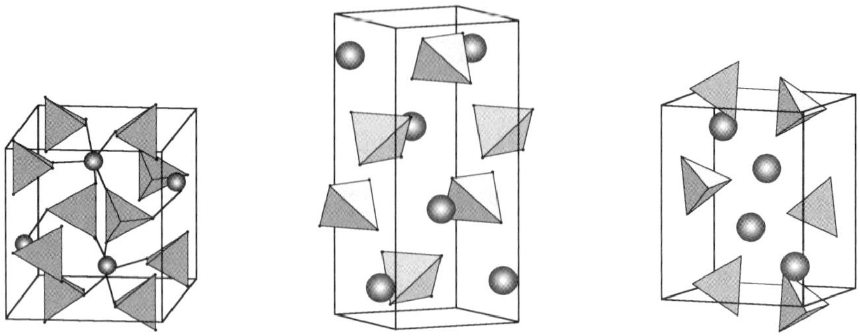

(a) (b) (c)

图 3.41 $MAlD_4$的晶体结构

(a) $LiAlD_4$；(b) $NaAlD_4$；(c) $KAlD_4$

（四面体表示［AlD_4］$^-$，圆球表示 M^+）

3.5.3 金属氮氢（N-H）储氢体系

早在 19 世纪初，人们就合成了 $NaNH_2$和 KNH_2，在 1894 年又合成了 $LiNH_2$。20 世纪初，发现 Li_3N 能与氢在 200～250 ℃下反应生成 Li_3NH_4；后来认识到 Li_3NH_4实际上是 $LiNH_2$和 LiH 的混合物；加热至 340～480 ℃，$LiNH_2$会生成 Li_2NH 和 NH_3，NH_3随后与 LiH 反应生成 Li_2NH，并释放出 H_2。整个反应式如下：

$$LiNH_2 + LiH \rightleftharpoons Li_2NH + H_2 \tag{3.22}$$

金属氮氢化物与水发生剧烈反应，常用作有机化学合成试剂。

金属氮氢化物 $M(NH_2)_n$ 的合成主要有 3 种方法：通过金属（如 Li、Na、K、Mg、Ca 等）与 NH_3 反应，反应温度一般为 200～300 ℃，NH_3 压力 0.5～0.8 MPa；通过金属氢化物与 NH_3反应，如在室温下将金属氢化物在 NH_3气氛下球磨，可快速生成金属氮氢化物并放出氢气，通过金属氮化物（如 Li_3N 等）与氢气反应，生成 $M(NH_2)_n$ 和金属氢化物的混合物。该反应的温度通常在 200～300 ℃，三种反应如下：

$$M + nNH_3 \longrightarrow M(NH_2)_n + \frac{n}{2}H_2 \tag{3.23}$$

$$MH_n + nNH_3 \longrightarrow M(NH_2)_n + nH_2 \tag{3.24}$$

$$M_{3/n}N + 2H_2 \longrightarrow \frac{1}{n}M(NH_2)_n + \frac{n}{2}MH_n \tag{3.25}$$

$LiNH_2$具有四方结构，空间群为 I-4，晶格常数为 $a = 0.503442(24)$ nm，$c = 1.025558(52)$ nm。N—H 键有两种，键长分别为 0.0986 nm 和 0.0942 nm；H—N—H 键角（∠H—N—H）为 99.97°，这些结构参数与其等电子体——水分子接近，如图 3.42 所示。

3.5.4 氨硼烷（NH_3BH_3）及其衍生物

当前，储氢材料实际应用的首要要求是其能量存储密度大（包括质量储氢密度和体积储氢密度）。当储氢材料用作燃料电池汽车中时，储氢材料的能量存储密度应符合车载状况的要求。以储氢高能量密度的标准，以往大量研究的金属及合金化学储氢材料、金属有机框架结构物理储氢材料等储氢体系，在要求温度范围内的储能密度或许仍然难以满足实际车载应用的需求。故此，近年来，轻质化学氢化物储氢材料，由于其超高的储氢容量而备受青睐。在众多的备选轻质新型储氢材料之中，氨硼烷化合物（NH_3BH_3，ammonia borane，AB，分子量 30.87 g/mol），由于其 19.4%（质量分数）的巨大理论氢含量，成为储氢材料研究的新热点。在氨硼烷化合物中，N 元素（14.0067）和 B 元素（10.81）的相对原子质量都很小，同时 N 和 B 又分别可以结合 3 个 H，使得在 NH_3BH_3 中，H 的质量分数非常高。氨硼烷化合物低温下的晶体结构如图 3.43 所示。氨硼烷化合物除了储氢质量密度高的优势之外；在 NH_3BH_3 中由于存在 B-H…N 的分子间氢键作用（见图 3.43），在常温常压下氨硼烷化合物以固体形式存在，因此，氨硼烷化合物也具有较高的储氢体积分数。同时，氨硼烷化合物可溶于多种极性溶剂（见表 3.16），无论是固体 NH_3BH_3，还是 NH_3BH_3的水溶液，都具有优良的化学稳定性与热稳定性，便于安全存储运输和长期保存。综上所述，氨硼烷化合物具有成为应用性储能材料的潜力。

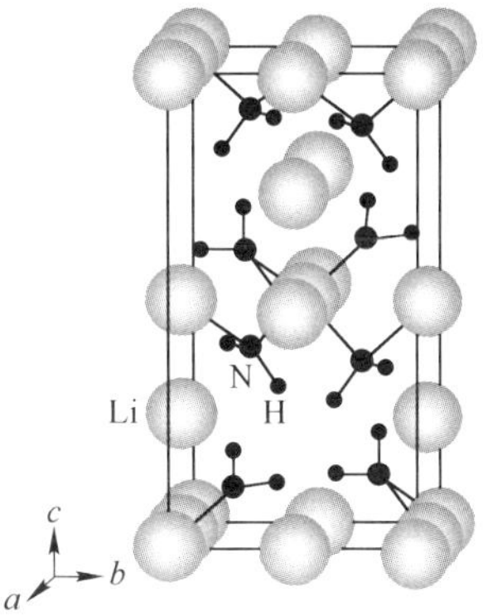

图 3.42 $LiNH_2$ 的晶体结构

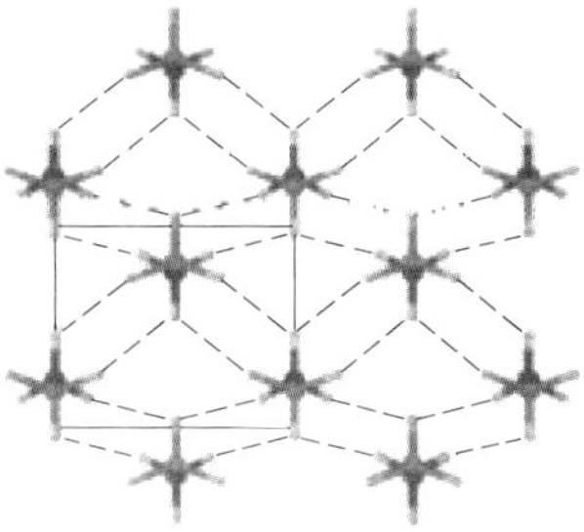
图 3.43 NH_3BH_3 低温正交

表 3.16 NH_3BH_3在室温下的溶解度 （g/100 g 溶剂）

溶 剂	水	四氢呋喃	乙醚	乙醇	异丙醇	异丁醇
溶解度	33.6	25	0.74	6.5	4	1

在实验室中，可以用氨气（NH_3）和乙硼烷（B_2H_6）、$BH_3 \cdot SMe_2$或 $BH_3 \cdot THF$ 直接反应的方法得到 NH_3BH_3；也可以利用铵盐的置换反应式，通过铵盐（如甲酸铵、氯化铵、碳酸铵等）与硼氢化钠在合适条件下反应，得到氨硼烷化合物。2007 年，P. V. Ramachandran 等报道了利用甲酸铵［$(NH_4)_2SO_4$］和硼氢化钠在二氧六环溶剂中的置换反应，得到较高产量、高产率（≥95%）和高纯度

(≥98%) 产物的氨硼烷化合物合成方法，化学反应方程式如下：

$$NaBH_4 + HCO_2NH_4 \xrightarrow[40\ ℃,2\ h]{二氧六环} NH_3BH_3 + NaHCO_2 + H_2 \qquad (3.26)$$

3.6　物理吸附储氢

3.6.1　碳材料的储氢性能

物理吸附储氢是利用氢气分子与固体吸附剂之间的范德华作用力实现对氢气分子的吸附。由于分子之间的范德华力较弱（见图 3.44），故物理吸附的吸附和脱附活化能较低，储氢的吸附和脱附速率较快，动力学性能和可逆循环性能好。

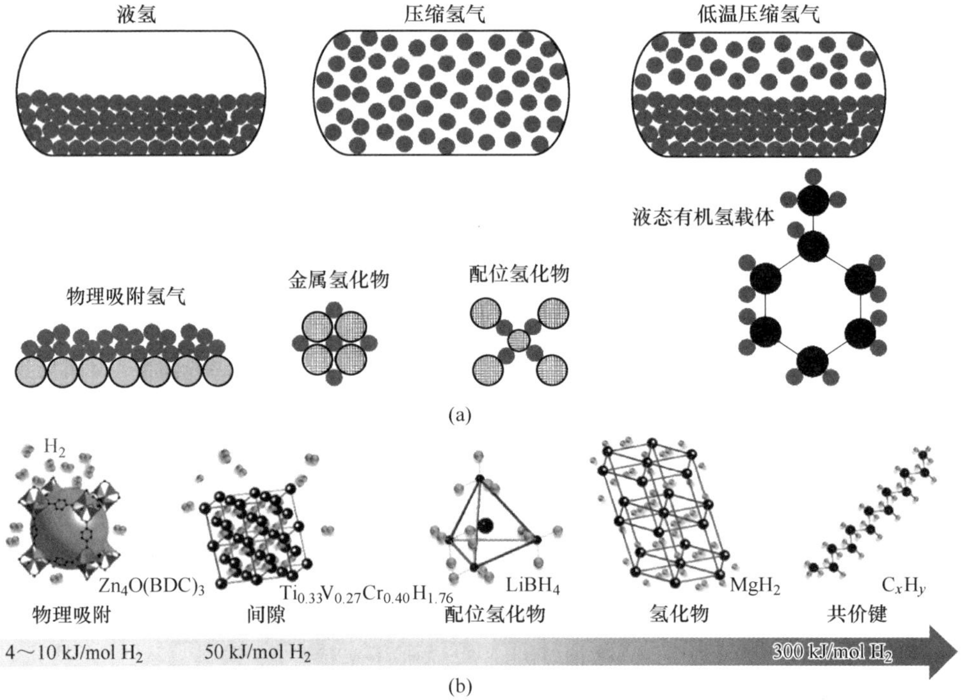

图 3.44　物理吸附储氢示意图

(a) 典型储氢方法原理[104]；(b) 与氢结合需要的能量[105]

图 3.44 彩图

物理吸附与化学吸附比较见表3.17。物理吸附材料主要有碳基材料、金属有机框架材料、共价有机框架材料、多孔有机聚合物材料、沸石类材料等。

表3.17 化学吸附与物理吸附的比较

吸附方法	化学吸附	物理吸附
吸放氢作用力	化学键	范德瓦尔斯力
吸附热	40~400 kJ/mol	<25 kJ/mol
吸放氢速率	慢，一般需活化	快，可逆性好
发生温度	高温	低温
气体选择性	特征选择性	一般选择性较弱
吸附层	单层	多层

3.6.1.1 活性炭

活性炭又称炭分子筛，因其成本低、储氢量高、稳定性高、使用寿命长、易规模化生产而成为一种极具潜力的储氢材料。活性炭是经活化的多孔、大孔容、高比表面积、高表面活性的碳材料，特别是微孔活性炭可以提供巨大的比表面积，孔隙容积一般在0.25~0.9 mL/g，微孔表面积为500~1500 m^2/g。1967年，Matcha[106]最早报道了在80 K、2.5 MPa下高比表面积活性炭可以吸附约2.0%（质量分数）的氢气；提高比表面积、多种表面官能团改性以丰富活性炭的微孔结构，可以增加对氢气的结合吸附作用，如图3.45所示。有研究指出，活性炭材料的储氢性能与微孔体积成正比[107]，且与温度和压力有一定的关系，温度越低，压力越大，则储氢能力越优秀[108]。除此之外，活性炭的物质状态也会影响其储氢容量和吸放氢速率，纤维状活性炭的吸放氢速率甚至比颗粒状快十数倍。不仅如此，活性炭表面酸度也是影响因素之一，表面酸度越高，储氢容量越大。针对实际应用，因为活性炭在低温、高压下才能表现出高吸氢能力，开发潜力较差，不适合氢能规模化应用。

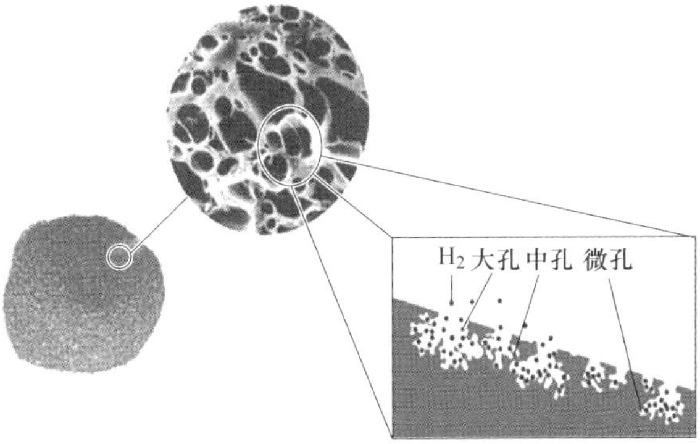

图3.45 活性炭吸附氢气原理

3.6.1.2 石墨烯

石墨烯是通过碳原子的 sp^2 杂化紧密堆积形成具有二维六元环单层结构的碳材料。从石墨烯延伸而来的碳基材料如图 3.46 所示。自 2004 年 Novoselov 等制备出能够稳定地在室温下存在的石墨烯薄片材料后，其研究得到了快速发展。但有研究认为纯的石墨烯具有化学惰性，不利于其吸附气体，因此人们尝试通过原子掺杂或基团修饰来提高石墨烯的储氢性能。

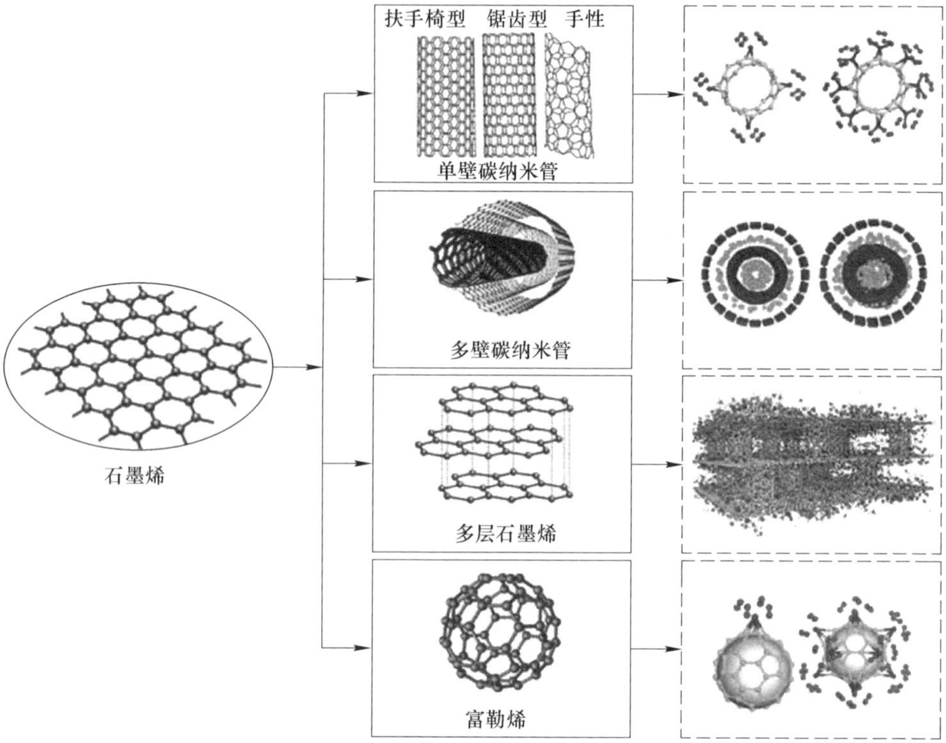

图 3.46 以石墨烯为基础的纳米材料分子模型及氢气吸附模型[109]

图 3.46 彩图

3.6.1.3 碳纳米管

碳纳米管（CNT）是将单层石墨烯卷曲闭合，呈六边形排列的碳原子构成圆管，单壁碳纳米管（SWNT）只有一层，多壁碳纳米管（MWNT）为数层的同轴圆管。纳米材料所具有的量子效应、表面效应等特性使其对氢气的吸附能力增强。碳纳米管在常温下的储氢能力不够理想，吸氢能力大多在 1%（质量分数）以内，对碳纳米管进行活化处理可以在一定程度上改善碳纳米管的储氢性能。Elyassi 等[110]通过化学催化气相沉积方法制备了多壁碳纳米管，发现在室温和中等压力条件下经氢氧化钾活化后的多壁碳纳米管的氢吸附能力从 0.67%提高到了 1.24%（质量分数），吸附能力的显著增强是由于氢氧化钾活化后存在的缺陷表面；通过这种方式，氢分子可以很容易地通过范德华力吸附在缺陷位点和多壁碳纳米管的内部空间中。经氢氧化钾活化后的多壁碳纳米管拥有更高的比表面积、微孔体积以及更低的结晶率，这些因素似乎在提高氢吸附能力方面发挥了重要作用。

碳纳米管作为典型的碳质多孔材料，在低温和高压环境下能够表现出较高的储氢能力。Ye 等[111]经实验测得纯度为 98%的单壁碳纳米管在 80 K、12 MPa 的条件下，其储氢容量高达 8.25%（质量分数）。控制碳纳米管的直径也能够获得较大的储氢容量，对于直径约为 2 nm 的 CNT-H 配合物，其氢化率接近 100%，并且在室温下是稳定的，这意味着特定的碳纳米管可以通过形成可逆的 C—H 键具有超过 7%（质量分数）的储氢容量。然而，制备小纳米尺度的碳纳米管的工艺方法和过程较为复杂且成本偏高，在某些方面并不适合大规模推广。

3.6.2 金属有机骨架材料的储氢性能

MOF-5 是由 $[Zn_4O]^{6+}$四面体与对苯二甲酸（BDC）形成的 $Zn_4O(BDC)_3$三维简单立方结构（见图 3.47），骨架结构中的节点为八面体的 $Zn_4O(CO)_6$，四面体中心的 Zn 与顶点的 4 个 O 配位，4 个四面体通过共用中间的氧原子连接起来，形成八面体节点，称为 SBU（Secondary Building Unit）。SBU 由刚性配体连接起来得到简单立方的三维骨架结构。

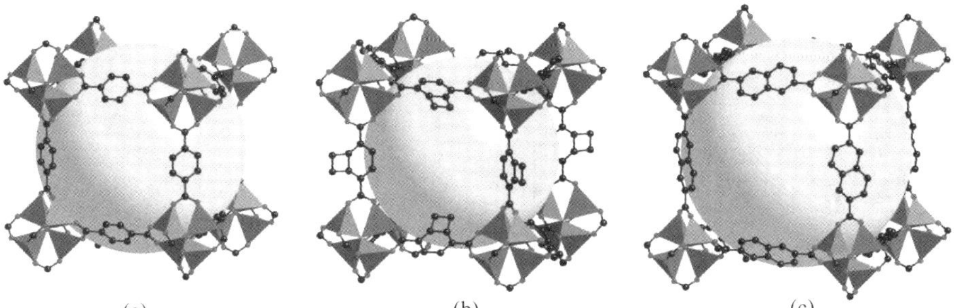

图 3.47 MOF-5(a)、IRMOF-6(b) 和 IRMOF-8(c) 的立方体三维扩展结构

图 3.47 彩图

MOF-5 在 77 K 下饱和吸氢量可达 5.1%（质量分数），BET 比表面积为 2296 m^2/g，Langmuir 比表面积为 3840 m^2/g。1，3，5-三羧基苯连接 Zn^{2+}八面体节点得到 MOF-177，高压下饱和吸氢量可达 7.5%（质量分数），Langmuir 比表面积为 4500 m^2/g，77 K、1 atm（101.325 kPa）下吸氢量为 1.25%（质量分数），在约 100 atm（10.1 MPa）下吸氢量可达 11.0%（质量分数）。构建基元和拓扑结构类似的 MOF，称为 IRMOF（Isoreticular Metal Organic

Framework)，如一系列与MOF-5结构类似通式为$Zn_4O(L)_3$配体不同的MOF材料，分解温度可达400 ℃，具有较好的稳定性。具有超高空隙率的MOF，孔道内径可达4.8 nm，用含有多个苯环的三元羧酸根与Zn(Ⅱ) 离子配合，形成三维非互穿结构。其中，MOF-210的BET比表面积和Langmuir比表面积分别为6240 m^2/g和10400 m^2/g，77 K下测得饱和吸氢量为8.6%（质量分数），总吸氢量达17.6%（质量分数）。目前，MOF-210是已报道的比表面积和孔体积最大的MOF之一。

3.7 加 氢 站

3.7.1 加氢站储氢技术发展现状

我国加氢站高压储氢设备结构形式多样（见图3.48），可分为储氢瓶组、钢带错绕式储氢容器、多层整体包扎式储氢容器、纤维缠绕储氢容器等，我国加氢站储氢技术发展路线与国际相比各有特色。我国以储氢瓶组、钢带错绕式储氢容器、多层整体包扎式储氢容器结构为主[112]，其中钢带错绕式储氢容器、多层整体包扎式储氢容器均为我国自主研发的新产品和新技术。

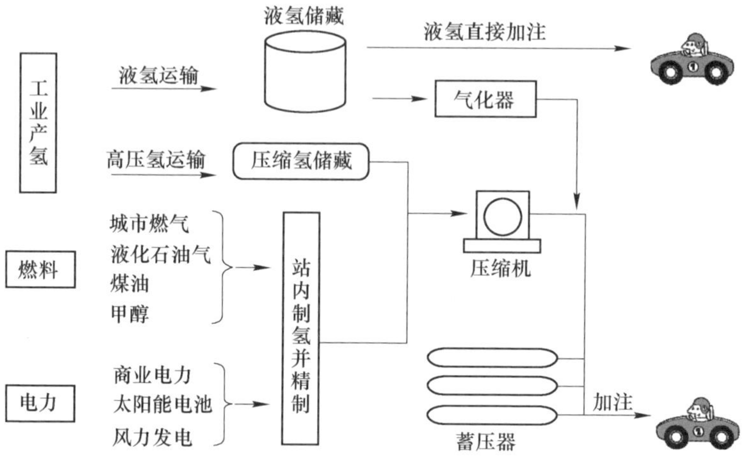

图3.48 加氢站基本系统

以下是加氢站的种类和加氢站储氢技术的发展现状。

3.7.1.1 燃料重整型加氢站

工业上，氢的大规模制备一般由化石燃料的重整得到，如图3.49所示。

对于加氢站内重整制氢，天然气和甲醇被视为理想的重整原料。表3.18为加氢站的种类。

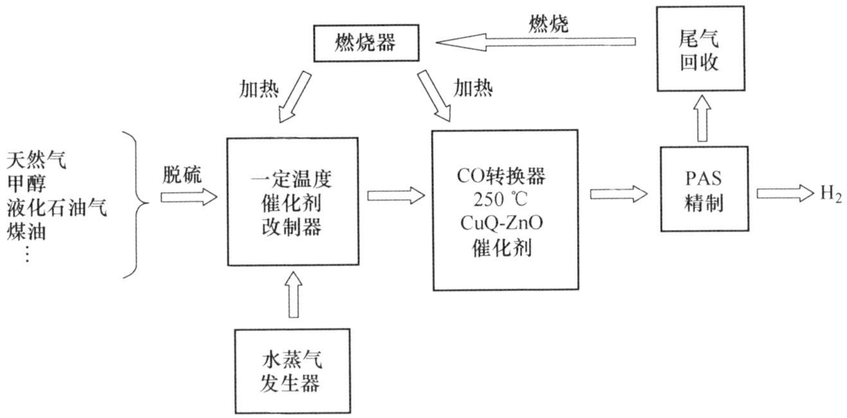

图 3.49　化石燃料重整制氢一般过程

表 3.18　加氢站的种类

分类方式	氢气的来源	特　点
氢气状态	气态氧气供氢	压力 35 MPa、70 MPa 等高压加氢
	液态氧气供氢	
制氢方式	含氢尾气副产氢回收	钢厂、化工厂、炼油厂、氯碱副产品、合成氨放氢
	电解水制氢	工业用电以及可再生能源发电制氢
	燃料重整制氢	石油、天然气、LPG、甲醇等燃料重整
	生物质制氢	生物质的发酵燃料重整制氢
制氢装置放置地方	内制氢加氢站（Onside 类型）	制氢装置安置在加氢站内
	外供氢加氢站（offside 类型）	制氢装置安置在加氢站以外的地方，通过车辆或管道将氢气运来
加氢站的设置方法	固定式加氢站	加氢设置固定，最常见的形式
	移动式加氢站	能够移动的小型加氢设施

现在天然气管道已经四通八达，若加氢站建在天然气管道旁，直接利用天然气在站内重整制氢，将会大大减少运输和设备成本。天然气重整制氢在工业上已经非常成熟。一般是将天然气脱硫处理，然后与水蒸气混合加热到 700～800 ℃，通过 Ni 催化剂，反应式为：

$$CH_4(g) + H_2O(g) \longrightarrow 3H_2(g) + CO(g) \tag{3.27}$$

这个反应是吸热反应，这份热量一般由重整尾气的燃烧来提供。气体产物中的 CO 可通过变换反应大部分转化为氢气和 CO_2，反应式如下：

$$CO(g) + H_2O(g) \longrightarrow H_2(g) + CO_2(g) \tag{3.28}$$

经过重整得到的气体组成为 H_2 73%～77%、CO_2 18%～25%、CO 0.5%～1.0%，其余为 CH_4、H_2O。由于重整气体中含有大量能致使燃料电池中毒的物质，因此需要纯化，氢气的浓度需达到99.99%以上。

3.7.1.2 水电解型加氢站

按电解质性质的不同，电解水制氢技术主要有3种：强碱、质子交换膜（PEM）和固体氧化物水电解技术。采用碱液作为电解质的碱式电解器是历史最久、技术最成熟、成本最低的电解水制氢技术。碱式电解器如图3.50所示，它使用氢氧化钾溶液作为电解液，电极使用镍系催化剂，从外部供给直流电电解纯水。为了将阴极上放出的氢气与阳极上放出的氧气分开以取得纯净的气体，也为了避免氢气与氧气互相混合造成意外事故，阴极与阳极之间应用隔膜分开，分成为阴极室和阳极室，分别用导管并联，把发生的气体导出。隔膜常用以镍铬丝网为衬底的石棉布做成，此隔膜布的微孔允许 K^+ 和 OH^- 离子通过，但又使电解液在微孔处有足够大的表面张力，可以防止气体渗过。

图3.50 碱式电解器实物图

电解器有两种形式：一种是槽式电解器，每个槽都是独立的，各自有自己的阴极和阳极、隔膜、电解液以及通电设备，然后许多电解槽并联起来；另一种是压滤式电解器，它在外形上很像化工设备中的压滤机。这是一种串联式电解槽，是由许多平板式的电解池叠加串联起来组成的，阴极、阴极室、隔膜、阳极室、阳极，按此顺序构成了整套组装的一个夹层。一个电解池阳极的背面就是下一层电解池的阴极，电路是串联的。每一个薄层电解池均有自己的碱液供应管路和氢气、氧气的导出管路，但不需电路连接。排气管路是分别并联的，许多这种电解池叠加串联起来构成电解器总体。碱式电解器的缺点是效率较低、工作电流密度较低，一般不高于0.6 A/cm^2，水电解出1 m^3（标态）氢需要的电力为5 kW·h左右。

3.7.1.3 液氢储藏型加氢站

在食盐电解工厂、钢铁厂以及炼油厂的生产过程中，会产生很多副产氢。如果将这些副产氢液化后，用罐车运输到加氢站作为氢源，就构成了液氢储藏型加氢站。将油罐车内的液态氢转移到加氢站储氢设备中，由于热漏至少会损失高达10%的氢气，因此常常将油罐车罐子放置在加氢站内直接利用。当为燃料电池汽车加注时，要先用气化器将液氢气化，然后通过压缩机压缩到规定压力，进行加注。当然，现在市面上已经出现了能够直接利用液氢的汽车，这种情况下就不需要气化压缩过程了，而只需要利用液态氢泵，将储氢罐内的液态氢直接加注到车载罐内。

3.7.1.4 压缩氢储藏型加氢站

压缩氢储藏型加氢站与液氢储藏型加氢站类似，只是氢储藏状态不一样而已。将副产氢加压至 19.6 MPa，用储气罐、加载机和大容量拖车［容量为 2300~3100 m^3（标态）］运输。在加氢站内，把氢容器装载与牵引机车分开保管，并与压缩机连接，加压至 40 MPa 后，储藏在蓄压器内。这种方式有处理简单、易于维护、设备投资少等优点。不过在距工厂数百公里以外的地点，除成本高以外，在每天的加注台数达数百台的大规模加氢站，还存在运输次数增加导致经济性降低等问题。因此，这种方式适用于初期汽车数量较少的加氢站。

3.7.2 加氢站液氢储氢技术进展与挑战

站内液氢储氢技术在欧美等国家已发展较为成熟，已成为加氢站主要储氢方式之一。但相对高压气氢技术，我国民用液氢技术推广应用较慢，液氢加氢站等基础设施尚不完善。我国在站内液氢储氢技术方面开展了相关研究和开发工作，已初步掌握液氢储罐设计制造技术，已开发的容积为 14 m^3 液氢储罐在浙江等地液氢加氢站开展示范[113]，但仍未建立完整的产品系列。在液氢阀门和安全附件方面，主要依靠进口，还未实现国产化。我国在液氢容器材料和超高绝热性能、液氢容器绝热性能在线监测、液氢阀门设计制造等核心技术方面仍需突破和攻关。

固态储氢系统虽具有工作压力低、储氢密度高等优点，但在储氢系统吸/放氢速率、储氢能量效率、氢热耦合系统能量管理等方面仍有待突破。国内外站内固态储氢系统尚处于探索和研究示范阶段。法国 McPhv 设计了单罐储氢量 5 kg 的镁基储氢合金-MgZn 相变储热材料的储氢装置[114]。我国已开发出 200 kg 级的高温型储氢材料系统（Mg 基），可应用在加氢站内储氢系统使用。[115]

课后习题

3-1 简述储氢技术的重要性。

3-2 请列举三种常见的储氢方式，并简要说明其原理。

3-3 储氢材料需要满足哪些性能要求？

3-4 高压气态储氢的主要优缺点是什么？

3-5 简述低温液态储氢的核心技术难点有哪些？

3-6 金属氢化物储氢的原理是什么？

3-7 物理吸附储氢与化学储氢相比有哪些特点？

3-8 配位氢化物储氢的优势体现在哪些方面？

3-9 请列举出三种加氢站并论述其特点。

3-10 简述有机液体储氢的工作过程，其发展面临的主要问题有哪些？

3-11 低温液态储氢过程中，正仲氢转化的目的是什么？

3-12 固态储氢相较于高压气态储氢和低温液态储氢，有哪些优势？

3-13 固态储氢材料主要有哪几类？各举一例说明其特点。

3-14 固态储氢有哪些应用场景？请举例说明。

参考文献

[1] LYNCH C T. Practical handbook of materials science [M]. CRC Press, 1989.

[2] 李磊. 加氢站高压氢系统工艺参数研究 [D]. 杭州：浙江大学，2007.

[3] 李星国. 氢与氢能 [M]. 北京：机械工业出版社，2012：153-160.

[4] WILLIAM C, WHITMAN, et al. 制冷与空气调节技术 [M]. 5 版. 寿明道，译. 北京：电子工业出版社，2008：29-31.

[5] 朱国辉，郑津洋. 新型绕带式压力容器 [M]. 北京：机械工业出版社，1995：1-12.

[6] MORI D, HIROSE K. Recent challenges of hydrogen storage technologies for fuel cell vehicles [J]. International Journal of Hydrogen Energy, 2009, 34 (10): 4569-4574.

[7] 中国氢能联盟. 中国氢能源及燃料电池产业白皮书（2019 版）[R]. 北京：中国氢能联盟，2019.

[8] 马建新，刘绍军，周伟，等. 加氢站氢气运输方案比选 [J]. 同济大学学报（自然科学版），2008，36（5）：615-619.

[9] 闫喻婷. 氢气储运方式的经济性对比研究 [D]. 武汉：华中科技大学，2021.

[10] ZÜTTEL A, BORGSCHULTE A, SCHLAPBACH L. Hydrogen as a future energy carrier [J]. Weinheim: Wiley-VCH Verlag GmbH & Co. KgaA, 2008: 167-170.

[11] 氢能协会. 氢能技术 [M]. 宋永臣，等译. 北京：科学出版社，2009.

[12] 徐烈. 低温绝热与贮运技术 [M]. 北京：机械工业出版社，1999.

[13] 金燕子，朱子龙，段斌，等. 液氢运输船技术探析 [J]. 船舶，2024，35（2）：1.

[14] ANDERSSON J, GRÖNKVIST S. Large-scale storage of hydrogen [J]. International Journal of Hydrogen Energy, 2019, 44 (23): 11901-11919.

[15] MODISHA P M, OUMA C N M, GARIDZIRAI R, et al. The prospect of hydrogen storage using liquid organic hydrogen carriers [J]. Energy & Fuels, 2019, 33 (4): 2778-2796.

[16] ABDIN Z, TANG C, LIU Y, et al. Large-scale stationary hydrogen storage via liquid organic hydrogen carriers [J]. Iscience, 2021, 24 (9): 103-125.

[17] CHIYODA C. SPERA hydrogen storage and transportation system: Technical report [R/OL]. Yokohama: Chiyoda Corporation, 2017: 1-15 [2024-03-20].
[18] 张媛媛，赵静，鲁锡兰，等. 有机液体储氢材料的研究进展 [J]. 化工进展，2016，35 (9): 2869-2874.
[19] ROBERT F. Service ammonia—A renewable fuel made from sun, air, and water—could power the globe without carbon [J]. Science Doi, 2018, 361 (6408): 120-123.
[20] CHANG F, GAO W, GUO J, et al. Emerging materials and methods toward ammonia-based energy storage and conversion [J]. Advanced Materials, 2021, 33 (50): 2005721.
[21] SERVICE R F. Liquid sunshine [J]. 2018, 362 (6416): 878-881.
[22] LI Y, WANG H, PRIEST C, et al. Advanced electrocatalysis for energy and environmental sustainability via water and nitrogen reactions [J]. Advanced Materials, 2021, 33 (6): 2000381.
[23] FOSTER S L, BAKOVIC S I P, DUDA R D, et al. Catalysts for nitrogen reduction to ammonia [J]. Nature Catalysis, 2018, 1 (7): 490-500.
[24] RAYMENT T, SCHLÖGL R, THOMAS J M, et al. Structure of the ammonia synthesis catalyst [J]. Nature, 1985, 315 (6017): 311-313.
[25] MORGAN E R. Techno-economic feasibility study of ammonia plants powered by offshore wind [M]. University of Massachusetts Amherst, 2013.
[26] ZHANG L, JI X, REN X, et al. Electrochemical ammonia synthesis via nitrogen reduction reaction on a MoS_2 catalyst: Theoretical and experimental studies [J]. Advanced Materials, 2018, 30 (28): 1800191.
[27] HU L, XING Z, FENG X. Understanding the electrocatalytic interface for ambient ammonia synthesis [J]. ACS Energy Letters, 2020, 5 (2): 430-436.
[28] 范舒睿，武艺超，李小年，等. 甲醇-H_2能源体系的催化研究：进展与挑战 [J]. 化学通报，2021，84 (1): 21-30.
[29] SHIH C F, ZHANG T, LI J, et al. Powering the future with liquid sunshine [J]. Joule, 2018, 2 (10): 1925-1949.
[30] PÉREZ-FORTES M, SCHÖNEBERGER J C, BOULAMANTI A, et al. Methanol synthesis using captured CO_2 as raw material: Techno-economic and environmental assessment [J]. Applied energy, 2016, 161: 718-732.
[31] FASIHI M, EFIMOVA O, BREYER C. Techno-economic assessment of CO_2 direct air capture plants [J]. Journal of Cleaner Production, 2019, 224: 957-980.
[32] GRAAF G H, SIJTSEMA P J J M, STAMHUIS E J, et al. Chemical equilibria in methanol synthesis [J]. Chemical Engineering Science, 1986, 41 (11): 2883-2890.
[33] YU K M K, TONG W, WEST A, et al. Non-syngas direct steam reforming of methanol to hydrogen and carbon dioxide at low temperature [J]. Nature Communications, 2012, 3 (1): 1230.
[34] ZHU J, ARAYA S S, CUI X, et al. Modeling and design of a multi-tubular packed-bed reactor for methanol steam reforming over a $Cu/ZnO/Al_2O_3$ catalyst [J]. Energies, 2020, 13

(3)：610.

[35] SUN Z，ZHANG X，LI H，et al. Chemical looping oxidative steam reforming of methanol：A new pathway for auto-thermal conversion [J]. Applied Catalysis B：Environmental，2020，269：118758.

[36] 潘立卫，王树东. 板式反应器中甲醇自热重整制氢的研究 [J]. 燃料化学学报，2004，32 (3)：362-366.

[37] YAN W R Z，WANG H N，LU S F，et al. Advancement toward reforming methanol high temperature polymer electrolyte membrane fuel cells [J]. Chemical Industry and Engineering Progress，2021，40 (6)：2980-2992.

[38] 中华人民共和国工业和信息化部. 液氨泄漏的处理处置方法：HG/T 4686—2014 [S]. 北京：中国标准质检出版社，2014.

[39] 中华人民共和国国家市场监督管理总局，中国国家标准化管理委员会. 质子交换膜燃料电池汽车用燃料氢气：GB/T 37244—2018 [S]. 北京：中国标准出版社，2018.

[40] 邢承治，赵明，尚超，等. 有机液体载氢储运技术研究进展及应用场景 [J]. 储能科学与技术，2024，13 (2)：643-651.

[41] 潘伦，韩泽昊，闫晓，等. 有机液体储氢载体催化脱氢技术研究进展 [J]. 天津大学学报（自然科学与工程技术版），2024，57 (6)：557-574.

[42] 刘显坤，张旸，郑洲，等. 第一性原理研究 TiH_2 的结构和热力学性质 [J]. 中国科学：物理学 力学 天文学，2011，41：207-213.

[43] 李玉星，刘翠伟，彭浩平，等. 氢能运输方式与技术发展现状及挑战 [J]. 前瞻科技，2024，3 (2)：81-93.

[44] KAPLAN A Z，ÖZTÜRK T，VEZIROĞLU T N. Hydrogen science and engineering：Materials，processes，systems and technology (Vol. 1-2) [M]. Weinheim：Wiley-VCH，2016：300-350.

[45] AGUEY-ZINSOU K F，ARES-FERNÁNDEZ J R. Hydrogen in magnesium：New perspectives toward functional stores [J]. Energy & Environmental Science，2010，3 (5)：526-543.

[46] ANDREASEN A. Hydrogenation properties of Mg-Al alloys [J]. International Journal of Hydrogen Energy，2008，33 (24)：7489-7497.

[47] JOHN J，VA J O，et al. Altering hydrogen storage properties by hydride des tabilization through alloy formation：LiH and MgH_2 destabilized with Si [J]. Journal of Physical Chemistry B，2004：108 (37)：13977-13983.

[48] SI T Z，ZHANG J B，LIU D M，et al. A new reversible Mg_3Ag-H_2 system for hydrogen storage [J]. Journal of Alloys and Compounds，2013，581：246-249.

[49] ZHONG H C，WANG H，LIU J W，et al. Altered desorption enthalpy of MgH_2 by the reversible formation of Mg (In) solid solution [J]. Scripta Materialia，2011，65 (4)：285-287.

[50] CUI J，WANG H，LIU J，et al. Remarkable enhancement in dehydrogenation of MgH_2 by a nano-coating of multi-valence Ti-based catalysts [J]. Journal of Materials Chemistry A，2013，1 (18)：5603-5611.

[51] SKRIPNYUK V M, RABKIN E. Mg_3Cd: A model alloy for studying the destabilization of magnesium hydride [J]. International Journal of Hydrogen Energy, 2012, 37 (14): 10724-10732.

[52] 欧阳柳章，童燕青，董汉武，等. Mg_3La 化合物储氢性能及 Ni 的加入对其性能的影响 [J]. 武汉理工大学学报，2006，28（E2）：355-359.

[53] REILLY JR J J, WISWALL JR R H. Reaction of hydrogen with alloys of magnesium and nickel and the formation of Mg_2NiH_4 [J]. Inorganic Chemistry, 1968, 7 (11): 2254-2256.

[54] DIDISHEIM J J, ZOLLIKER P, YVON K, et al. Dimagnesium iron (Ⅱ) hydride, Mg_2FeH_6, containing octahedral FeH_{64}-anions [J]. Inorganic Chemistry, 1984, 23 (13): 1953-1957.

[55] GENNARI F C, CASTRO F J, GAMBOA J J A. Synthesis of Mg_2FeH_6 by reactive mechanical alloying: Formation and decomposition properties [J]. Journal of Alloys and Compounds, 2002, 339 (1/2): 261-267.

[56] SAITA I, SAITO K, AKIYAMA T. Hydriding combustion synthesis of Mg_2NiL_xFe, hydride [J]. Journal of Alloys and Compounds, 2005, 390 (1/2): 265-269.

[57] POZZO M, ALFE D. Hydrogen dissociation and diffusion on transition metal-doped Mg (0001) surfaces [J]. International Journal of Hydrogen Energy, 2009, 34 (4): 1922-1930.

[58] CUI J, LIU J, WANG H, et al. Mg-TM (TM = Ti, Nb, V, Co, Mo or Ni) core shell like nanostructures: Synthesis, hydrogen storage performance and catalytic mechanism [J]. Journal of Materials Chemistry A, 2014, 2 (25): 9645-9655.

[59] ZHU W, PANDA S, LU C, et al. Using a self-assembled two-dimensional mxene-based catalyst (2D-Ni @ Ti_3C_2) to enhance hydrogen storage properties of MgH_2 [J]. 2020, 8 (15): 7245-7253.

[60] BHATNAGAR A, PANDEY S K, VISHWAKARMA A K, et al. Fe_3O_4 @ graphene as a superior catalyst for hydrogen de/absorption from/in MgH_2/Mg [J]. Journal of Materials Chemistry A, 2016, 4 (38): 14761-14772.

[61] LOTOSKYY M, DENYS R, YARTYS V A, et al. An outstanding effect of graphite in nano-MgH_2-TiH_2 on hydrogen storage performance [J]. Journal of Materials Chemistry A, 2018, 6 (23): 10740-10754.

[62] BSENBERG U, DOPPIU S, MOSEGAARD L, et al. Hydrogen sorption properties of MgH_2-$LiBH_4$ composites [J]. Acta Materialia, 2007, 55 (11): 3951-3958.

[63] TAYEH T, AWAD A S, NAKHL M, et al. Production of hydrogen from magnesium hydrides hydrolysis [J]. International Journal of Hydrogen Energy, 2014, 39 (7): 3109-3117.

[64] HUANG M, OUYANG L, WANG H, et al. Hydrogen generation by hydrolysis of MgH_2 and enhanced kinetics performance of ammonium chloride introducing [J]. International Journal of Hydrogen Energy, 2015, 40 (18): 6145-6150.

[65] YANG B, ZOU J, HUANG T, et al. Enhanced hydrogenation and hydrolysis properties of core-shell structured Mg-MO_x (M = Al, Ti and Fe) nanocomposites prepared by arc plasma method

[J]. Chemical Engineering Journal, 2019, 371: 233-243.

[66] MAO J, ZOU J, LU C, et al. Hydrogen storage and hydrolysis properties of core-shell structured Mg-MF_x (M=V, Ni, La and Ce) nano-composites prepared by arc plasma method [J]. Journal of Power Sources, 2017, 366: 131-142.

[67] 宋强. 水下无人航行器燃料电池技术浅谈 [J]. 舰船科学技术, 2020, 42 (23): 150-154.

[68] LIU J, HAN S, LI Y, et al. Phase structures and electrochemical properties of La-Mg-Ni-based hydrogen storage alloys with superlattice structure [J]. Int J Hydrogen Energy, 2016, 41: 20261-20275.

[69] KADIR K, SAKAI T, UEHARA I. Synthesis and structure determination of a new series of hydrogen storage alloys; RMg_2Ni_9 (R= La, Ce, Pr, Nd, Sm and Gd) built from $MgNi_2$ Laves-type layers alternating with AB_5 layers [J]. J Alloy Compds, 1997, 257: 115-121.

[70] HAYAKAWA H, AKIBA E, GOTOH M, et al. Crystal structures of La-Mg-Ni_x (x=3~4) system hydrogen storage alloys [J]. Mater Trans, 2005, 46: 1393-1401.

[71] XIN G, YUAN H, YANG K, et al. Investigation of the capacity degradation mechanism of La-Mg-Ca-Ni AB_3-type alloy [J]. Int J Hydrogen Energy, 2016, 41: 21261-21267.

[72] XIN G B, YUAN H P, YANG K, et al. Promising hydrogen storage properties of cost-competitive La(Y)-Mg-Ca-Ni AB(3)-type alloys for stationary applications [J]. RSC Adv, 2016, 6: 21742-21748.

[73] PAN H, LIU Y, GAO M, et al. The structural and electrochemical properties of $La_{0.7}Mg_{0.3}(Ni_{0.85}Co_{0.15})_x$ (x=3.0~5.0) hydrogen storage alloys [J]. Int J Hydrogen Energy, 2003, 28: 1219-1228.

[74] ZHANG X B, SUN D Z, YIN W Y, et al. Effect of La/Ce ratio on the structure and electrochemical characteristics of $La_{0.7-x}Ce_5Mg_{0.3}Ni_{2.8}Co_{0.5}$ (x=0.1~0.5) hydrogen storage alloys [J]. Electrochim Acta, 2005, 50: 1957-1964.

[75] LI Y, HOU X, WANG C, et al. Improvement of electrochemical properties of NdMgNi-based hydrogen storage alloy electrodes by evaporation-polymerization coating of polyaniline [J]. Int J Hydrogen Energy, 2018, 43: 5104-5111.

[76] LI Y, TAO Y, KE D, et al. Electrochemical kinetic performances of electroplating Co-Ni on La-Mg-Ni-based hydrogen storage alloys [J]. App Surf Sci, 2015, 357: 1714-1719.

[77] PASKEVICIUS M, JEPSEN L H, SCHOUWINK P, et al. Metal borohydrides and derivatives-synthesis, structure and proper ties [J]. Chem Soc Rev, 2017, 46: 1565-1634.

[78] SOLOVEICHIK G. Metal borohydrides as hydrogen storage materials [J]. Mater Matter, 2007, 22: 11-14.

[79] RUDE L, NIELSEN T, RAVNSBæK D, et al. Tailoring properties of borohydridesfor hydrogen storage: A review [J]. Phys Status Solidi A, 2011, 208: 1754-1773.

[80] LI H W, YAN Y, ORIMO S, et al. Recent progress in metal borohydrides for hydrogen storage [J]. Energies, 2011, 4: 185-214.

[81] ZUTTEL A, RENTSCH S, FISCHER P, et al. Hydrogen storage properties of $LiBH_4$ [J].

Journal of Alloys and Compounds, 2003, 356-357: 515-520.

[82] KOLLONITSCH J, FUCHS O, GÁBOR V. New and known complex borohydrides and some of their applications in organic syntheses [J]. Nature, 1954, 173 (4394): 125-126.

[83] MOSEGAARD L, MΦLLER B, JøRGENSEN J E, et al. Intermediate phases observed during decomposition of $LiBH_4$ [J]. Journal of Alloys and Compounds, 2007, 446: 301-305.

[84] BENZIDI H, GARARA M, LAKHAL M, et al. Vibrational and thermodynamic properties of $LiBH_4$ poly-morphs from first-principles calculations [J]. International Journal of Hydrogen Energy, 2018, 43 (13): 6625-6631.

[85] ORIMO S, NAKAMORI Y, ELISEO J R, et al. Complex hydrides for hydrogen storage [J]. Chem Rev, 2007, 107: 4111-4132.

[86] MARTELLI P, CAPUTO R, REMHOF A, et al. Subility and decomposition of NaBH [J]. J Phys Chem C., 2010, 114: 7174-7177.

[87] ORIMO S, Nakamori Y, Kitaham G, et al. Delydriding and rehydriding reactions of LiBH [J]. Alloys Compd., 2005, 404-406: 427-430.

[88] PISTORIUS C W F. Melting and polymorphism of LiBH to 45 kbar [J]. Z Phys Chem, 1974, 88: 254-263.

[89] FRANKCOMBE T J, KROES G J, ZAND A. Theoretical calculation of the energy of formation of LiBH [J]. Chem Phys Lett, 2005, 405: 73.

[90] PINKERTON F E, MEISNER G P, MEYER M S, et al. Hydrogen desorption exceeding ten weight percent from the new quaternary hydride $Li_3BN_2H_8$ [J]. The Journal of Physical Chemistry B, 2005, 109 (1): 6-8.

[91] ZÜTTEL A, RENTSCH S, FISCHER P, et al. Hydrogen storage properties of $LiBH_4$ [J]. Journal of Alloys and Compounds, 2003, 356: 515-520.

[92] LIU H, JIAO L, ZHAO Y, et al. Improved dehydrogenation performance of $LiBH_4$ by confinement into porous TiO_2 micro-tubes [J]. Journal of Materials Chemistry A, 2014, 2 (24): 9244-9250.

[93] SURREY A, MINELLA C B, FECHLER N, et al. Improved hydrogen storage properties of $LiBH_4$ via nano-confinement in micro-and mesoporous aerogel-like carbon [J]. International Journal of Hydrogen Energy, 2016, 41 (12): 5540-5548.

[94] NGENE P, VERKUIJLEN MHW, ZHENG Q, et al. The role of Ni in increasing the reversibility of the hydrogen release from nanoconfined $LiBH_4$ [J]. Faraday Discussions, 2011, 151: 47-58.

[95] THIANGVIRIYA S, UTKE R. $LiBH_4$ nanoconfined in activated carbon nanofiber for reversible hydrogen storage [J]. International Journal of Hydrogen Energy, 2015, 40 (11): 4167-4174.

[96] LEI Z, SUN W, SONG L, et al. Enhanced hydrogen storage properties and reversibility of $LiBH_4$ confined in two-dimensional Ti_3C_2 [J]. ACS Applied Materials & Interfaces, 2018, 10 (23): 19598-19604.

[97] SHAO J, XIAO X, FAN X, et al. Low-temperature reversible hydrogen storage properties of

$LiBH_4$: A synergetic effect of nanoconfinement and nanocatalysis [J]. Journal of Physical Chemistry C, 2014, 118 (21): 11252-11260.

[98] ZHANG X, ZHANG L, ZHANG W, et al. Nano-synergy enables highly reversible storage of 9.2% hydrogen at mild conditions with lithium borohydride [J]. Nano Energy, 2021, 83: 105839.

[99] ZHANG H, ZHANG L, RODRÍGUEZ-PÉREZ I A, et al. Carbon nanospheres supported bimetallic Pt-Co as an efficient catalyst for $NaBH_4$ hydrolysis [J]. Applied Surface Science, 2021, 540: 148296.

[100] DELMAS J, LAVERSENNE L, ROUGEAUX I, et al. Improved hydrogen storage capacity through hydrolysis of solid $NaBH_4$ catalyzed with cobalt boride [J]. International Journal of Hydrogen Energy, 2011, 36 (3): 2145-2153.

[101] NETSKINA O, OZEROVA A, KOMOVA O, et al. Hydrogen storage systems based on solid-state $NaBH_4/Co_xB$ composite: Influence of catalyst properties on hydrogen generation rate [J]. Catalysis Today, 2015, 245: 86-92.

[102] OUYANG L, CHEN W, LIU J, et al. Enhancing the regeneration process of consumed $NaBH_4$ for hydrogen storage [J]. Advanced Energy Materials, 2017, 7 (19): 1700299.

[103] LIU Y, YANG Y, ZHOU Y, et al. Hydrogen storage properties and mechanisms of the $Mg(BH_4)_2$-$NaAlH_4$ system [J]. International Journal of Hydrogen Energy, 2012, 37 (22): 17137-17145.

[104] USMAN M R. Hydrogen storage methods: Review and current status [J]. Renewable and Sustainable Energy Reviews, 2022, 167: 112743.

[105] LAI Q, SUN Y, WANG T, et al. How to design hydrogen storage materials? Fundamentals, synthesis, and storage tanks [J]. Advanced Sustainable Systems, 2019, 3 (9): 1900043.

[106] MATCHA R L. Theoretical analysis of the electronic structure and molecular properties of the alkali halides. ll. sodium fluoride [J]. The Journal of Chemical Physics, 1967, 47 (12): 5295-5302.

[107] ZHOU L, ZHOU Y, SUN Y. Enhanced storage of hydrogen at the temperature of liquid nitrogen [J]. International Journal of Hydrogen Energy, 2004, 29 (3): 319-322.

[108] WANG H, GAO Q, HU J. High hydrogen storage capacity of porous carbons prepared by using activated carbon [J]. Journal of the American Chemical Society, 2009, 131 (20): 7016-7022.

[109] 刘名瑞, 丁凯, 王唯, 等. 基于物理吸附储氢材料的研究进展 [J]. 储能科学与技术, 2023, 12 (6): 1804-1814.

[110] ELYASSI M, RASHIDI A, HANTEHZADEH M R, et al. Hydrogen storage behaviors by adsorption on multi-walled carbon nanotubes [J]. Journal of Inorganic and Organometallic Polymers and Materials, 2017, 27: 285-295.

[111] YE Y, AHN C, WITHAM C, et al. Hydrogen adsorption and cohesive energy of single-walled carbon nanotubes [J]. Applied Physics Letters, 1999, 74 (16): 2307-2309.

[112] ROWSELL J L, YAGHI O M. Strategies for hydrogen storage in metal-organic frameworks [J]. Angewandte Chemie International Edition, 2005, 44 (30): 4670-4679.

[113] YUAN W, LI J, ZHANG R, et al. Numerical investigation of the leakage and explosion scenarios in China's first liguid hydrogen refueling station [J]. International Journal of Hydrogen Energy, 2022, 47 (43): 18786-18798.

[114] 邹建新. 氢气储存与运输 [M]. 北京：机械工业出版社，2023：106-147.

[115] 段志祥，李光海，郝刚，等. 我国加氢站储氢技术及标准发展现状与展望 [J]. 中国特种设备安全，2024，40 (12)：1-6.

4 氢的应用

随着全球对环境保护和能源转型的关注日益增强，氢能的发展前景变得越来越宽广。预计未来，氢能将逐步取代传统能源，成为全球能源消费的重要组成部分。氢能与可再生能源相结合，能够构建一个更加清洁、高效且可持续的能源系统。随着氢能下游应用领域的扩展，也加速了整个氢能产业的发展。

在全球范围内，氢能因其独特的多重属性，在工业、建筑、电力、储能及交通等领域显示出了巨大的潜力。据国际氢能委员会预测，至 2050 年，氢能消耗量预计将占全球能源消费总量的 18%。

在中国，氢能产业被视为未来国家能源体系的关键构成部分，并被列为战略性新兴产业的重点发展方向。2020 年，习近平主席在第七十五届联合国大会一般性辩论上郑重宣布，“中国将提高国家自主贡献力度，采取更加有力的政策和措施，二氧化碳排放力争于 2030 年前达到峰值，努力争取 2060 年前实现碳中和。”根据中国氢能联盟的数据，预计到 2030 年，中国氢气的需求量将达到 3715 万吨，占终端能源消费比例约为 5%；到了 2060 年，这一数字将增长至约 1.3 亿吨，占比提升至 20%左右。尽管中国目前是全球最大的制氢国，但主要依赖于灰氢。当前中国的制氢目标正从以灰氢为主转向全面采用绿氢，并预计在 2030 年实现绿氢成本与传统能源的成本持平[1]。

尽管氢能在多个应用场景中拥有广阔的前景，但仍然面临着技术和成本上的挑战。为了克服这些障碍，需要通过技术创新来降低成本，同时依靠可再生能源使发电成本进一步下降。氢能作为清洁高效的二次能源，在助力实现“碳达峰、碳中和”的目标上将发挥重要作用。

4.1 燃料电池

氢能源作为可再生清洁能源，被视为应对环境污染问题的关键。目前，氢能源的应用主要分为两大方向：一是基于现有内燃机技术改进而成的氢燃料内燃机；二是采用创新技术的燃料电池，氢燃料电池具有加氢速度快、续航时间长、零污染排放等优点[2]。

4.1.1 燃料电池概述

燃料电池是一种电化学装置，它能够直接将储存在燃料和氧化剂中的化学能转化为电能、热能以及反应副产品。燃料和氧化剂是独立存储于燃料电池之外的，在需要时被引入电池系统进行消耗。燃料电池内部，燃料和氧化剂在催化剂的帮助下，经电化学反应生成电能和水，反应过程不会产生氮氧化物或碳氢化合物这样造成大气污染的副产品。图 4.1 所示为燃料电池。

图 4.1　燃料电池

以氢燃料电池为例，利用氢气与氧气之间的化学反应来直接生成电能的设备，其实质上是水的电解过程的逆向操作。在此过程中，氢气被供应到阳极，并通过该处扩散与电解质相互作用，释放出的电子则会通过外接负载移动到阴极[3]。

4.1.1.1　燃料电池的工作原理

燃料电池作为将化学能直接转换为电能的装置，其基本原理涉及两个电极之间的氢气和氧气的电化学反应，如图 4.2 所示。

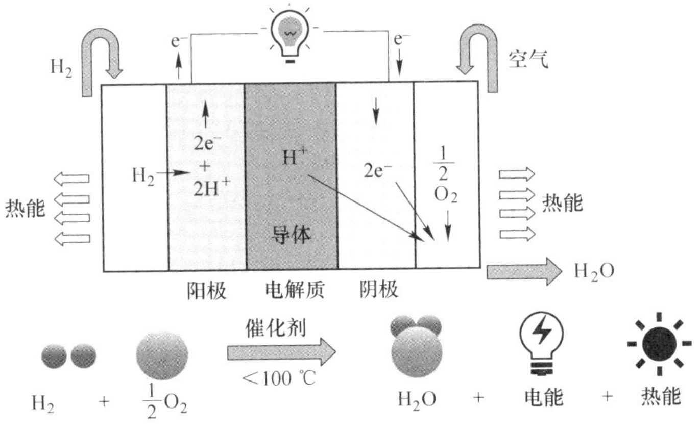

图 4.2 彩图

图 4.2　燃料电池工作的原理

氢气被引入燃料电池的阳极后，氢气分子在催化剂（通常是铂）的作用下分解成质子（H^+）和电子，这个过程称为氧化反应。

$$H_2 \longrightarrow 2H^+ + 2e^- \tag{4.1}$$

上述氧化反应产生的电子通过外部电路流动，为外部设备提供电力，这是燃料电池产生电力的来源。质子（H^+）通过电解质从阳极移动到阴极，氧气被引入燃料电池的阴极。在阴极，氧气、电子和质子结合形成水，这个过程称为还原反应。

$$O_2 + 4H^+ + 4e^- \longrightarrow 2H_2O \tag{4.2}$$

水作为副产品被排出燃料电池，以上整个反应的总化学方程式是：

$$2H_2 + O_2 \longrightarrow 2H_2O \tag{4.3}$$

这个反应本质上是氢气和氧气的燃烧，但与普通燃烧不同，燃料电池中的这个过程是缓慢的，并且是在较低的温度下进行的，因此能量转换效率更高，且不产生有害的副产品，只产生水和热[4]。

4.1.1.2 燃料电池与蓄电池的区别

燃料电池与蓄电池具有以下区别。

（1）燃料电池是一种能量转化设备，在运行过程中需通过电化学反应来生成电能；蓄电池则是一种能量存储装置，首先需要将电能存储起来，在工作时仅能释放先前存储的电能，不会自行生成电能，这是燃料电池与蓄电池之间最基本的区别。

（2）燃料电池的技术性能被确定后，其发电量就仅取决于燃料的供应情况，只要有燃料输入，就能够持续不断地产生电能；蓄电池在技术性能确定后，只能在其预定的容量范围内提供电能，并且需要在每次使用完毕后重新充电才能再次使用，因此其放电过程是间歇性的。

（3）燃料电池本身的质量和体积并不大，但需要一套燃料储存系统或燃料转换设备及相关的辅助设施来提供氢气，而这套系统的质量和体积往往远超燃料电池自身。运行期间，燃料逐步被消耗，其整体质量也会随之减少。相比之下，蓄电池并不需要额外的辅助设备，不管是在充满电的状态还是在完全放电之后，蓄电池的质量和体积基本上保持不变。

燃料电池和蓄电池都能将化学能转化为电能，这是它们的共同点。然而，燃料电池在发电过程中，参与反应的物质会不断被消耗，需要持续地补充这些反应物质；蓄电池中的活性物质会在充放电过程中经历可逆的化学变化，这些活性物质并不会被消耗掉，只需定期补充一些电解液之类的材料即可[3]。

4.1.1.3 燃料电池的特点

A 燃料电池的优点

（1）发电效率高。理论上，燃料电池的效率可以高达85%~90%，在实际工作中由于各种极化效应的限制，其能量转换效率通常在50%~70%。在额定功率下，燃料电池的效率可以达到60%，而在部分功率输出条件下，效率甚至可以提升至70%；相反，在过载功率输出的情况下，效率则可能下降至50%~55%。燃料电池拥有广泛的高效运行区间，非常符合汽车动力性能的需求。

（2）环境污染小。以氢气为燃料的燃料电池主要生成物是水，因此被视为“零排放”的能源解决方案。为了实现碳中和与碳减排的目标，燃料电池被视为较为理想的动力装置，并有望逐步替代石油成为车辆的主要能源。

（3）功率密度高。传统内燃机的比功率大约为300 W/kg，而现代燃料电池本身的比功率已经可以达到约700 W/kg，功率密度可达1000 W/L。不过，如果将燃料电池所需的重整器、净化器及其辅助设备一并考虑在内，其比功率会降至300~350 W/kg，功率密度约为280 W/L，这使得其总体比功率与内燃机相近。

（4）燃料来源范围广。燃料电池的燃料来源十分广泛，只要物质中含有氢元素，就可以作为燃料电池的燃料使用，例如天然气、石油、煤炭等化石能源，以及沼气、乙醇、甲醇等替代能源。燃料电池适用于实现能源供应的多元化，缓解主要能源的消耗压力。

（5）兼容性好，规模可调节。燃料电池具有模块化特性，可通过串联或并联组合提供电力，适用于分布式和便携式电源。通过调整电池单元数量，氢燃料电池可灵活调节发电规模，从微瓦到兆瓦。这种灵活性使氢燃料电池既可用于小型设备，也能为大型工业和商业设施供电，同时适合作为交通工具的移动电源[3, 5]。

B 燃料电池的缺点

（1）燃料类型较为单一。现阶段，燃料电池主要使用液态氢、气态氢、由储氢材料储存的氢，以及从碳水化合物中重整提取的氢作为燃料。氢气的生产、存储、管理、运输和加注或重整工艺相对复杂，并且对安全性的要求非常高。

（2）对密封性的要求严格。不同类型的燃料电池单元产生的电压可能会有所差异，为了满足特定的电压和电流需求，通常会将多个单元组合成一个燃料电池发电系统。在组装过程中，各个单元之间的电极连接需要达到严密的密封标准。如果密封不佳，氢气可能会泄漏至燃料电池外部，这不仅会降低氢的使用效率，还可能引发氢气燃烧的安全隐患。

（3）成本高昂。目前，质子交换膜燃料电池被视为最具发展潜力的燃料电池技术之一，然而，这种类型的燃料电池需要使用贵金属铂作为催化剂。此外，铂在催化过程中容易受到一氧化碳的影响而发生中毒失效。铂催化剂的应用及其易失效的特点导致了质子交换膜燃料电池较高的成本[3]。

4.1.1.4 燃料电池的类型

较为常见的燃料电池类型主要包括质子交换膜燃料电池、碱性燃料电池、磷酸燃料电池、熔融碳酸盐燃料电池、固体氧化物燃料电池以及直接甲醇燃料电池[3-5]。

六种常见燃料电池的主要特征参数对比，见表4.1。

表4.1 6种常见燃料电池的主要特征参数比较[3]

项目	质子交换膜燃料电池	碱性燃料电池	磷酸燃料电池	熔融碳酸盐燃料电池	固体氧化物燃料电池	直接甲醇燃料电池
燃料	H_2	H_2	H_2	CO、H_2	CO、H_2	CH_3OH
电解质	固态高分子膜	碱溶液	液态磷酸	熔融碳酸锂	固体二氧化锆	固态高分子膜
工作温度/℃	约80	60~120	170~210	60~650	约1000	约80
氧化剂	空气或氧	纯氧	空气	空气	空气	空气或氧
电极材料	C	C	C	Ni-M	Ni-YSZ	C
催化剂	Pt	Pt、Ni	Pt	Ni	Ni	Pt
寿命/h	100000	10000	15000	13000	7000	100000
特征	比功率高，运行灵活，无腐蚀	高效率，对二氧化碳敏感，有腐蚀	效率较低，有腐蚀	效率高，控制复杂，腐蚀	效率高，运行温度高，有腐蚀	比功率高，运行灵活，无腐蚀
效率/%	>60	60~70	40~50	>60	>60	>60
主要应用领域	航天、军事、汽车、固定式用途	航天、军事	大客车、中小电厂、固定式用途	大型电厂	大型电厂、热站、固定式用途	航天、军事、汽车、固定式用途

4.1.2 碱性燃料电池

4.1.2.1 碱性燃料电池的结构及工作原理

碱性燃料电池（AFC）一般使用浓度在35%~45%的KOH或NaOH溶液作为电解质，以H_2或NH_3、N_2H_4裂解产生的氢气作为燃料，并采用空气或纯氧气作为氧化剂。这类电池的催化剂通常选用贵金属（如Pt、Pd、Au、Ag等），以及过渡金属（如Ni、Co、Mn等），或者是这些金属的合金。

AFC有两种主要结构形式：一种是基体型电解液；另一种是自由流动型电解液。早期AFC系统中，常用的电极材料是吸附了KOH溶液的石棉膜，它不仅能够保持电解液，还能分隔燃料和氧化剂，但依旧会被电解液侵蚀。

为了适应特殊应用环境，比如航天飞机，一些公司开发出了改进型的石棉基体组合水管理系统，使得这种燃料电池能够在极端条件下稳定运行。

自由电解液型AFC电池在近年来研究较多。这类电池的特点在于其内部设有一套电解液循环装置，能够实现电池外部对电解液的冷却以及水分的蒸发，并且可以灵活应对液体体积的变化和执行电解液的更换。

如图 4.3 所示，自由电解液型 AFC 的单电池结构中，气体和电解液通道的密封是通过橡胶垫圈来实现的。当使用氢气循环法去除水分时，位于氢电极背面的多孔镍制隔板不仅能够作为电解液的储存槽，还能调节因温度和浓度变化导致的电解液体积变动。为了满足实际应用的需求，可以通过串联多个这样的单电池组成一个电池堆。

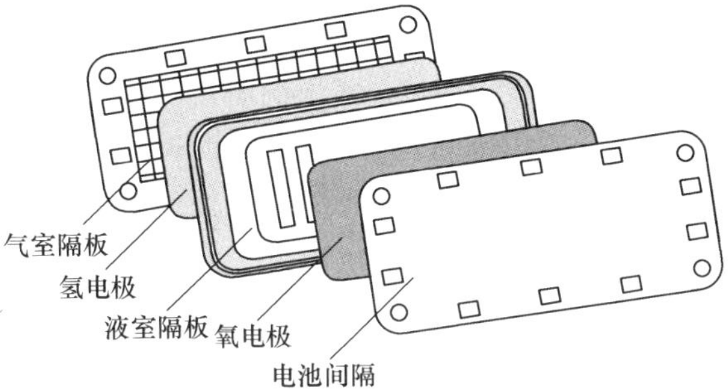

图 4.3 自由电解液型碱性燃料电池

如图 4.4 所示，当以氢气作为燃料、氧气作为氧化剂时，阳极、阴极以及总反应式可以表示如下：

阳极反应 $$2H_2 + 4OH^- \longrightarrow 4H_2O + 4e^- \quad (4.4)$$

阴极反应 $$O_2 + 2H_2O + 4e^- \longrightarrow 4OH^- \quad (4.5)$$

电池反应 $$2H_2 + O_2 \longrightarrow 2H_2O \quad (4.6)$$

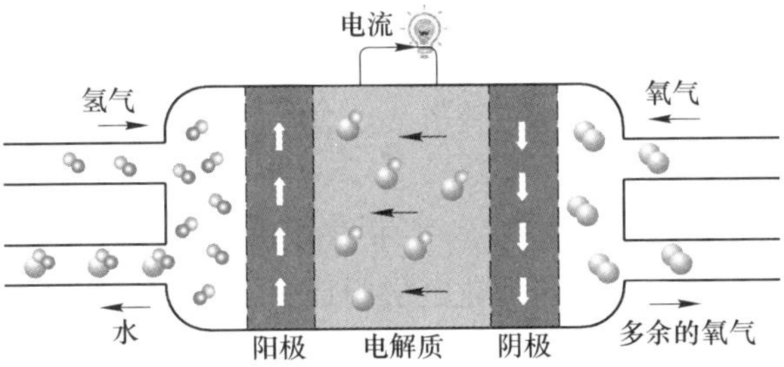

图 4.4 碱性燃料电池的工作原理示意图

图 4.4 彩图

碱性燃料电池中的电化学反应过程与 OH^-从阴极移向阳极并与氢气反应生成水和电子的过程有所不同。在该类电池中，电子通过外部电路提供能量，之后再返回到阴极，与氧气和水反应，重新生成 OH^-，从而实现了 OH^-的循环再生[6]。

4.1.2.2 碱性燃料电池的特点

碱性燃料电池（AFC）的特点在于它们不仅能够使用贵金属催化剂，如铂或铂合金，也可以采用非贵金属催化剂，例如雷尼镍或雷尼铜。这类电池的电极材料需要具备良好的导电性、足够的机械强度、适当的孔隙率，并且在碱性环境中保持长效的化学催化活性。

与其他类型的燃料电池相比，AFC 在碱性条件下的氧化还原反应动力学更快，这允许使用成本更低的催化剂材料，如铁或镍，代替昂贵的贵金属，降低了生产和运行成本。此外，这种环境还支持更广泛的燃料选择，包括甲醇和乙醇，并减少了对金属催化剂的腐蚀，有助于延长电池堆的使用寿命。

尽管 AFC 技术已经相当成熟，拥有高能量转换效率、快速启动能力和稳定的长期运行性能，特别适合太空应用，但仍然面临一些挑战。

（1）碱性燃料电池在使用空气作为氧化剂时，空气中的二氧化碳会与电解质反应生成碳酸根离子，损害电池性能并缩短其寿命，因此需要额外的 CO_2 去除装置，增加了系统复杂性和成本。

（2）由于使用腐蚀性的碱液作为电解质，长时间使用可能带来安全风险和环境污染问题。

（3）碱性燃料电池为了维持高性能，有时仍需依赖贵金属催化剂，且需要精确控制体系保证电解质浓度的恒定，这些因素提高了成本。再加上它的功率密度相对较低，启动时间较长，限制了其在交通和便携式电源等应用中的使用[6]。

4.1.3 磷酸燃料电池

4.1.3.1 磷酸燃料电池的结构及工作原理

磷酸燃料电池（PAFC）是以磷酸作为电解质的酸性燃料电池，它通过酸性电解液传导氢离子。被誉为继火力发电、水力发电和核能发电之后的第四种发电方式，PAFC 是当前应用最为广泛的燃料电池之一，也是最早实现商业化的中低温燃料电池，主要用于电力生产领域。这类电池的工作温度范围在 150~220 ℃，发电效率大约为42%，输出功率通常在50~200 kW，是商业化发展较为成熟的一类燃料电池。

如图 4.5 所示，磷酸燃料电池的基本结构由燃料极、电解质层和空气极构成。燃料极和空气极均由基材与催化剂层组成，实质上是两片涂覆有催化剂的多孔碳板电极。电解质层则由磷酸电解质和硅碳化物隔膜组成。磷酸电解质是一种黏稠液体，多孔硅碳化物隔膜在被浓磷酸饱和浸泡后，能够通过内部的毛细管作用储存磷酸电解质。在燃料极，燃料中的氢分子分解，释放电子并形成氢离子。这些氢离子随后穿过电解质层，在空气极处与氧气反应生成水。

如图 4.6 所示，当使用氢气作为燃料、氧气作为氧化剂、磷酸作为电解质时，氢氧燃料电池的阳极、阴极反应以及总反应式可以描述如下：

阳极反应 $$2H_2 \longrightarrow 4H^+ + 4e^- \tag{4.7}$$

阴极反应 $$O_2 + 4H^+ + 4e^- \longrightarrow 2H_2O \tag{4.8}$$

电池总反应 $$2H_2 + O_2 \longrightarrow 2H_2O \tag{4.9}$$

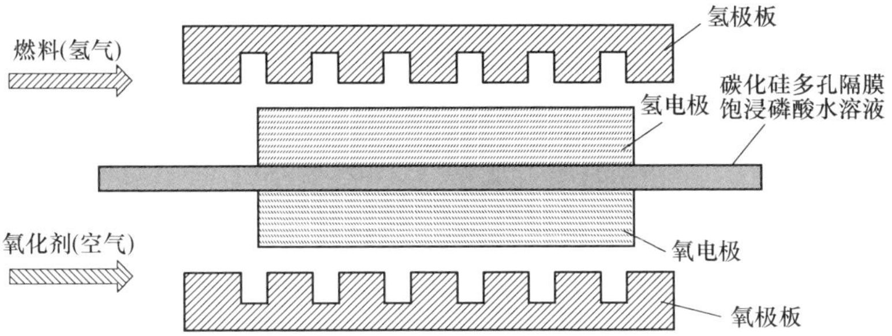

图 4.5 磷酸燃料电池的结构

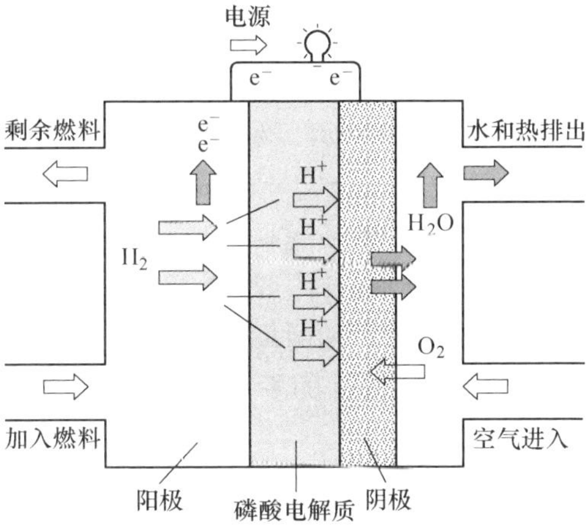

图 4.6 磷酸燃料电池的工作原理示意图

4.1.3.2 磷酸燃料电池的特点

磷酸燃料电池（PAFC）是目前商业化程度最高的中低温燃料电池之一，其单体电池结构包括隔板、阳极气室、阴极气室、电解质层和冷却板。PAFC 的气室由双极板构成，确保气体燃料和氧化剂均匀分布，并且两个气室相互隔离。PAFC 的催化剂主要采用铂或铂合金；电极采用疏水黏结性的气体扩散电极，具有多孔结构，使得反应气体能够首先通过电极的孔道进入，融入电解质，并扩散到液-固相界面进行电化学反应。磷酸作为 PAFC 的电解质，具有不易挥发的特点，即使燃料气体中含有少量的 CO，也不会导致催化剂中毒。为了固定磷酸电解质，需要将其吸附在多孔隔膜材料中，依靠毛细作用保持稳定。因此，电解质隔膜必须具备绝缘性能，以阻止阳极和阴极气体之间的气体交叉导致性能下降，同时还要有良好的导热性和机械强度，能够在约 200 ℃的温度下稳定工作。磷酸对 CO_2 也具有优异的耐受性，不需要从燃料气体中去除 CO_2。这些特性降低了燃料处理的要求，PAFC 可以使用多种来源的燃料，如城市天然气、沼气和工业废弃物等。如果燃料气体的纯度不满足电池要求，可以通过燃料转化装置（如高温催化）进行脱硫、重整和变换处理，以确保燃料符合电池运行的标准，见表 4.2。

表 4.2 燃料气体的转化过程[6]

燃料转化项目	脱硫过程	天然气重整过程	CO 变换过程
作用	脱硫	天然气转化为 H_2 和 CO	CO 变换为富氢
反应式	$R-SH+H_2 \rightarrow R-H+H_2S$ $H_2S+ZnO \rightarrow ZnS+H_2O$	$CH_4+H_2O \rightarrow CO+3H_2$	$CO+H_2O \rightarrow CO_2+H_2$
操作条件	温度：573~673 K 压力：0~0.98 MPa	温度：1023~1123 K 压力：0~0.98 MPa 水碳之比：2~4	温度：593~753 K，453~553 K 压力：0~0.98 MPa

相较于其他类型的燃料电池，磷酸燃料电池（PAFC）具有以下显著特点。

（1）PAFC 不需要纯氢气作为燃料，这使得其构造更为简单，运行更加稳定。电解质挥发度低且成本较低，启动时间合理。目前，PAFC 已成功应用于固定领域，全球安装了许多 0.2~20 MW 的发电装置，为医院、学校和小型电站提供动力。

（2）PAFC 的工作温度较高，通常在 150~200 ℃，工作压力为 0.3~0.8 MPa，单电池电压为 0.65~0.75 V。较高的工作温度增强了对杂质的耐受性，但仍然需要使用昂贵的铂催化剂来加速反应。

（3）由于高运行温度（150 ℃以上），PAFC 在启动时需要消耗能量用于加热至工作温度，关闭时也会损失热量。这种能量损耗对于短时运行的轻型车辆尤为显著，但对于公共汽车等公共交通工具来说影响较小。

（4）PAFC 的磷酸电解液必须保持在 42 ℃以上以防止冻结。解冻后的磷酸难以使电堆重新活化，因此需要额外设备维持温度，增加了系统成本、质量和复杂性。这对固定式应用影响较小，但对于普通车辆应用来说是不合适的。

（5）PAFC 的主要缺点包括使用昂贵的铂催化剂、酸性电解液的腐蚀性、二氧化碳的毒化作用以及较低的能量转换效率（约 40%）。此外，PAFC 的预热时间较长，比质子交换膜燃料电池更久[6]。

4.1.4 熔融碳酸盐燃料电池

4.1.4.1 熔融碳酸盐燃料电池的结构及工作原理

熔融碳酸盐燃料电池（MCFC）是一种由多孔陶瓷阴极、多孔陶瓷电解质隔膜、多孔金属阳极和金属极板组成的燃料电池。其电解质为熔融状态的碳酸盐，工作温度约为 650 ℃，属于高温燃料电池。由于其高温运行，MCFC 具有显著的余热利用价值，主要应用于分散型或中心电站发电设备。

MCFC 的单电池结构如图 4.7（a）所示，隔膜两侧分别是阴极和阳极，外侧再分别放置集流板和双极板。根据气体分布方式的不同，MCFC 可以分为内气孔分布管式和外气孔分布管式，如图 4.7（b）所示。

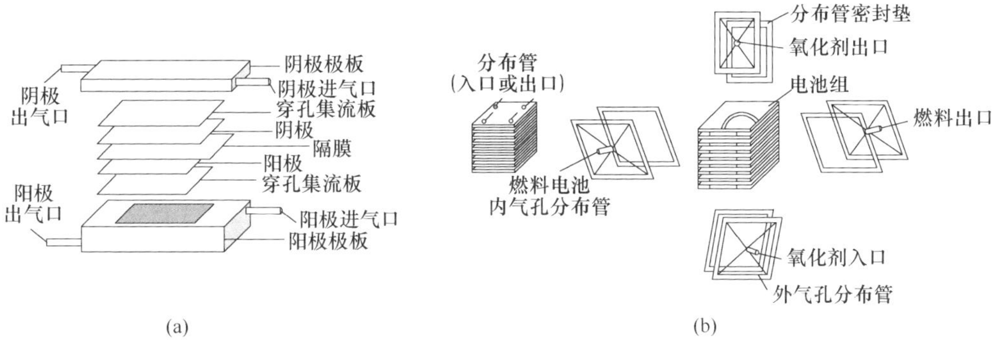

图 4.7　熔融碳酸盐燃料电池的结构示意图

（a）MCFC 单电池；（b）MCFC 电堆的气体分布管结构

外气孔分布管式在组装完成后，电池组与进气管之间需加入由 $LiAlO_2$ 和 ZrO_2 制成的密封垫。然而，由于电池组在工作时会发生形变，这种结构容易导致漏气，并且密封垫内部可能发生电解质迁移，这些缺点使得外气孔分布管式逐渐被淘汰。

内气孔分布管式这种设计克服了外气孔分布管式的缺点，减少了漏气和电解质迁移的问题。不过，它需要牺牲极板的有效使用面积。

如图 4.8 所示，当使用氢气作为燃料、氧气作为氧化剂时，熔融碳酸盐燃料电池的阳极、阴极反应以及总反应式如下：

阳极反应　$$2H_2 + 2CO_3^{2-} \longrightarrow 2CO_2 + 2H_2O + 4e^- \tag{4.10}$$

阴极反应　$$O_2 + 2CO_2 + 4e^- \longrightarrow 2CO_3^{2-} \tag{4.11}$$

总反应　$$2H_2 + O_2 \longrightarrow 2H_2O \tag{4.12}$$

根据电极反应可知，熔融碳酸盐燃料电池中的导电离子为 CO_3^{2-}。与其他类型的燃料电池相比，MCFC 的一个显著特点是：在阴极 CO_2 作为反应物参与反应，在阳极 CO_2 是反应的产物之一。因此，在 MCFC 的工作过程中实现了二氧化碳的循环利用。为了确保电池能够稳定且连续地运行，必须保证阳极生成的二氧化碳能够及时回流到阴极。通常采用的方法是：将从阳极室排出的尾气进行燃烧处理，以去除其中残留的 H_2 和 CO，随后通过分离过程除去水蒸气，最后将纯净的 CO_2 重新导入阴极侧，以此维持燃料电池内部的二氧化碳循环[6]。

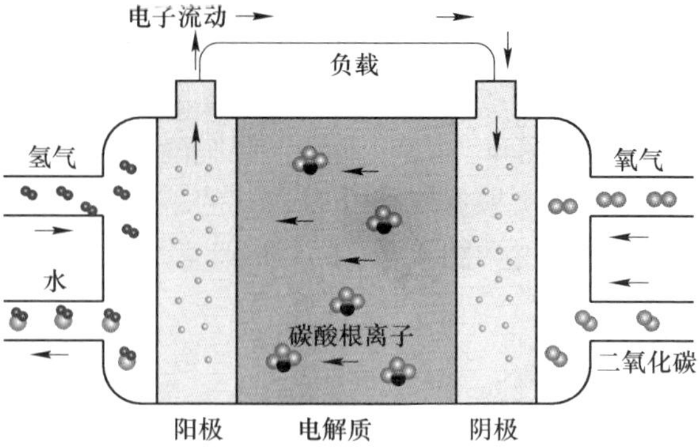

图 4.8 熔融碳酸盐燃料电池的工作原理示意图

图 4.8 彩图

4.1.4.2 熔融碳酸盐燃料电池的特点

与其他类型的燃料电池相比，熔融碳酸盐燃料电池（MCFC）具有以下显著优点。

（1）MCFC 的工作温度较高，反应速度更快，提高了电池的效率和性能。

（2）可以使用非贵重金属作为催化剂，降低了材料成本，使大规模应用更加经济可行。

（3）液体电解质易于操作。

（4）对燃料的纯度要求相对较低，能够直接在电池内进行燃料重整，并且可以耐受 CO 和 CO_2，支持使用富氢燃料。

（5）镍或不锈钢等材料常用于电池结构，这些材料容易获取且价格低廉，进一步降低了制造成本。

（6）作为高温型燃料电池，MCFC 产生的余热温度高，可被充分用于其他热能应用。

然而，MCFC 也面临一些亟待解决的问题。

（1）当使用 Li_2CO_3 和 K_2CO_3 混合物作为电解质时，在高温条件下管理和维护较为困难。高温会导致材料腐蚀和脆裂，从而降低电池的使用寿命和性能。

（2）在整个化学反应过程中，CO_2 需要循环使用。从阳极排出的尾气必须经过处理，去除杂质后重新引入阴极，这一过程增加了系统的复杂性和控制难度[6]。

4.1.5 固体氧化物燃料电池

4.1.5.1 固体氧化物燃料电池的结构及工作原理

固体氧化物燃料电池（SOFC）属于第三代燃料电池，是一种在中高温条件下直接将储存在燃料和氧化剂中的化学能高效且环境友好地转化为电能的全固态化学发电装置。SOFC 被广泛认为是未来与质子交换膜燃料电池（PEMFC）一样具有广泛应用前景的一种燃料电池。

如图 4.9 所示，典型的 SOFC 结构简单，由两个多孔电极与电解质组成“三明治”结构，简称单电池。单电池与连接体及必要的密封件组合成一个重复单元，这些重复单元串联起来形成具有一定发电功率的电堆。多个电堆可以进一步组合成更大功率的模块化系统。空气流沿阴极注入后，氧分子在阴极和电解质界面处获得 4 个电子，分裂成 2 个氧离子，然后通过电解质迁移到阳极，与氢燃料反应生成水和热能。电子则通过阳极、外部电路返回到阴极，从而产生电能。

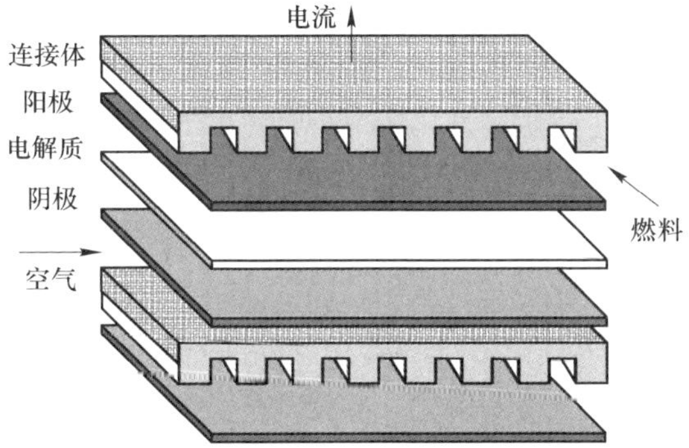

图 4.9 固体氧化物燃料电池的结构示意图

如图 4.10 所示，当使用甲烷作为燃料、氧气作为氧化剂时，固体氧化物燃料电池的阴极、阳极反应以及总反应式如下：

阴极 $$2O_2 + 8e^- \longrightarrow 4O^{2-} \tag{4.13}$$

阳极 $$4O^{2-} + CH_4 \longrightarrow 2H_2O + CO_2 + 8e^- \tag{4.14}$$

总反应 $$CH_4 + 2O_2 \longrightarrow 2H_2O + CO_2 \tag{4.15}$$

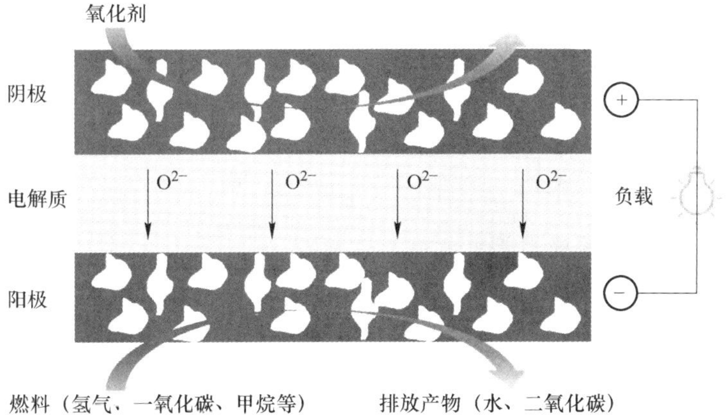

图 4.10 固体氧化物燃料电池的工作原理示意图

固体氧化物燃料电池采用固体氧化物陶瓷膜作为电解质，这种氧化物在较高温度下能够传导 O^{2-}，在电池中不仅起到传递 O^{2-} 的作用，还有效分离空气和燃料[6]。

4.1.5.2　固体氧化物燃料电池的特点

迄今为止，固体氧化物燃料电池大多仍处于研发和本地示范应用阶段，与全面商品化还有一定距离。在燃料电池的发展历程中，通常将磷酸燃料电池称为第一代，熔融碳酸盐燃料电池称为第二代，固体氧化物燃料电池则被称为第三代。

与其他类型的燃料电池相比，SOFC 不仅继承了高效率和低污染的优点，还具备以下独特技术优势。

(1) SOFC 采用全固态电池设计，避免了液态电解质带来的腐蚀和泄漏问题，提高了系统的可靠性和耐用性。

(2) SOFC 可以使用多种燃料，包括纯氢、天然气、城市煤气、生物质气、液化石油气、氨、硫化氢、二氧化碳，以及甲醇、乙醇，甚至汽油和柴油等高碳链液体燃料。

(3) 广泛的应用领域，SOFC 既适用于固定电源，如分布式发电站，也适用于小型移动电源，例如汽车辅助电源、手提电脑电源和无线通信设备电源等。

(4) SOFC 能够实现高效的能量转换。电池排出的高质量余热可以用于取暖或与蒸汽轮机联用进行循环发电，直接发电效率可达 60%~65%，热-电联供的综合效率可高达 85%以上。

(5) 高温操作（500~1000 ℃）提高了电化学反应速率，降低了活化极化电势，并且无需使用铂等贵金属作为催化剂，显著降低了电池成本。

(6) SOFC 系统具有高度模块化的特点，可以根据需求灵活调整总装机容量和安装位置，便于扩展和部署。

尽管 SOFC 具有诸多优点，但目前仍面临一些技术和工程上的挑战，特别是电池组装相对复杂，高温操作和陶瓷材料的脆性带来了较多的技术难题。近年来，随着固体氧化物材料制备和组装技术的进步，这些问题正在逐步得到解决。因此，SOFC 有望成为未来集中式或分布式发电的重要新能源选择[6]。

4.1.6　质子交换膜燃料电池

4.1.6.1　质子交换膜燃料电池的工作原理

质子交换膜燃料电池的工作机制类似于水电解过程的反向操作，其基本单元由阳极、阴极和质子交换膜构成。阳极是氢气发生氧化反应的区域，阴极则是氧气（作为氧化剂）进行还原反应的区域。两极均配备有催化剂，以促进电极上的电化学反应。质子交换膜扮演电解质的角色。质子交换膜燃料电池的工作原理可以通过图 4.11 来说明。

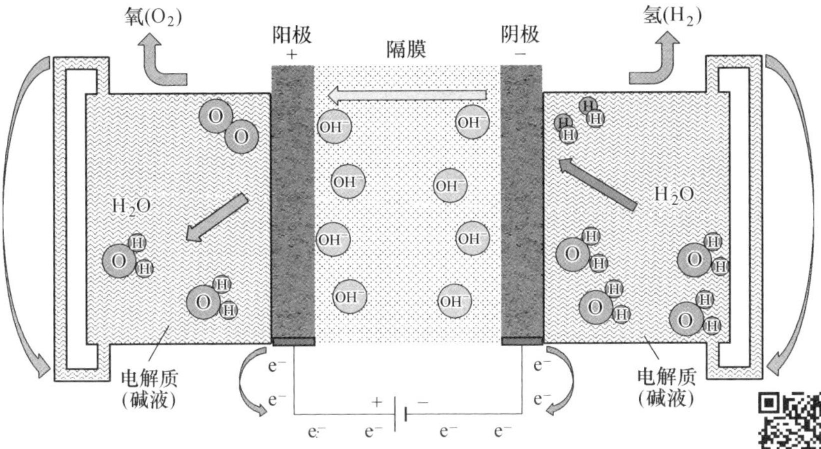

图 4.11 质子交换膜燃料电池的工作原理

图 4.11 彩图

导入的氢气通过双极板传输至阳极的气体扩散层，随后抵达阳极催化层。在阳极催化剂的作用下，氢分子分解成带正电的氢离子（即质子）并释放出电子，完成了阳极反应。这些氢离子通过质子交换膜移动到阴极催化层，电子则被双极板捕获，并通过外部电路传输到阴极形成电流，通过适当的连接可以向负载提供电能。在电池的另一侧，氧气通过双极板经过阴极的气体扩散层到达阴极催化层。在阴极催化剂的作用下，氧气与通过质子交换膜传来的氢离子以及从外部电路到达的电子反应生成水，完成了阴极反应。电极反应产生的水大部分随尾气排出，少部分则在压力差的作用下透过质子交换膜向阳极方向扩散。阳极和阴极处发生的电化学反应如下所述：

阳极反应 $$2H_2 \longrightarrow 4H^+ + 4e^- \tag{4.16}$$

阴极反应 $$4e^- + 4H^+ + O_2 \longrightarrow 2H_2O \tag{4.17}$$

燃料电池整体的电化学反应可以表述为：

$$2H_2 + O_2 \longrightarrow 2H_2O \tag{4.18}$$

上述描述的是理想状态下的工作过程，实际上，在整个反应过程中会涉及多个中间步骤和产生多种中间产物[3,7]。

4.1.6.2 质子交换膜燃料电池的特点

A 质子交换膜燃料电池的优势

(1) 能量转换效率高，通过氢气和氧气的化学反应直接将化学能转换为电能，不需要经过热机过程，因此不受卡诺循环效率限制。

(2) 可实现零排放，其唯一的副产品是纯净水，没有污染物排放，是一种环保型能源。

(3) 运行噪声低，可靠性高。质子交换膜燃料电池没有机械运动部件，工作时只有气体和水的流动。

(4) 质子交换膜燃料电池内部结构简洁，电池模块呈现出天然的“积木式”结构，这不仅使得电池组的组装与维护极为便捷，也便于实现“免维护”设计。

(5) 发电效率稳定，几乎不受负荷变化的影响，这使得质子交换膜燃料电池既适合作为分布式发电装置，也适合作为电网的“调峰”电源。

(6) 氢气的来源非常广泛，是一种可再生的能源。

(7) 氢气的生产、储存、运输及使用等相关技术目前已经达到了成熟、安全和可靠的水平。

B 质子交换膜燃料电池的缺点

(1) 由于膜材料和催化剂的成本都非常高，因此整体成本较为昂贵。

(2) 对氢气的纯度要求非常高，这种电池需要使用纯净的氢气，因为它们非常容易受到一氧化碳及其他杂质的污染。

由于质子交换膜燃料电池具有较低的工作温度、快速的启动能力和较高的功率密度（体积较小），因此非常适合用作新一代交通工具的动力源。根据当前的发展状况，质子交换膜燃料电池已成为技术非常成熟的燃料电池电动汽车动力源，是未来电动汽车发展的主要方向[3]。

4.1.6.3 质子交换膜燃料电池的基本结构

质子交换膜燃料电池的基本结构包括质子交换膜、催化层、气体扩散层和双极板，如图 4.12 所示。其中，催化层与气体扩散层分别位于质子交换膜的两侧，构成了阳极和阴极。阳极和阴极上都需要含有适量的电催化剂，以加速电极上的电化学反应。两电极之间的电解质即为质子交换膜。通过热压工艺，将阴极、阳极与质子交换膜结合在一起，形成了膜电极组件。

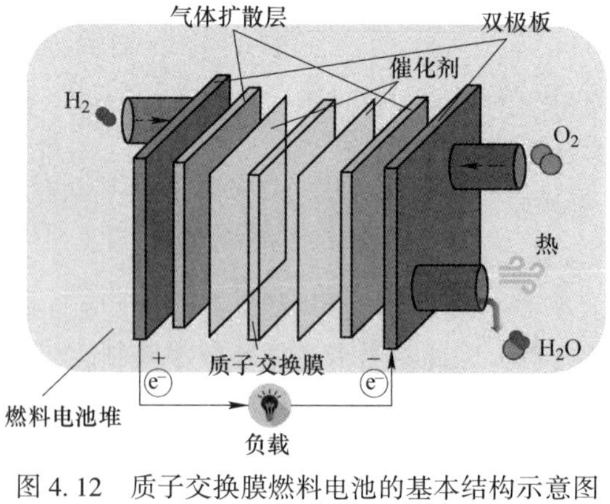

图 4.12 质子交换膜燃料电池的基本结构示意图

图 4.12 彩图

A 质子交换膜

质子交换膜是一种以质子作为导电载荷的聚合物电解质膜，作为燃料电池的关键组成部分，这种膜的厚度仅达微米级别，且其内部结构极为精细复杂。

a 质子交换膜的作用

质子交换膜在燃料电池中的具体位置可参考图4.13，其主要功能如下。

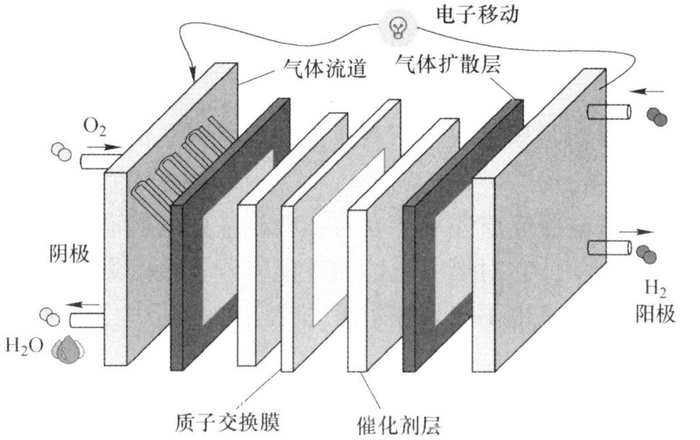

图4.13 质子交换膜在燃料电池中的位置

图4.13彩图

(1) 提供质子（H^+）传输的路径，质子传导性能越强，膜的内部电阻就越低，从而提高燃料电池的效率。

(2) 阳极与阴极之间提供隔离，防止阳极的燃料（H_2）和阴极的氧化剂（O_2或空气）直接接触并发生化学反应。

(3) 作为电子的绝缘屏障，阻止电子在膜内部的传导，确保燃料氧化过程中释放的电子仅能通过外部电路从阳极流向阴极，进而产生可供使用的外部电流。

质子交换膜不仅是阴阳极反应物之间的隔离材料，同时还是电解质及电极活性物质（如电催化剂）的支撑基材，兼具隔膜与电解质的双重功能。此外，质子交换膜的选择性透过能力，在特定的温湿度环境下能够允许氢离子通过，而阻止氢分子及其他离子的穿透。

b 质子交换膜的要求

质子交换膜是氢燃料电池的关键组件之一，与电极共同决定着燃料电池的储能能力、使用寿命和成本。适用于氢燃料电池的质子交换膜需符合以下条件。

(1) 具有高的质子传导率，能够减少燃料电池的内部电阻，提升电流密度。

(2) 具备良好的稳定性能，涵盖物理稳定性和化学稳定性，有效防止聚合物链的降解，增强燃料电池的耐久性。

(3) 拥有较低的气体渗透率，避免氢气和氧气在电极表面直接反应，防止电极局部过热，从而影响电池的电流效率。

（4）具备优良的力学性能，适应膜电极的制备与组装需求，同时能够承受因工作环境变化导致的尺寸变形。

（5）具有较低的尺寸变化率，避免在膜的吸水和脱水过程中因膨胀和收缩导致的局部应力增加，从而防止膜与电极之间的剥离。

（6）合适的成本效益比。当前，氢燃料电池的成本仍高于内燃机汽车和纯电动汽车，这主要归因于尚未形成规模经济效益，以及质子交换膜制造材料的成本较高[5]。

目前，唯一能够同时满足上述所有条件的膜材料是商业化的全氟化磺酸膜。

B 电催化剂

电催化剂是促进电极反应速率但自身不会被消耗的物质，作为质子交换膜燃料电池的关键材料之一，它对燃料电池的性能有着直接的影响。尽管催化剂在反应过程中不起化学变化，也不出现在最终的化学方程式中，但它能够显著提高反应速率。

a 电催化剂的作用

在燃料电池中，催化剂位于质子交换膜的两侧，如图 4.14 所示。电催化剂的主要职责是加速膜电极间的电化学反应速率。鉴于燃料电池的工作温度较低以及电解质的酸性特点，因此通常需要使用贵金属作为催化剂。根据其作用位置的不同，电催化剂可以分为阴极催化剂和阳极催化剂两种类型。在氢燃料电池中，阳极发生的反应是氢气的氧化，阴极则是氧气的还原反应。与阳极氢氧化过程相比，阴极的氧还原过程更加困难。深入了解氧还原过程有利于高活性、高稳定性催化剂的研发，从而提高燃料电池的性能和寿命，降低成本[5]。

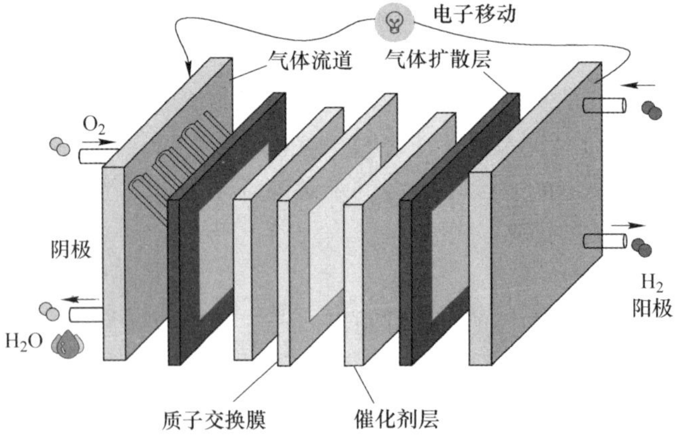

图 4.14 催化剂在燃料电池中的位置

图 4.14 彩图

阳极催化层和阴极催化层构成了膜电极的核心组成部分。阳极催化剂的作用是促进氢气的氧化反应，这一过程包含了氧化反应、气体扩散、电子传输、质子传输以及水的迁移等多个环节。相对地，阴极催化剂的任务是加速氧气的还原反应，涉及氧气的还原、氧气扩散、电子传输、质子传输以及反应生成水的排放等步骤。

b　电催化剂的要求

燃料电池对催化剂的基本要求包括具备充足的催化活性与稳定性。此外，针对阳极催化剂而言，还需要具备抵抗一氧化碳（CO）中毒的能力，这一点对于采用烃类燃料重整产生的氢气作为燃料的燃料电池系统尤为重要。由于氢燃料电池的操作温度通常低于 100 ℃，在这种条件下，唯有贵金属催化剂能够展现出对氢气氧化及氧气还原反应所需的足够催化活性。目前应用最为广泛且效果显著的催化剂为铂或铂合金催化剂，这类催化剂不仅对氢气氧化和氧气还原反应表现出优异的催化性能，还能确保长时间内的稳定工作。

虽然铂是燃料电池中常用的催化剂，但它也存在以下缺点。

（1）铂资源稀缺。据公开数据，全球铂的总储量仅为 1.4 万吨。

（2）成本高昂。作为贵金属，铂的价格十分昂贵，这直接推高了燃料电池的成本，阻碍了其商业化进程和广泛应用。据估计，每克铂催化剂的价格大约在 300 元人民币。

（3）抗中毒能力弱。铂基催化剂容易与燃料氢气中的一氧化碳、硫等杂质发生反应，导致催化剂失去活性，无法继续有效地进行催化作用，从而缩短燃料电池堆的使用寿命。

鉴于铂的价格高昂且资源有限，这导致燃料电池的成本居高不下，严重制约了其广泛应用。因此，减少贵金属催化剂的使用量、探索成本更低的催化剂选项以及提升电极催化剂的整体性能，成为电极催化剂研究领域的核心目标。

c　电催化剂的类型

氢燃料电池的电催化剂可以分为非贵金属催化剂和合金催化剂两大类。

（1）非贵金属催化剂。非贵金属催化剂是指不含任何贵金属成分的催化剂，贵金属元素包括锇（Os）、铱（Ir）、钌（Ru）、铑（Rh）、铂（Pt）、钯（Pd）、金（Au）、银（Ag）。

非贵金属氧化物需要满足具有高的氧还原起始位点，均匀分布且高的活性位点密度，高比表面积与孔径控制，高的导电性能、传质性能和高的电化学稳定性。目前，过渡金属-氮-碳化合物在酸性和碱性环境下具有良好的活性被广泛关注，氮掺杂石墨烯催化剂也因自身结构特点被认为较有前景[5]。

（2）合金催化剂。合金催化剂是由两种或更多种金属组成的合金形式的催化剂，在氢燃料电池中，常用的电催化剂多为合金催化剂，特别是基于铂（Pt）的电催化剂，这类催化剂也被称为贵金属催化剂。Pt/C（铂碳）催化剂是氢燃料电池中广泛采用的一种电催化剂，其组成为40%的铂和60%的碳，电化学活性面积达到了 85 m^2/g，粒径约为 2.8 nm。铂合金催化剂（如 Pt-Co/C、Pt-Fe/C、Pt-Ni/C 等）不仅能够增强催化剂的稳定性，还能提升其质量比活性，同时减少贵金属的使用量。

贵金属催化剂的特点是起燃温度低、活性高，但在高温条件下容易发生烧结；由于升华作用可能使活性组分损失，从而降低催化活性。此外，贵金属资源稀缺、成本高昂，这限制了它们的大规模应用。然而，由于它们在低温条件下的催化活性远超其他类型的催化剂，因此目前仍然是氢燃料电池中不可或缺的催化剂选择[3]。

C 气体扩散层

气体扩散层在燃料电池中充当膜电极与双极板间的重要连接，其主要功能包括支撑催化层、稳定电极结构，同时具备物质、热量和电荷的传输能力，为电极反应提供必要的气体、质子、电子和水等多种传输途径。

a 气体扩散层的作用

燃料电池的气体扩散层位于双极板和催化层之间，不仅起着支撑催化层、稳定膜电极结构的作用，还承担着为膜电极反应提供气体通道、电子通道和排水通道等多重任务。气体扩散层在燃料电池中的位置如图 4.15 所示。

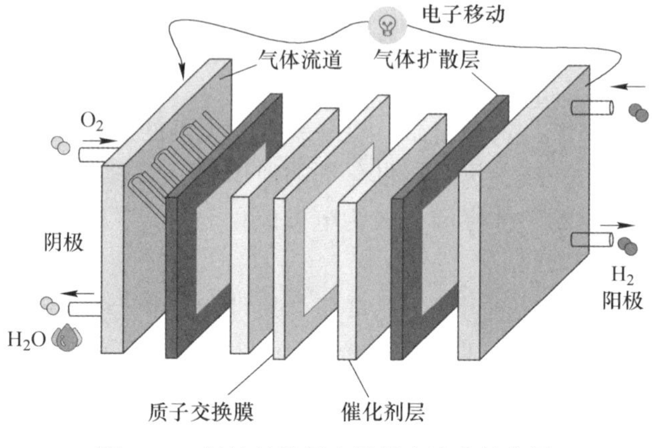

图 4.15 气体扩散层在燃料电池中的位置

图 4.15 彩图

氢燃料电池中的气体扩散层主要承担以下功能。

(1) 导气排水功能。在氢燃料电池的膜电极组件中，气体扩散层主要负责气体和水分的传输。它需要将来自双极板的氢气和氧气有效地输送到催化层，确保催化层有足够的气体参与反应；同时，还需将催化层中产生的水有效地转移到双极板，避免水分在催化层内积聚，防止出现“水淹”现象，阻碍反应的正常进行。因此，气体扩散层必须采用多孔材料，确保良好的透气性和优异的排水性能。

（2）导电及支撑功能。气体扩散层须具备优良的电子导电性能，确保催化层中产生的电子能够顺畅地通过气体扩散层，抵达双极板。气体扩散层还为膜电极提供了必要的结构支撑。作为膜电极中最厚的组成部分，气体扩散层的厚度通常超过 100 μm。

b　气体扩散层的要求

高性能的气体扩散层材料对促进电化学反应及提升燃料电池效率至关重要。选择优质的气体扩散层材料，能够有效增强电池的整体表现。理想中的气体扩散层材料需满足以下条件。

（1）高孔隙率。理想的扩散层应该拥有较高的孔隙率，通常要求至少 70%。这使得反应气体可以从流场或双极板的通道顺利通过扩散层的孔道，均匀地分散到催化层，为电化学反应提供必要的条件。

（2）有效的水管理能力。特别是在质子交换膜燃料电池（PEMFC）中，阴极会产生水。因此，扩散层不仅要能够传输气体，还需要有效地排除生成的水。这意味着材料应具有疏水性的大气孔和亲水性的微小孔洞，以平衡气体传输与水分排出的需求。

（3）机械支撑功能。扩散层还起到保护催化层的作用，防止其在操作过程中脱落。它既要有足够的刚性来提供支撑，又要有一定的柔韧性，以便于紧密贴合催化层，并在组装电池时适应可能发生的形变，同时保持接触电阻最小化。

（4）优良的导电性能。无论是电池的阴极还是阳极，都需要实现电子的有效传输，形成完整的电流回路，扩散层材料必须是良好的电子导体。

（5）高效的导热性能。鉴于电化学反应不是 100%效率的过程，产生的废热需要被有效散发出去。扩散层在整个体积上都表现出良好的导热性，帮助维持电池的最佳工作温度。

（6）耐腐蚀性。由于质子交换膜燃料电池在强酸性、高电压和氧化环境中运行，扩散层材料必须具备抗腐蚀的能力，以确保长期稳定的工作性能[5]。

c　气体扩散层的材料

氢燃料电池电极中常用的气体扩散层材料包括炭纸、炭布、炭黑纸及无纺布等，此外还有采用泡沫金属和金属网制备的材料。

D　膜电极

a　膜电极的作用

膜电极是由质子交换膜与两侧的催化层及气体扩散层通过特定工艺结合而成的组件，构成了燃料电池发电的核心部分。膜电极与两侧的双极板共同组成了燃料电池的基本单元——燃料电池单电池。根据实际需求，可以通过串联多个单电池形成燃料电池堆，以达到不同的功率输出目标。图 4.16 所示为由膜电极与极板组成的燃料电池单体结构示意图。

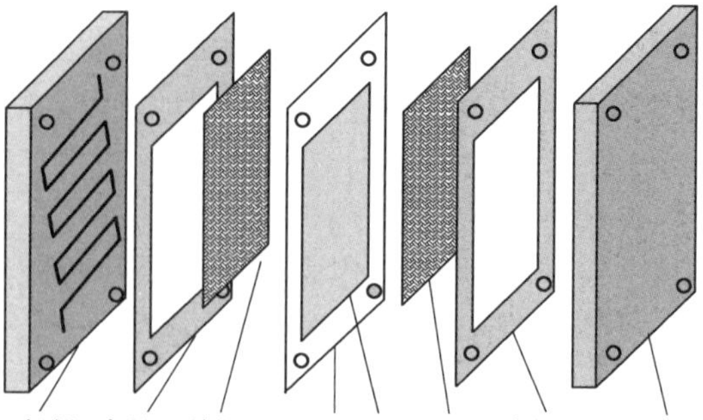

图 4.16 由膜电极与极板组成的燃料电池单体结构示意图

燃料电池对膜电极的要求包括但不限于：

（1）能够最大限度地降低气体传输阻力，确保反应气体顺畅地从扩散层抵达催化层，进行电化学反应，从而充分发挥单位面积和单位质量催化剂的活性。因此，气体扩散电极需要具有适当的疏水性，既保证反应气体可通过最短路径到达催化剂，又确保生成的水能够润湿膜，同时多余的水可以被有效排出，避免阻塞气体通道。

（2）需要构建有效的离子通道，减少离子传输的阻力。鉴于氢燃料电池使用固体电解质，其中的磺酸基团固定在离子交换膜上，并不会渗透到电极内部，因此必须确保在电极的催化层内部形成质子传导路径。

（3）需要构建有效的电子传导路径。虽然膜电极中的碳载铂催化剂是优秀的电子导体，但催化层和扩散层的存在可能会在一定程度上影响电导率。因此，在确保离子和气体良好传导的同时，还必须考虑到电子的传导能力，以综合提升膜电极的整体性能。

（4）气体扩散电极应具备良好的机械强度和导热性能。

（5）膜应具有高质子传导性，能够有效隔离氢气和氧气，防止两者互窜，并且具备优良的化学稳定性、热稳定性和抗水解性能。

b 膜电极的分类

目前，膜电极的制备技术已经经历了三代的发展。

（1）第一代膜电极的制备主要采用了热压法，如图 4.17 所示。具体做法是：将催化剂浆料涂抹在气体扩散层上，形成阳极和阴极的催化层，然后通过热压工艺将这些催化层与质子交换膜结合，制成的膜电极被称为 GDE 结构膜电极。这种方法的优点在于膜电极的透气性能较好，且在制备过程中质子交换膜不易发生形变；然而，缺点是催化剂容易通过气体扩散层的孔隙渗入内部，降低了催化剂的使用效率，同时热压后催化层与质子交换膜之间的结合力较弱，影响了膜电极的整体性能。

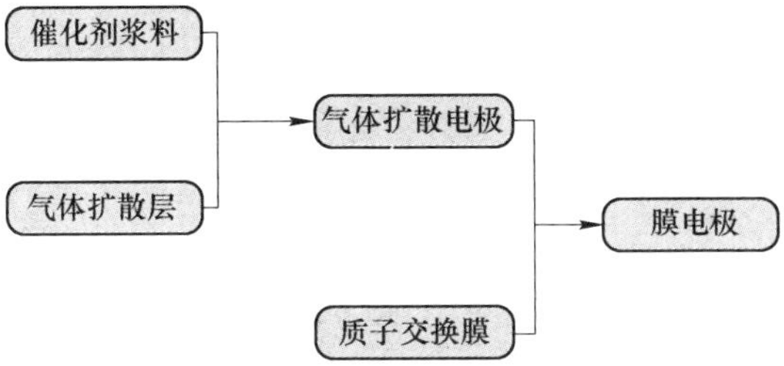

图 4.17 第一代热压法制取膜电极工艺流程

（2）第二代膜电极的制备采用了催化剂直接涂膜（catalyst-coated membrane，CCM）技术，如图 4.18 所示。这种方法是将催化层直接涂覆在质子交换膜的两面，使用含有全氟化磺酸树脂的黏合剂，之后通过热压工艺与气体扩散层结合，形成 CCM 结构的膜电极。这一技术不仅提高了催化剂的使用效率，而且由于采用了质子交换膜的核心材料作为黏合剂，减少了催化层与质子交换膜之间的界面阻力，增强了氢离子在催化层内的扩散和迁移，从而提升了整体性能。目前，这项技术是行业内的主流应用。

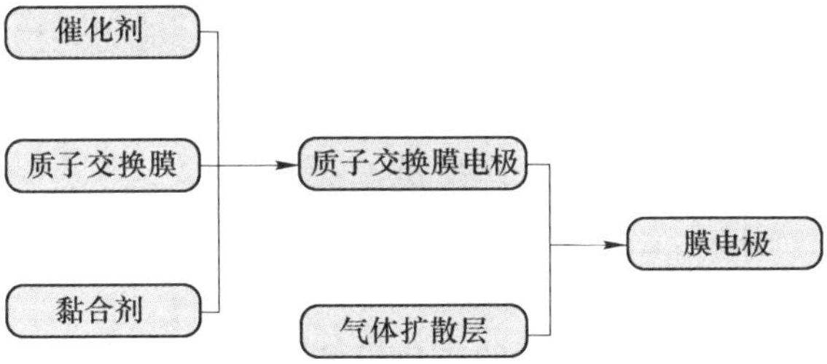

图 4.18 第二代催化剂直接涂膜法制取膜电极工艺流程

（3）第三代膜电极是指有序化膜电极。这类膜电极通过构建有序的多相物质传输通道，实现了气体、质子、电子、水和热量的高效传输。这种有序结构不仅提高了贵金属催化剂的使用效率，减少了铂的负载量（降至 35 μg/cm^2），还维持了较高的功率密度。同时，有序结构有助于水分管理，减少了催化剂的聚集，有效延长了膜电极的使用寿命。

膜电极的结构和材料对其电化学性能具有决定性影响。第三代膜电极通过采用有序结构，显著优化了燃料电池运行中电子、质子、气体和水的传输过程。这种有序结构不仅有效降低了传质阻力，提高了催化活性，从而减少了铂的使用量，还增强了膜电极的耐久性。因此，有序化膜电极被认为是膜电极技术发展的主要方向[3]。

E 双极板

双极板由五个主要部分组成：阳极侧密封圈、阳极金属板、阴极金属板、焊缝以及阴极侧密封圈，这些组件通过将阳极金属板与阴极金属板焊接来形成双极板。在阴极侧板和阳极侧板的边缘设计有专门的槽位，用以安装密封圈。这样可以有效避免反应气体与冷却液之间的混合，同时也能防止它们向外泄漏。

a 双极板的作用

如图 4.19 所示，双极板在燃料电池中的位置是在膜电极的两边，其功能包括：

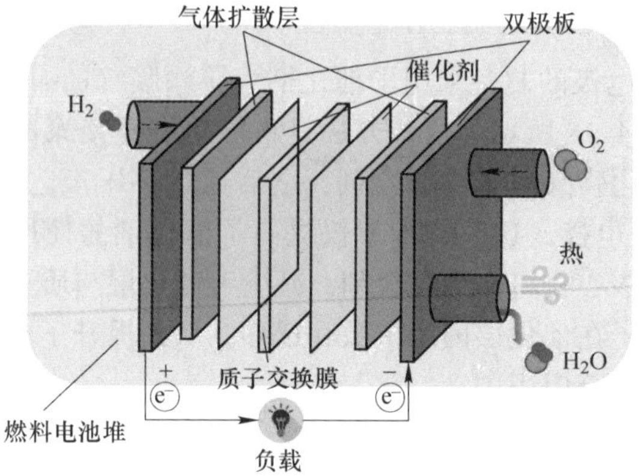

图 4.19 双极板在燃料电池中的位置

图 4.19 彩图

（1）与膜电极相连，构成单个电池单元。

（2）提供气体流通路径，用于输送氢气和氧气，并确保电池气室中氢气与氧气不会相互混合。

（3）收集和传导电流，在串联的正负极之间形成电流通路。

（4）支撑燃料电池堆及膜电极。

（5）散发反应过程中产生的热量。

（6）排出反应过程中生成的水。

b 双极板的要求

对于双极板，燃料电池有以下要求：

（1）优秀的导电性能。双极板须具备集流功能，因此必须拥有尽可能低的电阻，以保证电池的性能。

（2）优异的导热性能。这能确保电池工作时温度分布均匀，并有效地排出电池产生的废热，从而提升电极效率。

（3）高化学稳定性和抗腐蚀性。由于双极板腐蚀会使表面电阻增加，影响电池性能，因此要求双极板材料在其工作温度和电位范围内，对氧化环境（如氧气）和还原环境（如氢气）均具有良好的耐腐蚀性能。

（4）均匀分配流体。确保燃料和氧化剂能够均匀地到达催化层，这有助于更高效地利用催化剂，进而显著提升燃料电池的性能。

（5）优秀的气密性能。双极板负责隔离氧化剂与还原剂，因此需要具备阻气功能，不能使用多孔或透气材料制造。若采用多层复合材料，至少要有一层是完全无孔的，以防止燃料电池堆中阴极和阳极的气体通过流场板直接接触反应，这不仅会降低燃料电池堆的性能，还可能引发安全隐患。

（6）轻质、小巧且易于加工。双极板的轻量化和小型化可以提升燃料电池的质量功率密度和体积功率密度；易于加工的特点则有助于提高生产效率，显著降低电池的制造成本。

c 双极板的类型

根据材料双极板大致可以分为碳基材料双极板、金属材料双极板以及金属与碳基材料的复合型双极板三类。

（1）碳基材料双极板。碳基材料涵盖石墨、模压碳材料及膨胀（柔性）石墨等，传统的双极板使用致密的石墨，通过机械加工形成气体流道。石墨双极板以其化学稳定性著称，与膜电极有良好接触性，如图 4.20 所示。这类双极板的优势在于具有高的导电性和导热性、低电阻、强耐腐蚀性和高耐久性，广泛应用于商用车辆的燃料电池中。然而，石墨双极板也存在一些不足，比如材质较脆、装配难度大、难以减薄、生产周期较长、机械加工复杂且成本较高。

（2）金属材料双极板。可用于制造双极板的金属材料包括铝、镍、钛及不锈钢等，如图 4.21 所示。金属材料双极板的特点是强度高、韧性好，同时具备优良的导电性和导热性，能够实现更高的功率密度，并且易于加工成非常薄的氢燃料电池双极板（厚度范围为 0.1~0.3 mm）。不过，这类双极板容易受到腐蚀的影响，因此表面通常需要进行改性处理。

图 4.20 石墨材料双极板

图 4.21 金属材料双极板

（3）金属与碳基材料的复合型双极板。金属与碳基材料的复合型双极板结合了石墨材料和金属材料双极板的优点，旨在减少双极板与膜电极间较大的接触电阻，因为过大的接触电阻会导致更多的欧姆极化损失，从而降低运行效率。在常见的双极板材料中，石墨材料的接触电阻最低，不锈钢和钛等金属材料由于表面会形成不导电的氧化物膜，使接触电阻增加。

这种复合材料双极板不仅密度低、抗腐蚀性能好、易于成型，还能使装配后的燃料电池堆表现更佳。不过，它也存在加工周期较长和长期工作的可靠性较差的问题，因此尚未得到广泛应用。未来，该类型双极板的发展趋势将是降低成本，以促进更广泛的采用。

4.2 氢能在工业领域的应用

目前，我国氢能在工业领域的应用最为广泛。我国作为制造业大国，工业是清洁低碳氢应用的重要领域。作为一种既清洁又高效的二次能源，氢能同时也是许多工业过程中的关键原料，加快工业领域清洁低碳氢应用，是促进节能降碳、推动新型工业化的重要路径。面对碳中和目标，全面贯彻新发展理念，加快构建新发展格局，着力推动高质量发展，工业界正以拓展清洁低碳氢为着力点，推进传统的化石燃料制备向利用可再生能源转变，推动氢气生产的绿色化进程。

4.2.1 氢气在合成氨生产中的应用

氨（NH_3）是一种关键的化工原料，尤其在化肥生产中不可或缺。它通过氢气和氮气在高温、高压条件下，并在催化剂的作用下直接合成。该化学反应的方程式为：

$$3H_2 + N_2 \longrightarrow 2NH_3 \tag{4.19}$$

合成氨的技术流程主要包括三个主要步骤：原料气制备、原料气的净化以及氨的合成。

（1）原料气制备。采用合成法生产氨，首先必须制备含氢和氮的原料气。它可以由分别制得的氢气和氮气混合而成，也可同时制得氢氮混合气。用于原料气生成的原料有固体原料（如煤、焦炭）、液体原料（如重油、石脑油）和气体原料（如焦炉气、天然气），可再生电力合成氨技术以清洁能源电解水生成的氢气取代传统工艺中的化石能源（煤、天然气）。电解水制氢为原料的典型合成氨装置流程，如图4.22所示，目前氢的制备还是多以固体原料为主[8]。

（2）原料气的净化。制得的氢氮原料气通常包含硫化合物、一氧化碳、二氧化碳等杂质，这些杂质不仅可能导致设备腐蚀，还会使氨合成过程中使用的催化剂失效。因此，在将氢氮原料气送入合成塔进行氨合成之前，必须对其进行净化处理，以去除上述杂质，确保获得纯净的氢氮混合气。

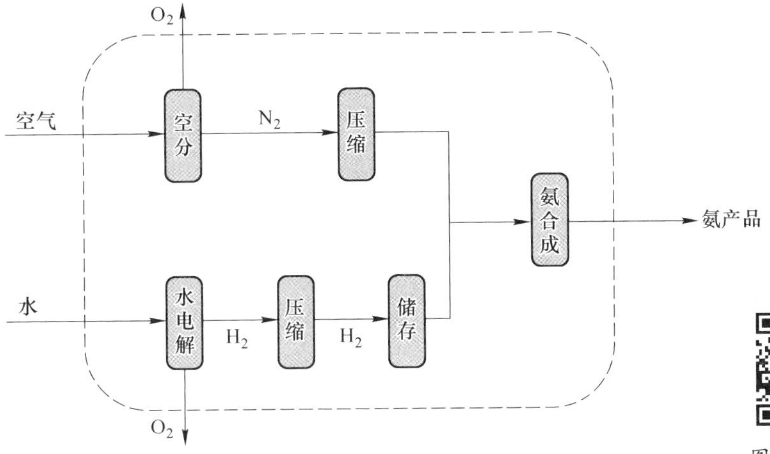

图 4.22　电解水制氨工艺流程

图 4.22 彩图

（3）氨的合成。将纯净的氢氮混合气压缩至高压状态，并在高温及催化剂存在的条件下合成氨。氢气作为合成氨生产的关键原料之一，对于整个生产过程来说至关重要，可以认为，没有氢气，合成氨的生产将无法实施。氢气的纯度和质量直接影响着反应的效率和产出率。因此，氢气的制备与净化技术受到了广泛关注和研究，这些技术的进步不仅提高了合成氨生产的效率，还促进了更加环保的生产方式。

氨的氢含量为 17.6%（质量分数），称为间接储氢。与氨相比，氢的液化过程太困难了，氨可以在 33.4 ℃和 1 个大气压（1 atm）下液化。然而，氢通常可以在−253 ℃的温度下冷却而液化。利用氢作为能量载体的主要挑战是难以在不耗散的情况下运输和储存它[9]。

全球每年大约消耗 3300 万吨氢用于氨的生产，其中约 70%的氢用于制造肥料的关键成分。随着全球农业生产的持续增长，对氮的需求也随之增加，氨的国际贸易活动频繁，全球出口量约占总产量的 10%，这反映出氨的运输和国际贸易将成为推动未来氢经济体系发展的重要力量[3]。

国家能源集团在宁夏回族自治区中东部打造的宁东可再生氢碳减排示范区取得突破性进展。作为我国首个将光伏制绿氢与煤化工深度耦合的示范工程，该示范区一期核心项目——清水营制氢工厂已于 2024 年末正式投产运营，如图 4.23 所示。这一开创性项目实现了三大行业突破：我国煤化工领域首个万吨级绿氢应用工程、首个覆盖“制-储-输-用-检”全链条的氢能示范项目，同时也是宁夏地区首个构建完整氢能生态体系的创新工程。

清水营制氢厂是国家能源集团在可再生氢耦合煤化工领域的首次尝试

120000 kW 光伏供电，光伏碱性电解水工艺制取氢气，总制氢规模为 15000 标准 m^3/h，设计年产量为 3080 t。该厂设置 16 台（15 开 1 备）碱性电解槽，所制氢气经纯化 99.999%后加压并通过管道输送至烯烃二公司合成氨装置。该厂所产的可再生氢代替部分灰氢后，将有效推动灰氢转绿、以氢换煤、绿氢降碳，平均每年可减少二氧化碳排放量约 20.2 万吨，平均每年可节约标准煤约 5.4 万吨。

图 4.23 国家能源集团国华投资宁东可再生氢碳减排示范区一期项目清水营制氢厂

图 4.23 彩图

目前烯烃二公司正协同国家能源集团（宁夏宁东）绿氢能源有限公司开展系统联调（见图 4.23），逐步提升绿氢接收规模，计划最终完成 15000 标准 m^3/h 的绿氢全负荷消纳任务，实现合成氨装置绿氢替代灰氢最大引入比例超过 30%的目标。这一工程标志着我国在煤化工清洁化转型领域取得重要突破，为传统能源基地的绿色低碳发展提供了创新示范。

4.2.2 氢气在甲醇生产中的应用

甲醇（CH_3OH）是一种重要的基础化工原料，其下游应用极为广泛，基于甲醇的一次加工产品接近 30 种，深加工产品则超过了 100 种。除了作为化工原料外，甲醇还被用作燃料。此外，甲醇还能应用于直接甲醇燃料电池，并作为储氢介质。近年来，随着全球碳排放峰值目标及碳中和进程的加速推进，甲醇作为一种低碳替代燃料，正获得越来越多的关注。

目前，甲醇的主要生产工艺包括三种：煤基甲醇生产、天然气基甲醇生产和焦炉煤气基甲醇生产。

（1）煤制甲醇。在煤基甲醇的生产过程中，煤与氧气在气化炉中反应生成富含一氧化碳的粗煤气。随后，向其中添加适量的氢气，并去除多余的二氧化碳和硫化物，形成合成气。经过压缩和合成等步骤后，生成含有水分的粗甲醇。最后，通过精馏处理，获得最终的甲醇产品。

煤制甲醇的化学反应式为：

$$CO + 2H_2 \longrightarrow CH_3OH \tag{4.20}$$

（2）天然气制甲醇。天然气的主要成分是甲烷，通过与水蒸气进行重整反应，生成一氧化碳和氢气。之后，这些气体经过压缩和合成步骤，一氧化碳与氢气在特定条件下发生反应生成粗甲醇。最后，通过精馏过程进一步提纯，最终得到甲醇产品。

天然气制甲醇的化学反应式为：

$$CH_4 + H_2O \longrightarrow CO + 3H_2 \tag{4.21}$$

$$CO + 2H_2 \longrightarrow CH_3OH \tag{4.22}$$

（3）焦炉煤气制甲醇。在焦炭生产过程中，煤炭经过干馏处理后会产生一种包含氢气、一氧化碳、二氧化碳、甲烷以及其他杂质的混合气体，称为焦炉煤气。这种气体经过净化处理，去除杂质并调整成分，得到富含二氧化碳和氢气的合成气。随后，该合成气经过压缩和合成工序，其中的二氧化碳与氢气在催化剂的作用下发生变换反应，生成粗甲醇。最后，通过精馏过程进一步提纯，最终获得高质量的甲醇产品。这一过程不仅有效利用了焦炉煤气，还为甲醇生产提供了额外的途径。

焦炉煤气制甲醇的化学反应式为：

$$CO_2 + 3H_2 \longrightarrow CH_3OH + H_2O \tag{4.23}$$

甲醇可以通过 CO_2 转化为 CO 的间接方式合成，也可以由 CO_2 直接生成，直接法相对于间接法所生成的甲醇相对较少，这是因为 CO_2 在热力学上比 CO 更稳定[10]。

由于较低的生产成本，利用天然气生产甲醇的工艺在国际上占据了主导地位，大约占到全球甲醇总产量的70%。在中国，鉴于国家丰富的煤炭资源及高度发展的煤化工行业，煤制甲醇的生产方式成为主流，约占国内甲醇总产量的80%，其余部分则主要来源于天然气制甲醇和焦炉煤气制甲醇。

在中国，甲醇生产主要依赖于传统的煤制方法，该方法的基本原理是：通过煤炭的气化过程产生含有氢气和一氧化碳的混合气体，随后将这种混合气体作为原料进行化学反应以生成甲醇。在此过程中，煤炭气化产生的混合气体中一氧化碳的比例较高，为了符合制造甲醇所需的气体配比标准，需要通过变换反应将过量的一氧化碳转化为氢气。然而，在这一转换过程中会产生等量的二氧化碳，这也是煤制甲醇过程中碳排放较高的一个重要因素。传统煤制甲醇的具体工艺流程如图4.24所示[3]。

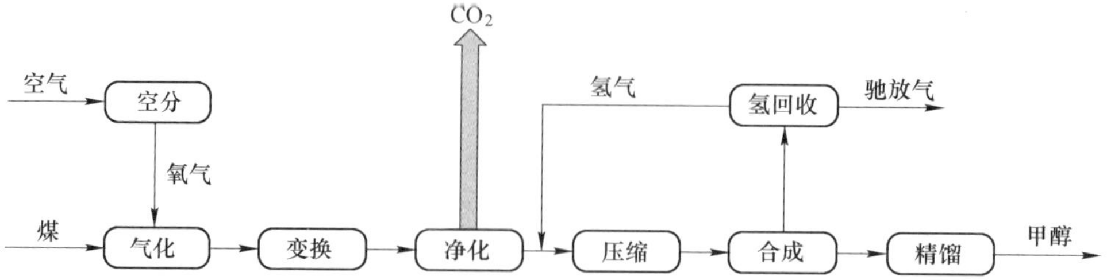

图 4.24 传统煤制甲醇工艺流程

在传统的煤基甲醇生产过程中，引入绿色氢气配制用于制造甲醇的标准混合气体，这一方法不仅能够降低煤制氢过程中产生的碳排放，还能直接使用由煤炭气化获得的一氧化碳作为原料气，从而提升碳的转换效率。采用绿氢的煤基甲醇生产工艺流程如图 4.25 所示。

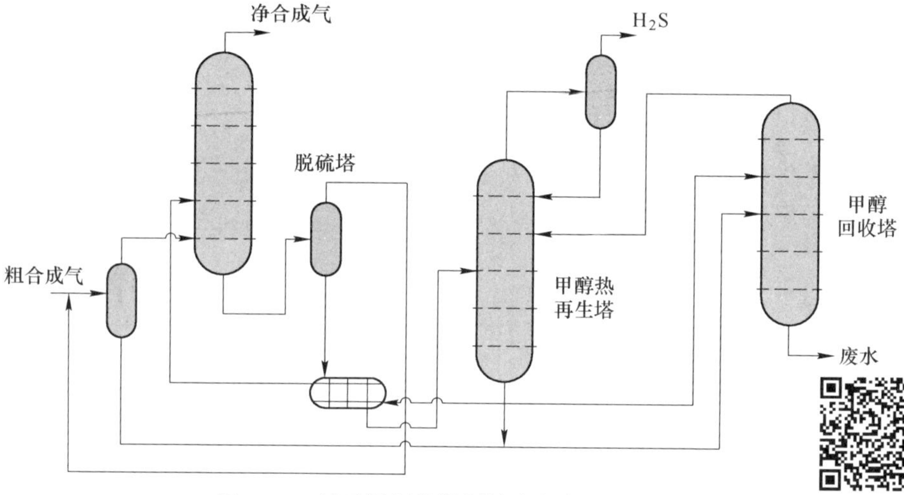

图 4.25 基于绿氢的煤制甲醇生产工艺流程

图 4.25 彩图

未来，要大规模发展氢碳耦合制绿色甲醇，需开发清洁低碳氢与碳捕集、生物质等耦合制备绿色甲醇的工艺技术，研发高活性、高选择性、高稳定性的二氧化碳加氢制甲醇催化剂、二氧化碳吸附捕获剂等核心材料，以及低能耗烟气碳捕集等关键技术。同时，还需研制甲醇合成高效反应器、生物质高效气化炉等工艺装置。

4.2.3 氢气在甲烷生产中的应用

氢气与二氧化碳能够通过一系列化学反应合成为甲烷。此过程在工业领域常被用来生产天然气的替代品，同时也是一种有效的能源转换与存储手段。甲烷合成的具体化学反应方程式为：

$$CO_2 + 4H_2 \longrightarrow CH_4 + 2H_2O \tag{4.24}$$

氢气与二氧化碳合成甲烷的技术已在研究与应用方面取得了显著进展，特别是在可再生能源利用和碳减排领域，这项技术的发展对于促进清洁能源的使用和减少温室气体排放具有重要意义。

（1）可再生能源驱动的甲烷合成。为了降低对化石燃料的依赖并减少碳排放，正在逐步采用可再生能源生产氢气，并将其与二氧化碳结合以合成甲烷。这一过程通常涉及通过水电解法产生氢气，随后让其与被捕获的二氧化碳发生反应。

（2）新型催化剂。研究人员正致力于开发更高效、更具选择性的催化剂，以推动甲烷合成反应的进行。这些新型催化剂能够加快反应速率，同时降低反应所需的温度和压力要求，进而减少能源消耗成本。

（3）碳捕获和利用。甲烷合成可以与碳捕获技术结合，从工业废气中捕获二氧化碳，然后将其与氢气反应生成甲烷。这有助于降低工业排放，并将二氧化碳转化为一种有用的化合物。

4.2.4 氢气在石油炼制中的应用

在石油炼制过程中，合理运用加氢技术能够有效提升炼制效果。重油加氢处理对氢气的需求迅速增加，这一趋势的主要原因与温室气体和其他颗粒污染物排放相关的严格环境法规以及产品规格要求有关[11]。

（1）加氢脱硫催化剂。在石油炼制过程中，主要的加氢精制技术包括低温脱硫和循环重汽油处理。低温脱硫技术的特点是对环境条件和操作温度的要求较低，能够在较低温条件下实施脱硫作业，这样有助于减少辛烷值的损失，从而有助于提高汽油的产出率。

（2）使用加氢技术开发柴油。柴油中含有较高的碳和硫比例，这对环境可能造成严重影响。采用加氢技术能够有效减少其硫含量。在柴油的炼制过程中，持续改进和更新加氢技术是必要的，以进一步减轻柴油对环境的负面影响。

（3）加氢脱硫的催化裂化技术。汽油作为我国汽车的主要燃料，其对环境的影响引起了广泛关注，因此汽油脱硫技术变得尤为重要。在石油炼制过程中，通常会产生大量渣油，通过采用加氢脱硫的催化裂化技术，可以使渣油得到有效再利用，促进石油资源的合理和高效利用。

石油炼制业中，氢气的使用量很大，仅次于用于生产合成氨的行业。在炼油过程中，氢气被广泛应用于多个环节，包括为石脑油、粗柴油和燃料油进行加氢脱硫，以及进行加氢裂化。加氢处理对于催化重整原料来说，是为了清除石脑油中的有害杂质如硫、氮、铅和砷。加氢裂化是在高压氢气条件下进行的一种催化过程，有助于增加轻质油品的产量。选择性加氢技术用于处理高温裂解后的产物，例如通过气相或液相加氢来处理乙烯和丙烯馏分。加氢精制是去除油品中有害化合物的过程，它能有效去除硫化物、硫醇、总硫、炔烃、烯烃及金属等杂质。

总的来说，在现代石油炼制中，加氢技术的应用不仅提升了石油产品的质量，减少了重油残渣和焦油的产生，降低了碳排放，还能够从炼油副产品中回收多种有价值的石化产品[3]。

4.2.5 氢气在炼钢中的应用

炼钢是冶金领域的一项重要工艺，该过程通过高温熔炼、还原及精炼等步骤，将铁矿石转化为高纯度的钢材。在炼钢的过程中，氢气的应用十分广泛，并发挥着至关重要的作用。

（1）在炼铁中用作还原剂。在高炉炼铁过程中，铁矿石经高温还原转变成铁。氢虽无法完全代替碳的还原主导地位，但氢气因其强大的还原能力，能够与氧化铁发生反应生成水蒸气，同时将氧化铁还原成金属铁。这意味着，氢气能够加速铁的还原过程，提高还原效率，进而增加铁的产量，在未来氢碳还原率将提高，减少对环境的污染[12]。

（2）在炼钢中用作保护气体。在炼钢过程中，由于高温环境容易导致钢材表面发生氧化，形成氧化铁皮。氧化铁皮不仅会影响钢材的质量，还会给后续的加工带来麻烦。为了避免氧化铁皮的形成，通常会在炼钢过程中使用保护气体来隔绝钢材表面与空气接触。氢气因其优异的抗氧化特性，在高温条件下可以与空气中的氧气反应生成水蒸气，形成一层保护膜，从而有效避免钢材的氧化，确保钢材质量。

（3）在炼钢中用作冷却介质。在炼钢过程中，钢材需经历多次加热和冷却的处理，以确保其具备理想的物理和化学性能。氢气由于其高热导率和低密度的特性，能够迅速吸收钢材释放的热量，加速冷却过程，同时不会对钢材造成不利影响。因此，采用氢气作为冷却介质在炼钢过程中不仅能提高生产效率，还能保障钢材的质量。

（4）在炼钢中用于氢化钢的处理。氢化钢是通过特定的热处理工艺制得的，这一过程涉及将钢材置于氢气环境中，让氢气渗透进钢材内部，与其中的碳元素反应生成氢化物。经过这样的处理，氢化钢展现出卓越的力学性能和抗腐蚀能力，因此在航空航天、汽车制造等行业中得到了广泛应用。由此可见，氢气在氢化钢的制备过程中扮演着极其重要的角色。

总而言之，氢气在炼钢工艺中扮演多重角色，在炼钢过程中的应用不可或缺。随着技术的不断进步，氢气在炼钢领域的应用前景也将更加广阔[3]。

4.2.6　氢冶金

氢冶金指的是采用氢气作为还原剂生产海绵铁的气基直接还原工艺，以及其他富含氢气的冶金技术。这一技术被认为是推动钢铁行业实现低碳发展的最重要途径之一。氢冶金过程中的化学反应方程式如下：

$$Fe_2O_3 + 3H_2 \longrightarrow 2Fe + 3H_2O \tag{4.25}$$

在氢冶金过程中，氢气作为还原剂，最终产物为水，不仅没有污染，还可实现二次利用，真正实现了零碳排放。从环境保护的角度考虑，推动氢冶金的发展，逐步替代传统的碳冶金，是钢铁工业向低碳经济转型的最佳途径。

图 4.26 展示的是富氢还原高炉的工艺流程。该工艺通过向高炉内喷吹天然气、焦炉煤气等富含氢气的气体，参与到炼铁的过程中。富氢还原高炉工艺能够在一定程度上通过加速炉内物料的还原过程，减少碳排放。然而，由于这一工艺仍然基于传统的高炉技术，焦炭在炉内的支撑作用无法被完全取代，这意味着氢气的喷吹量有一个上限，虽然可以减少碳排放，但并不能完全消除碳排放[3]。

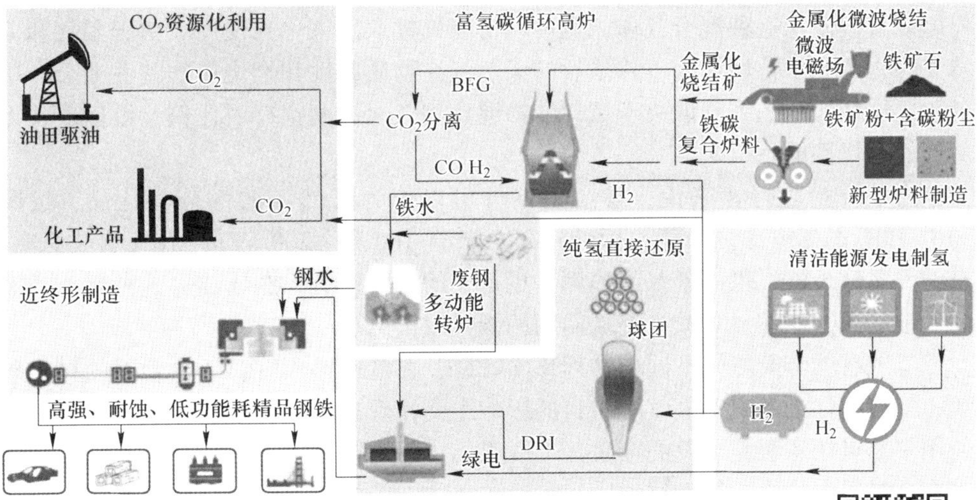

图 4.26　富氢还原高炉的工艺流程[13]

图 4.26 彩图

为了完成 2035 年氢能产业中长期规划，提高氢冶金应用水平，需加快氢基还原竖炉、纯氢竖炉、流化床直接还原炉、氢基熔融还原炉等氢冶金装置研发，突破还原炉内衬耐火材料、富氢喷枪等关键材料和核心零部件，以及氢冶金控制机理模型、数字化智能化控制系统等关键技术。

4.3 氢能在建筑领域的应用

氢能建筑是近年来兴起的一种绿色建筑理念，旨在用氢能全面或部分取代传统的市政电网与天然气，以满足建筑物对于冷、热、电及生活热水等多方面的能源需求。这种做法不仅增强了建筑的电力供应稳定性，还降低了电网建设的投资成本，并减少了温室气体的排放。同时，氢能在建筑领域的应用也为人们的生活带来便利和舒适，如提高居住舒适度、提供稳定的供电系统。通过热电联产技术，氢气被存储在专门的合金储氢罐内，利用氢气与空气在燃料电池中的电化学反应来产生电力和热量，从而为建筑提供所需的能量。热电联产技术具有较低的成本，能够同时供应冷、热、电及生活热水，其综合能源利用效率可高达 85%以上，使得其供能成本相较于传统供电方式更低。此外，将氢气混入天然气管道中，还能有效应对大规模可再生能源的消纳难题。

4.3.1 天然气管道掺氢

天然气管道掺氢指的是将特定比例的氢气混合到天然气中，形成一种新的混合气体，然后通过现有的天然气管道网络将这种掺氢天然气输送给最终用户，用户可以直接使用这种混合气体，也可以将氢气提取出来单独使用。由于氢气和天然气的物理化学特性不同，掺氢后的天然气在物质属性和燃烧爆炸特性上会有所变化，这些变化的程度取决于氢气的掺混比例。通过调整掺氢比例，可以改善天然气的燃烧性能。

对于天然气行业来说，掺氢天然气可以作为天然气的部分替代品，按照10%~20%的掺氢比例计算，预计每年可节省 100 亿~200 亿 m^3 的天然气消耗，有助于缓解天然气供需紧张的局面。更重要的是，掺氢天然气作为一种更加环保的低碳能源，能够显著减少终端使用的碳排放量。

氢气有着与天然气不同的物理化学特性，在氢气掺入后对运输管道的材料和压力都需要仔细考虑。氢气对材料的影响主要体现在氢脆、延迟断裂等现象，在使用中重点注意氢脆现象的产生，一般奥氏体不锈钢、铝基合金、铜基合金和钛基合金最适合作为输氢管材料。

从氢能行业的角度来看，向天然气管道中加入氢气可以在短期内解决氢气输送的技术障碍。管道输送氢气可以实现长距离、大规模且低能耗的氢气运输。相比于仅有约 300 km 长度的纯氢管道，我国天然气管网的总长度大约为 118000 km，这为发展天然气掺氢输送技术提供了强大的基础设施支持。预计到 2030 年，按照 10%~20%的掺氢比例，将有 270 万~630 万吨的氢气被掺入天然气管网中。图 4.27 所示为天然气掺氢的技术路径。

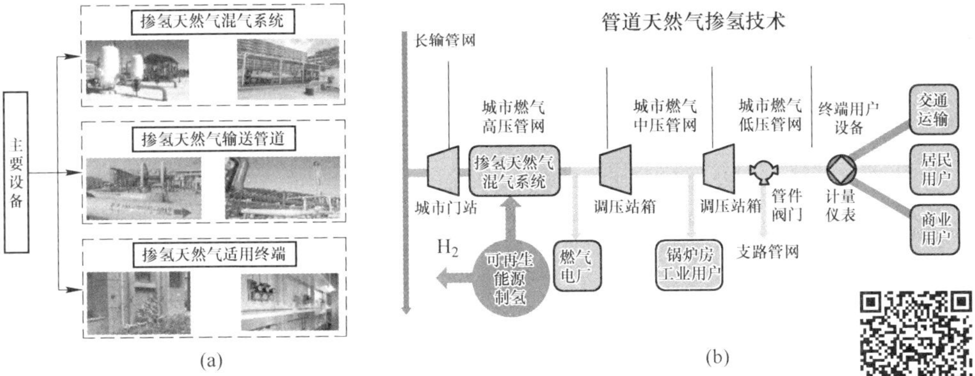

图 4.27　天然气掺氢设备（a）和掺氢技术路线（b）

图 4.27 彩图

目前，我国已启动了多个天然气掺氢示范项目，在“十四五”规划期间，我国计划新增 15~25 个天然气管道掺氢示范项目，氢气掺混比例设定在 3%~20%，预计每年可消耗氢气 15 万吨。未来，这些项目的实施将为推动我国氢能产业的发展和技术进步提供宝贵的经验和支持。

4.3.2　氢能建筑一体化

氢能建筑一体化是指建筑的能源需求部分或全部由氢能来满足，其供能模式主要分为整体式和分散式两种。整体式模式下，通常会在建筑群或商业区域附近设立一个氢能工厂，该工厂利用过剩的风电、光电或水电进行制氢、储存、发电和供热。分散式模式则主要依赖通过管道输送的氢气作为能源，采用微型热电联供系统为小型民用建筑提供电力和热力服务。这种方式可以有效减少电力长途传输过程中大约 6%的能量损失，实现节能减排的目标。当建筑的电力需求超出微型热电联供系统的供电能力时，用户可以选择从电网购买额外的电力。同时，系统在发电过程中产生的多余热量可以用于提供热水和供暖。燃料电池被认为是实现微型热电联供的理想选择之一。根据现有技术水平，燃料电池的电效率最高可以达到 63%，并且由于其噪声低、无污染等优点，在家庭应用领域得到了广泛的应用[14]。

图 4.28 展示了一个实现零碳排放的氢能建筑一体化能源供应流程。

氢能建筑一体化的设计理念强调清洁与绿色，为城市建筑的电力和热力供应提供了新的选择与保障，展现出巨大的应用潜力。

据统计，建筑能耗占据了我国总能耗的大约三分之一，氢能建筑一体化技术的应用能够有效降低建筑能耗和减少碳排放。从技术和经济两个维度来看，氢能建筑一体化具备以下多方面的优势。

（1）提升能源使用效率方面，氢能不仅能够为建筑提供电力，同时还能将燃料电池产生的余热用于建筑的供暖，这样综合的能源利用效率可以达到 95%，大大提高了能源的整体使用效率。

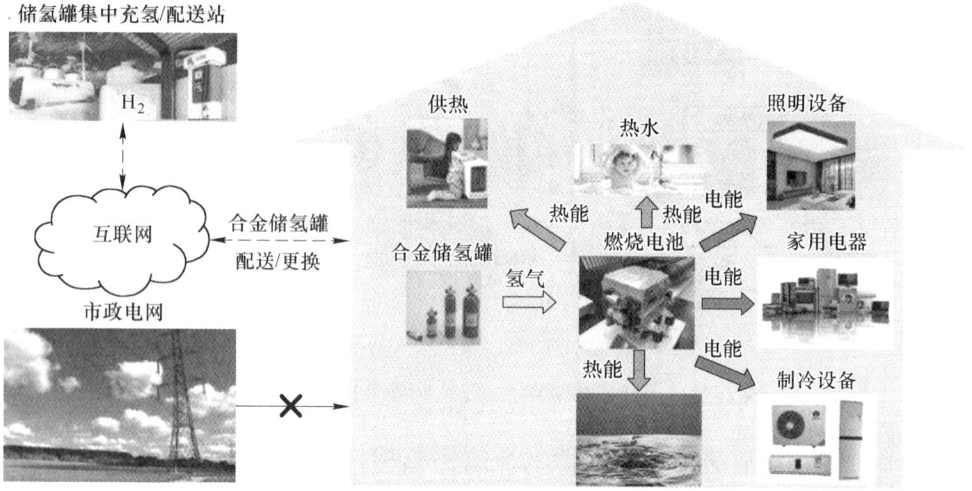

图 4.28 零碳排放氢能建筑一体化能源供应流程

图 4.28 彩图

(2) 提升居住舒适度方面，适宜的热环境、空气质量、声环境和光环境构成了人们对于住房舒适性的基本需求。

(3) 供电系统的独立性意味着在电网停电的情况下，氢能系统仍能确保室内的照明不受影响，同时可以为手机、计算机等低功耗设备提供稳定的电力供应，保证日常生活中的热水供应和冬季的地暖供热，以及在紧急情况下为家庭提供必要的能源支持。

(4) 与现有能源设施的兼容性方面，氢气能够与天然气混合使用，被视为未来能够与天然气竞争的少数低碳能源解决方案之一。通过将氢气与天然气以不超过 20%的比例混合，再利用基于燃气轮机或燃料电池的热电联产技术，可以灵活且持续地提供热能和电能。

(5) 低碳或零碳排放方面，通过可再生能源发电或太阳能光伏发电直接电解水制氢，氢气经由管道输送至氢能建筑，再通过分布式燃料电池为建筑提供电力和热力，从而大幅减少二氧化碳排放量。

4.3.3 燃料电池热电联供

燃料电池热电联供技术是利用燃料电池同时为用户提供电能和热能的一种方法，主要采用质子交换膜燃料电池和固体氧化物燃料电池，通常以分布式发电的形式应用，是确保能源供应的关键手段之一。这项技术拥有高效率、低噪声、小体积、低排放等优点，非常适合于接近用户的千瓦至兆瓦级别的分布式发电系统。燃料电池热电联供的能源综合利用效率可达到 80%以上，相较于传统的火电发电方式，总体效率大约提升了 2 倍。

燃料电池热电联供的基本工作原理如图 4.29 所示。在此过程中，燃料电池将氢气转化成电能，之后通过 DC/AC 逆变器将燃料电池产生的直流电转变为适用于终端设备的交流电；与此同时，换热装置会收集燃料电池在发电过程中产生的热量，通过恒温水箱加热水，以供热水供应之用。这种高效、环保的能源利用方式，为现代建筑的可持续发展提供了新的解决方案。

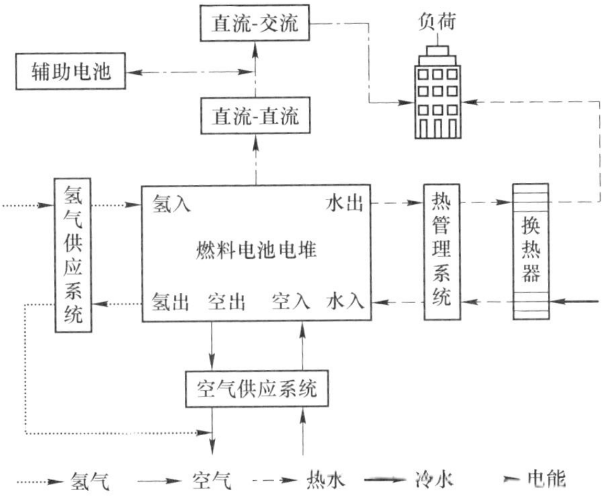

图 4.29　燃料电池热电联供的基本工作原理[15]

图 4.29 彩图

图 4.30 展示了一种基于可再生能源的燃料电池热电联供系统。该系统通过

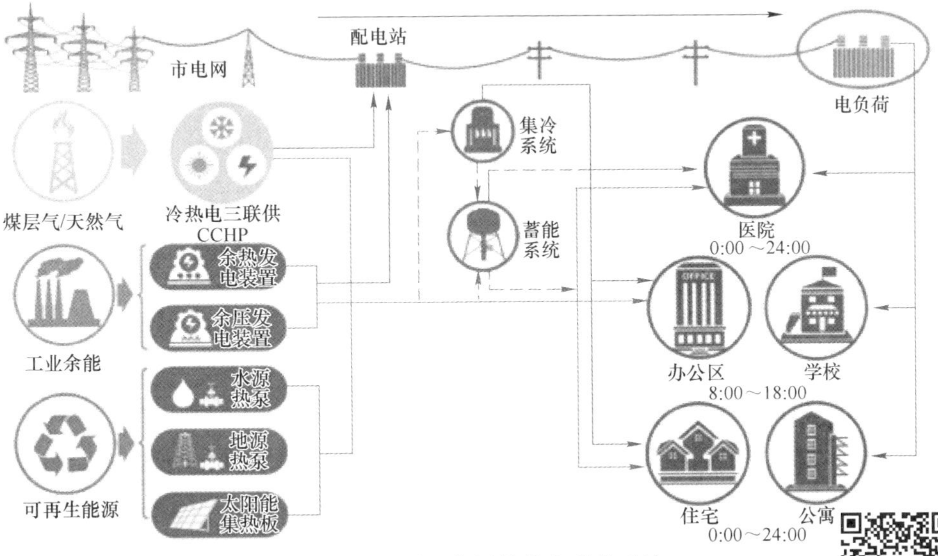

图 4.30　可再生能源的热电联供系统

图 4.30 彩图

利用可再生能源制氢，结合质子交换膜燃料电池技术和多能互补技术体系，实现了冷、热、电的联合生产，不仅能充分满足用户的电力需求，还能解决全年的生活热水、制冷及冬季供暖等问题。一方面，这种方法可以增强电解制氢在平衡新能源电力输出波动、参与电网调节方面的能力；另一方面，它也能有效应对太阳能、风能等可再生能源固有的间歇性和不稳定性，促进冷、热、电供能系统的可持续发展。因此，这一系统为实现能源的高效、清洁利用提供了一条可行的路径[3]。

4.4 氢能在电力领域的应用

氢能在电力领域的应用主要包括发电和储能两大方面。“氢储能+固定式燃料电池电站”的模式被视为发电领域的一个潜在发展方向。然而，燃料电池发电系统需要找到合适的应用场景和地区。在国内，由于电网的发达和相对低廉的电价，大型分布式燃料电池的发展面临挑战，同时缺乏有效的激励政策支持，加之当前国内燃料电池技术与国际先进水平存在一定差距。不过，随着可再生能源技术的进步和燃料电池成本的逐步下降，结合固定发电站与氢储能的技术路线将可能成为我国未来发展的一个重要方向。特别是在大容量、长时间储能系统中，氢储能显示出更强的竞争优势，电力领域的保障也更有利于国家安全。

4.4.1 氢储能发电技术

氢储能发电技术是一种以氢气作为能量存储媒介的方法，当电力生产过剩时，利用多余的电力通过电解水的方式制造氢气并加以储存；在电力供应不足时，则通过燃料电池将储存的氢气转化为电力，以满足用电设备的需求。氢储能发电系统主要由制氢系统、储氢系统和发电系统三部分组成，如图 4.31 所示。

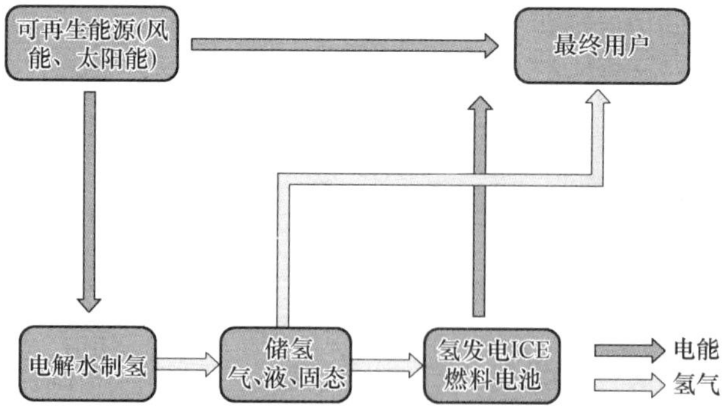

图 4.31 氢储能发电系统

图 4.31 彩图

在全球范围内，氢储能发电技术被视为平衡高装机容量电网中可再生能源供需的一个潜在解决方案。氢能发电的优势包括能源来源广泛、存储周期长、转换效率高以及几乎不产生污染物排放等特点，使其成为一种极具发展前景的储能和发电方式。这项技术能够帮助解决电网的削峰填谷问题、确保新能源的稳定接入，同时提升电力系统的安全性、可靠性和灵活性，大幅减少碳排放，助力智能电网建设和节能减排及资源的可持续利用战略的实施。

4.4.2 氢储能发电技术的优势和劣势

4.4.2.1 氢储能发电技术的优势

(1) 氢气作为一种储能介质，其能量密度大约是燃油的3倍。与传统的电池储能技术相比较，氢气储能能够实现更大规模的能量储存。当前，可以通过压缩或液化氢气的方式满足储存需求，从而在相对较小的空间内储存大量的能量。

(2) 氢气储能不仅不受容量衰减的影响，还具备出色的稳定性，能够实现长时间的储存和长距离的运输。氢气可通过管道、船舶等多种方式进行远距离输送，将氢能源送达各个需要的地方，有效地满足不同地区的能源需求。

(3) 清洁能源转换方面，燃料电池发电系统通过氢气与氧气发生电化学反应产生电能，此过程仅产生水和热，不排放任何污染物或温室气体。与传统的化石燃料发电相比，氢气储能系统提供了一种无污染、零排放的清洁能源转换方案。

(4) 实现多能源互补，氢气能够与其他能源形式协同使用，从而增强能源系统的灵活性和稳定性。在太阳能、风能等可再生能源不可用时，可以通过使用储存的氢气保证持续的能源供应。此外，氢气还可以与天然气、煤炭等传统能源混合使用，作为替代燃料，减少对化石能源的依赖，促进能源结构的转型和优化。

(5) 满足偏远地区和岛屿的能源需求方面，对于一些地理位置偏远或传统能源供应方式受限的地区，尤其是岛屿，大规模电网供电往往难以实现，氢储能技术为这些地区提供了可靠的能源解决方案。

4.4.2.2 氢储能发电技术的劣势

(1) 氢气的生产成本相对较高，当前主要通过水蒸气重整和电解水两种方法生产。水蒸气重整法依赖天然气等化石燃料作为原料，而电解水法则需消耗大量电能。这两种生产方式的成本问题，直接制约了氢储能技术的广泛应用和规模化发展。

(2) 氢气在标准温度和压力下呈气态，体积庞大，因此在储存和运输时需要对其进行压缩处理，这就要求建立专门的储氢设施和基础设施，如压缩储氢和液态储氢装置、氢气管道以及运输车辆等。这些设施的建设和维护成本较高，成为限制氢储能发电技术广泛应用的一个重要因素。

（3）氢气因其高能性和易燃性而存在一定的安全风险，尤其是在浓度达到4%~75%时，极易引发爆炸。由于氢气的储存和运输通常需要压缩处理，这增加了泄漏的风险。

（4）尽管氢储能发电技术已经取得了一些技术突破并开始逐步应用，但与传统的燃煤、天然气和核能发电技术相比，氢储能发电技术仍处于较为初级的阶段，技术成熟度相对较低。

4.4.3 氢储能的应用价值

4.4.3.1 氢储能在电源侧的应用价值

氢储能在电源侧的应用价值主要表现在减少弃电、平抑波动和跟踪出力等方面，如图 4.32 所示。

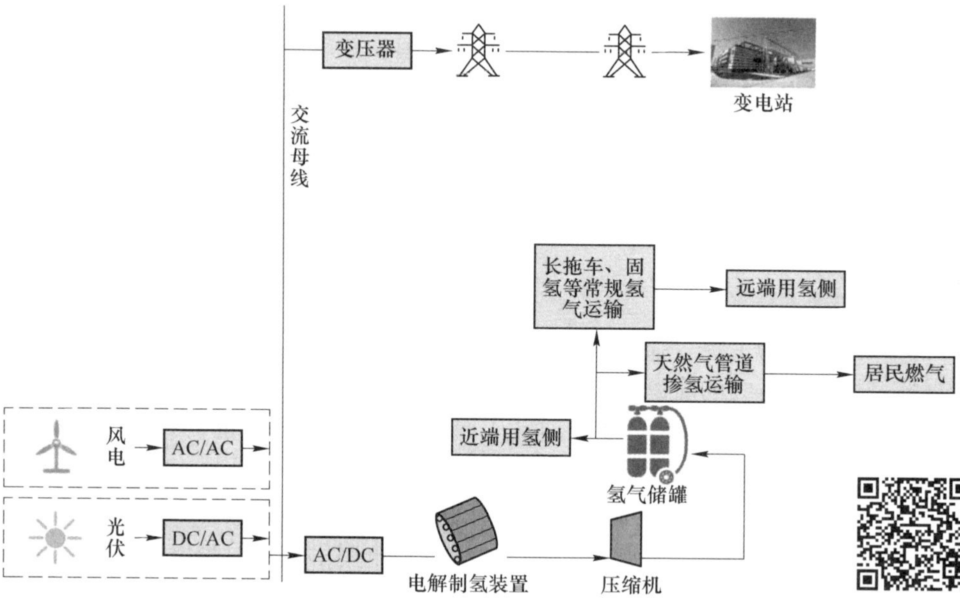

图 4.32 氢能在电源侧的应用场景

图 4.32 彩图

（1）利用风光弃电制氢。鉴于光伏、风力发电等新能源固有的波动性，弃光、弃风问题一直是电力系统面临的挑战。随着我国“双碳”目标的推进，新能源装机容量和发电量迅速增长，未来新能源的消纳问题依然令人担忧。因此，通过氢储能技术将无法并网的电能就地转化为绿色氢气，不仅可以解决新能源消纳的问题，还能为当地的工业、交通和建筑等领域提供清洁且成本较低的氢能，延伸绿色产业链。

（2）平抑风光出力波动。质子交换膜电解水技术能够实现对输入功率的秒级乃至毫秒级响应，适应 0～160% 的宽功率输入范围，冷启动时间短于 5 min，爬坡速率可达 100%/s。这些特点使得氢储能系统能够实时调整，跟踪风电场和光伏电站的出力变化。在风电场和光伏电站出力高峰时，氢储能系统可以吸收多余的电力；在出力低谷时，则释放存储的能量。

（3）跟踪计划出力曲线。通过对风电场和光伏电站出力的精确预测，有助于电力系统调度部门更好地协调各种电源的工作，及时调整调度策略，以减少风光等随机电源接入对电力系统的影响。

4.4.3.2 氢储能在电网侧的应用价值

氢储能在电网侧的应用价值主要体现在提供调峰辅助容量和缓解输配电线路阻塞两个方面，如图 4.33 所示。

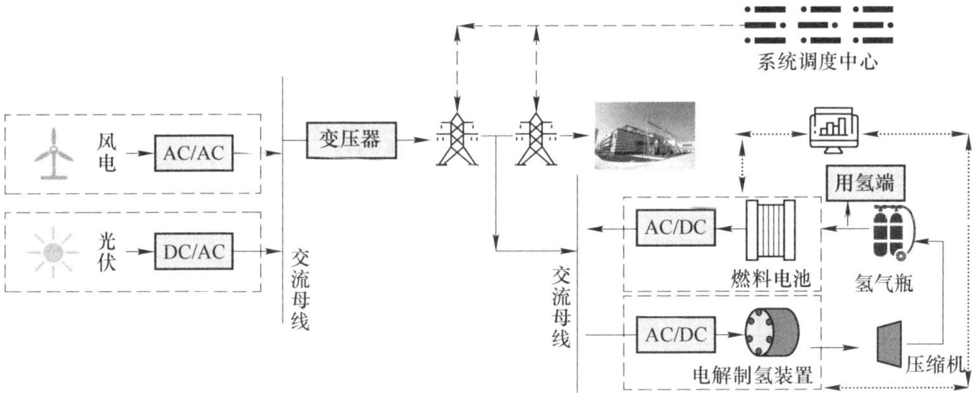

图 4.33 氢储能在电网侧的应用

图 4.33 彩图

（1）提供调峰辅助容量。电网接纳和消纳新能源的能力很大程度上依赖于其调峰能力。随着大规模新能源的接入以及产业结构的变化，电网的峰谷差将不断加大。我国电力系统的调峰辅助服务能力面临较大的容量缺口，预计到 2030 年，这一缺口将达到 1200 GW，到 2050 年将进一步扩大至约 2600 GW。氢储能技术凭借其高能量密度、大容量和长周期储存的特点，能够提供显著的调峰辅助容量，有效应对上述挑战。

（2）缓解输配电线路阻塞。在中国的一些地区，电力输送能力的增长速度跟不上电力需求的增长速度，导致在电力需求高峰期输配电系统出现拥堵现象，影响电力系统的正常运行。在这种情况下，大容量的氢储能系统可以扮演“虚拟输电线路”的角色，部署在输配电系统拥堵段的下游位置。电能可以在非高峰时段被存储在没有输配电阻塞的区域，然后在电力需求高峰期通过氢储能系统释放出来，从而减少对输配电系统容量的需求，有效缓解输配电系统的拥堵情况。

4.4.3.3　氢储能在负荷侧的应用价值

氢储能在负荷侧的应用价值主要体现在参与电力需求响应、实现电价差额套利以及作为应急备用电源等方面，如图 4.34 所示。

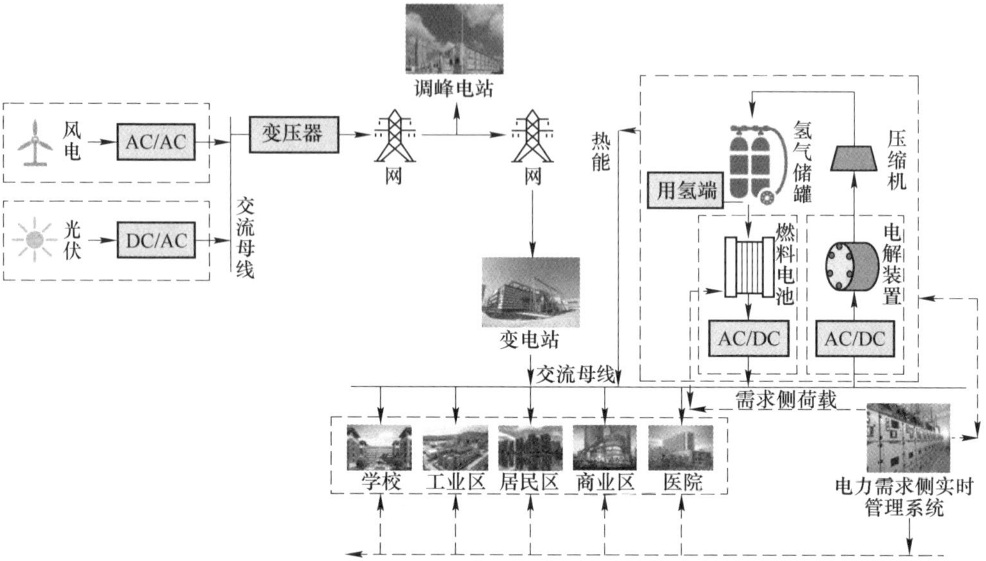

图 4.34　氢储能在负荷侧的应用

图 4.34 彩图

（1）参与电力需求响应。随着电力系统从传统的“源随荷动”模式向“荷随源动”乃至“源荷互动”模式转变，负荷侧的灵活性资源开发变得尤为重要。分布式氢燃料电池电站和分布式制氢加氢一体站可以作为高度灵活的可调节负荷资源，能够迅速响应电力供需不平衡的情况。

（2）实现电价差额套利。随着电力用户角色从单一消费者向“产消者”转变，我国大部分省市已对工业用户实施了峰谷电价制度，以鼓励用户合理安排用电时间。利用氢储能技术进行峰谷电价套利，即在电价较低的谷期使用氢储能设备储存电能，而在电价较高的峰期通过燃料电池释放电能，以此来实现经济效益。

（3）作为应急备用电源。当前，柴油发电机、铅酸蓄电池或锂电池是常见的应急备用电源解决方案，但它们各自存在明显的缺点，如柴油发电机噪声大、污染严重，而铅酸蓄电池和锂电池则存在使用寿命短、能量密度低和续航能力不足等问题。相比之下，环保、安静且续航能力强的移动式氢燃料电池成为理想的替代选择之一。

4.4.3.4　采用氢燃料电池发电的氢储能技术

氢燃料电池是一种将氢气转换为电能的装置，其工作原理是通过化学能向电能的转换来发电。图 4.35 展示了一个采用氢燃料电池发电的氢储能系统的工作流程。在这个系统中，风力发电机和光伏阵列产生的电能首先通过各自的控制器输送到直流母线上，然后通过并网电力控制器送入电网。当电网中有剩余电能时，电解电源控制器会将这些多余的电能转换成适合电解水制氢系统使用的电压，从而产生氢气，并将其储存在氢气储存系统中。当电网需要额外电量或风力发电与光伏发电量不足时，储存的氢气会被输送到氢燃料电池中，氢燃料电池将氢气转换成电能，再通过直流母线和并网电力控制器送回电网，以满足电力需求。

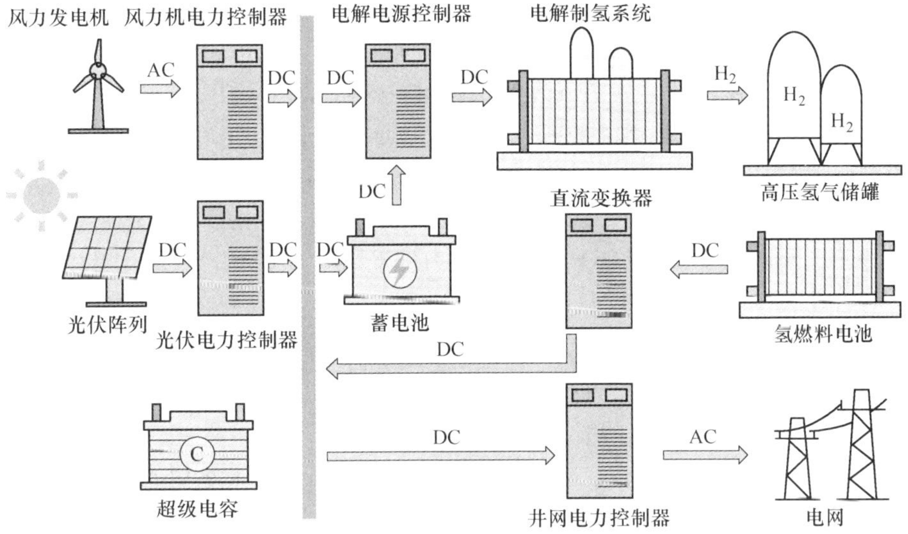

图 4.35　采用氢燃料电池发电的氢储能系统示意图

图 4.35 彩图

氢储能系统通常还需要蓄电池作为辅助储能手段。在某些情况下，如风光发电量不足且氢气储存也有限时，可以从蓄电池中输出电力用于电解水制氢。由于氢燃料电池无法立即提供大电流输出，因此系统中还会加入超级电容作为辅助储能装置。

4.4.4　氢燃气轮机发电

4.4.4.1　氢燃气轮机的简介

燃气轮机是一种将燃料的化学能转化为机械能的热力发动机，主要由压气机、燃烧室和涡轮组成。其工作原理是通过压气机压缩空气，与燃料在燃烧室混合燃烧，产生高温高压气体驱动涡轮旋转，从而输出功。燃气轮机在空气和燃气的主要流程中，只有压气机、燃烧室和燃气涡轮这三大部件组成的燃气轮机循环，简称为简单循环，大多数燃气轮机采用简单循环方案。氢燃气轮机是以氢气或氢气混合物为燃料的燃气轮机，能够实现稳定燃烧以达到低碳排放的目的。氢燃气轮机不仅继承了传统燃气轮机的灵活性和高效性，还具备低碳甚至零碳排放的优势。随着可再生氢混合比例不断提高，有望实现电力生产100%零碳排放。

4.4.4.2 氢燃气轮机的发展现状

自20世纪80年代起，众多国家便开始关注氢燃气轮机的发展，致力于探索氢能转换的新路径。目前，氢燃气轮机仍处于研发和初步应用阶段。相较于氢燃料电池和氢内燃机，氢燃气轮机在输出功率上更具优势，其功率范围可达50~1000 MW。当以体积比30%的氢气进行混合燃烧时，氢燃烧产生的能量约占总发电能量的10%。若使用绿氢进行燃烧，可减少10%的二氧化碳排放。

美国和欧洲目前正大力发展氢能动力产业。除了氢燃料电池外，欧洲大部分商用车制造商也在积极开展氢气发动机的可行性研究。我国在这一领域起步相对较晚。根据《中国2030年能源电力发展规划研究及2060年展望》报告，预计到2060年，我国电力总装机容量将达到约8.0 TW，其中风电和光伏发电合计约6.3 TW，将成为电网中的主要电源。氢燃料发电预计装机容量将达到0.25 TW，主要用于电网调峰[16]。近年来，我国大力推动燃气轮机国产化，“十三五”期间全面启动航空发动机和燃气轮机“两机专项”重大科技攻关。2024年2月，工业和信息化部正式印发《工业领域碳达峰碳中和标准体系建设指南》，明确提出将重点制定包括氢燃气轮机在内的多种氢能替代相关技术和装备标准。

4.4.4.3 氢燃气轮机的种类

燃气轮机主要由燃烧器、压缩机、涡轮（或透平）、轴承以及进气和排气系统组成，如图4.36所示。

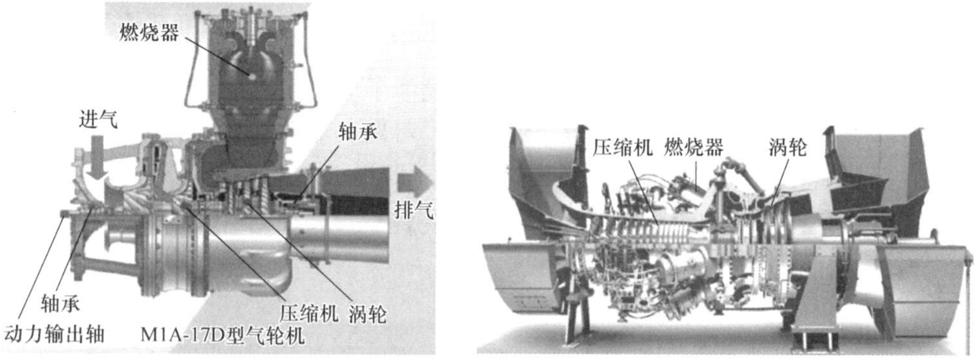

(a) (b)

图4.36 燃气轮机示意图

(a) 燃气轮机的整体；(b) 涡轮机[16]

图4.36彩图

燃烧器是燃气轮机的关键部件，其燃烧方式主要有两种：扩散式燃烧和干式低排放燃烧（dry low emission，DLE），如图4.37所示。扩散式燃烧器将燃气直接喷入空气中，燃烧过程较为稳定，且能够兼容多种燃料，但其缺点是氮氧化物（NO_x）排放量较高。为了降低 NO_x 排放，通常需要通过注入氮气或水蒸气来稀释燃烧产物。干式低排放燃烧器则采用燃料与空气预先混合后再进行喷射和燃烧，这种方式不需要额外的水蒸气，通过燃料稀释或尾气循环燃烧来降低 NO_x 排放。然而，DLE 燃烧器的燃烧稳定性相对有限，仅能在特定条件下保持稳定燃烧，并且可能会引发回火、熄火以及爆震等问题。

(a) (b)

图 4. 37 燃气轮机燃烧器的两种类型

（a）扩散燃烧器；（b）DLE 燃烧器[16]

图 4. 37 彩图

目前，高效的大型燃气轮机普遍采用干式低氮燃烧器。为了减少对现有燃气轮机的改造成本和复杂性，传统的通过氮气或水蒸气注入稀释的扩散式燃烧技术已逐渐被市场淘汰。因此，干式低排放预混燃烧器以及更先进的燃烧器技术将成为未来燃气轮机技术发展的主要方向[16]。

4. 4. 4. 4 氢燃气轮机的机遇与挑战

燃气轮机自身在能源体系中就具有关键的平衡作用，将氢气作为燃料使燃气轮机将自身优势被扩大。在相同发电量的情况下，比以天然气为燃料的燃气轮机的二氧化碳排放量减少 50%，可再生气体（绿氢、沼气、合成气等）与天然气的混合可以进一步减少二氧化碳的排放量。燃气轮机还具有很好的灵活性，非常适应频繁地起停，能够迅速响应电网需求。

为了尽快完成从燃煤发电向燃气发电的转变，实现脱碳目标，燃氢燃气轮机将补充风能和太阳能的间歇性，因为它们可以用作伴生电源。在风力和日光充足的情况下，可以通过利用多余的可再生能源电解水制氢，或者通过天然气重整制氢，结合采用碳捕集技术，天然气重整也是一种碳中和技术。在这种情况下，氢重整将被视为一个生产装置，可以在短时间内供应足够的氢气，并能够构建一种包括储存在内的氢能基础设施。

然而，氢燃气轮机研究过程中也面临不小的挑战，在能源系统转化的过程中需要使用燃料适应性强的燃气轮机，燃烧室需要适应不同比例的天然气/氢气混合物。氢燃气轮机由于点火延迟时间较短，自燃的风险也有所提高，火焰传播速度较快也增大了回火风险，氢燃气轮机的安全要求需要同时满足氢安全和燃气轮机安全。较高的绝热燃烧温度也增加了 NO_x 的排放量，造成对环境的影响。未来发展的关键挑战在于提高氢燃气轮机对燃料的灵活性，逐步由天然气过渡到纯氢燃料，同时降低 NO_x 的排放。

4.5 氢能在交通领域的应用

当前，随着全球经济不断发展，人们生活水平的持续提高，全球汽车数量也在不断增加，预计到2050年，全球汽车总量将达到16亿辆，这也导致交通领域是全球第二大碳排放源，汽车的能源消耗占世界能源消耗总量的四分之一，而我国的石油消耗总量仅汽车这一项就占据了三分之一。全球石油储备的下降逐渐暴露能源危机问题，以石油为原料的汽油柴油的燃烧也使得 CO_2 温室效应以及 CO、NO_x 对环境造成巨大影响，人们的生存环境也就受到了威胁。因此，各国也将目光聚焦于如何解决交通领域造成的环境污染问题。

氢能源作为可再生清洁能源，被视为应对该问题的关键。当前，氢能源的应用主要分为两大方向：一是基于现有内燃机技术改进而成的氢燃料内燃机；二是采用创新技术的燃料电池，未来目标是开发出既安全环保又能持续再生的新一代动力源。

如今我国已是全球最大的电动汽车市场，新能源汽车销量已经连续八年位居世界第一。电池技术的不断创新（如宁德时代的麒麟电池和比亚迪的刀片电池）和自动驾驶技术的快速发展，让我国电车产业链更加完整，产业竞争力持续提高。随着国家政策的大力支持，相信未来氢能源汽车也将占据一席之地。

4.5.1 氢燃料内燃机

4.5.1.1 氢内燃机

氢内燃机（hydrogen internal combustion engine，HICE）是一种使用氢气作为燃料的新型内燃机，它通过燃烧氢气将储存于氢气中的化学能转化为机械能。氢内燃机的基本工作原理与传统的汽油或柴油内燃机相似，都是采用气缸-活塞式的往复运动来实现能量转换[2]。

与汽油、柴油等传统燃料相比，氢作为燃料具有以下特点。

（1）高能量密度。氢气具有非常高的能量密度，即单位质量的氢气所含有的能量非常丰富。这使得氢气成为一种理想的燃料，能够提供更多的能量而不增加过多的质量。按质量计算，氢气的热值约为 120 MJ/kg，是汽油热值的 3 倍左右。

（2）轻便易燃。氢气具有广泛的燃烧极限范围，也就是能够与空气中的氧气形成可燃混合物的浓度范围较大。氢气的燃烧极限范围在 4%～75%，这意味着即使混合比例不在理想范围内，氢气仍然可以燃烧。

（3）低温点火。氢气的自燃温度较低，这使得氢气在低温条件下也能容易地点燃，这一点对于冷启动尤其有利。

（4）高燃烧温度。氢气燃烧时，火焰温度可达 2000 ℃以上，这使得氢气在某些工业应用中能够实现高温处理。

（5）燃烧速度快。氢气具有非常快的燃烧速度，当与空气中的氧气混合时，氢气能够迅速燃烧，产生大量的能量，这使得氢气在发动机和燃料电池等应用中具有优势。

（6）低有害排放物。氢气燃烧的主要产物是水，理论上没有碳排放。如果氢气是从可再生能源中提取的，那么整个过程几乎是零排放的。

（7）安全性。虽然氢气是易燃易爆的，但其密度低于空气，一旦泄漏会迅速上升并扩散，降低了局部积聚的风险。然而，这也意味着在设计和操作中必须严格遵守安全标准。

4.5.1.2 氢混合燃料内燃机

氢气的特性，尤其是其广泛的可燃极限，使其成为与其他燃料混合使用的理想选择，有助于改善燃烧性能。混合运行指的是将氢气与一种或多种其他气体燃料结合使用，在这种模式下，燃料预先储存，并通过喷射系统以混合物的形式输送到发动机中。这种方式不仅能够优化燃烧效率，还能提高整体的发动机性能。

（1）以天然气为主的混合燃料。氢气的燃烧速度比甲烷高出数倍。研究表明，在天然气中添加氢气可以显著改善燃烧性能，即使在广泛的工作条件下（如不同的空燃比 λ 和压缩比），这种混合燃料通常表现出更高的效率、更低的二氧化碳排放量和总体排放水平下降。将氢气添加到天然气中可以有效地延长天然气的稀薄燃烧极限，避免进入燃烧不稳定区域，从而实现极低的排放水平，满足等效零排放车辆（EZEV）的标准。

（2）以汽油为主的混合燃料。在汽油-氢混合燃料发动机中，氢气在燃烧过程中起到促进作用。这类发动机对原有汽油机的结构改动不大，主要增加了一个用于控制氢气添加量的电子装置，改装过程相对简单。由于氢气的点火能量较低，使得稀薄混合气更容易燃烧，因此发动机可以使用更稀的混合气。此外，氢气具有较低的活化能和较高的扩散系数，这缩短了混合气的滞燃期，并加快了火焰的传播速度，使得实际燃烧过程更接近于等容燃烧，燃烧时间也相应缩短。因此，添加氢气可以提高发动机的热效率，显著降低油耗，同时不会大幅减少发动机的功率，从而提升了其经济性[2]。

（3）以氢为主的混合燃料。向氢气中添加甲烷可以显著提高压缩存储系统的能量密度，从而增加气体燃料汽车的行驶里程。例如，将氢气与 5%的甲烷混合可以增加 11%的能量储存量；将氢气与 20%的甲烷混合，则可以使能量储存量增加46%。在单缸研究发动机上的试验结果显示，使用氢气以及含有5%和20%甲烷的混合物时，随着甲烷比例的增加，氮氧化物（NO_x）排放量有所减少，但发动机效率也随之下降，特别是在发动机低负荷工况下[17]。

4.5.1.3 氢内燃机汽车结构系统

氢燃料内燃机保留了传统内燃机的基本架构，包括曲柄连杆机构、配气机构以及固定件等核心组件。在此基础上，根据氢气的特性，对燃料供应系统、控制系统、燃烧系统及相关零部件进行了改进设计，主要新增了氢燃料发动机控制系统和氢气供给系统。

氢气供给系统包括氢气瓶、减压阀、氢气过滤器、氢气稳压轨道、氢气温度传感器、氢气压力传感器、氢气喷射阀和氢气导管等组件。根据氢气喷射位置的不同，氢燃料内燃机可分为缸外喷射式（外部混合）和缸内直喷式（内部混合），如图4.38所示。

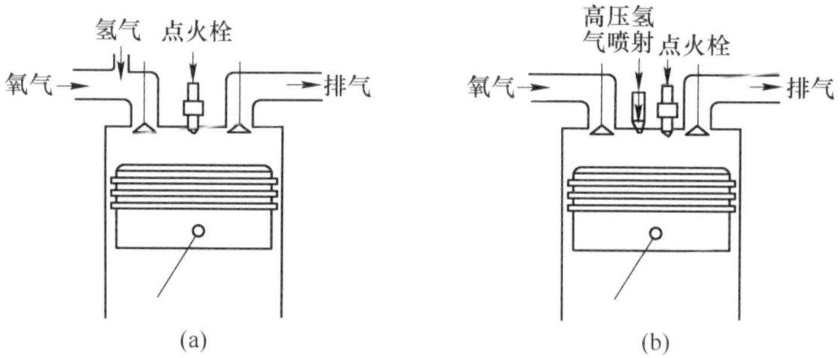

图4.38 氢燃料内燃机燃料喷射和混合方式[2]
（a）缸外喷射方式（外部混合）；（b）缸内喷射方式（内部混合）

为了控制氢发动机的燃烧过程，氢气的供给方式及氢气与工作气体的混合过程至关重要，需要合理管理和调节两者的混合状态。开放式的预混合氢发动机大多是在汽油机基础上开发的，通过提前将氢气注入进气管道与空气混合（外部混合）。这种结构的氢内燃机输出功率较低，因为通过进气管道注入的氢气量有限。

相比之下，喷射式结构通过直接向发动机气缸内增压喷射氢气，能够比非增压式的预混合方式增加40%以上的氢气量和输出功率。此外，使用氢气喷射器直接喷射氢气，可以更好地控制氢气与工作气体的混合状态，提高氢气注入时机的精确度，从而避免火焰逆流到进气管中引发的回火现象及由此可能导致的引擎损坏等问题[18]。

4.5.1.4 氢内燃机的技术难点

由于氢气独特的燃烧特性，如果按照传统内燃机的原理构建氢内燃机的混合气形成和燃烧过程，就会遇到异常燃烧的问题，这是氢内燃机发展的一个主要障碍。其中，最突出的问题包括早燃、爆燃和回火。

早燃和爆燃是由氢气在火花塞点火前后由于某处炽热点引发的自燃现象，这也是氢气无法直接应用于传统内燃机的主要原因之一。氢气的最小点火能量仅为0.02 mJ，远低于汽油的0.25 mJ，这意味着氢内燃机可以燃烧稀混合气并确保快速点火。然而，低点火能量也使得气缸内局部高温区域成为潜在的自燃点。

氢内燃机中较高的气缸气体温度有利于提高气体压力和增加输出功率，如果温度过高，则会导致早燃、爆燃和回火等问题，并且还会使排气温度升高，增加热能损失，同时高温还会加剧气缸内零部件的烧蚀，并增加NO_x（氮氧化物）的浓度。因此，控制氢内燃机燃烧过程中的过热至关重要。

在高压缩比和高负荷条件下，气缸内的高温容易形成某些炽热点，从而引发早燃。早燃会导致四个冲程的相位失调，降低内燃机效率，使得发动机运行不稳定。此外，早燃还容易导致回火，尤其是在进气道外混式氢内燃机中表现得尤为明显。

尽管氢气的低点火能量、宽着火界限、短火焰淬熄距离、快速火焰传播速度以及大的缸内压力升高率对提高输出功率是有利因素，但这些特点同时也是导致氢内燃机早燃问题比传统内燃机更为严重的原因。这也是为什么进气道喷射式氢内燃机至今未能广泛普及的主要原因之一。

目前抑制和消除早燃和回火的常用方法有以下4种。

(1) 保证气缸的严格清洁，采用相对较冷的火花塞、更狭小的火花塞间隙和合适的压缩比。

(2) 采用稀燃、废气再循环抑制回火的产生。进入气缸的废气可以降低热点的温度，减少早燃的可能性。同时，废气再循环降低燃烧的最高温度，减少了NO_x的排放。

(3) 采取有效措施降低进气温度，如喷液态氢气、喷水或喷射冷空气。

(4) 采用缸内氢气喷射方式，在进气形成后期使氢气直接喷射进入气缸，换气过程中新鲜空气对燃烧室的冷却作用大大减少了不正常表面点火的发生，使得内燃机运转平稳可靠。另外，采用进气歧管多点氢气喷射系统，能够减少早燃和回火问题的发生[2,18]。

4.5.2 燃料电池车

燃料电池汽车（FCV）是一种利用车载燃料电池生成的电力驱动的车辆。在燃料电池汽车运行过程中，车载的燃料电池使用的是高纯度的氢气或者是经过重整后富含氢的气体作为燃料，通过氢气与氧气之间的化学反应将化学能转换为电能，从而为车辆提供动力，且唯一的排放物是水，实现了零排放的目标。氢燃料电池车的行驶距离受其所携带氢燃料数量的影响，而其行驶性能则取决于燃料电池动力系统的输出功率。为了降低成本，氢燃料电池车应当尽可能地使用低功率的燃料电池，并辅以额外的功率源，以此来改善车辆的加速性能、爬坡能力和经济性。

与现代汽车类似，氢燃料电池车包含动力系统、底盘、汽车电子系统和车身四大模块。除动力系统外，其他部件与传统汽车相同。氢燃料电池车的动力系统结合燃料电池系统和电动机提供驱动力，能量来源于高压罐中的氢气。燃料电池将氢的化学能转化为电能，与电池共同驱动电动机。

尽管氢燃料电池汽车在近年来取得了快速的发展，相较于纯电动汽车，氢燃料电池汽车的技术成熟度和基础设施配套仍有待完善。目前，氢燃料电池汽车的成本仍比传统汽车高出60%~80%，其市场化进程仍处于初级阶段。此外，能达到500 km续航里程的燃料电池汽车尚未被开发出来，燃料电池汽车在耐久性、安全性和高成本等方面的问题也尚未得到彻底解决[2,19-20]。

4.5.2.1 燃料电池电动汽车的组成

燃料电池电动汽车的主要构成部分通常包括燃料电池堆、高压氢气储存罐、辅助能源系统、直流转换器（DC/DC）、驱动用电动马达以及车辆的中央控制系统，其结构可参考图4.39。

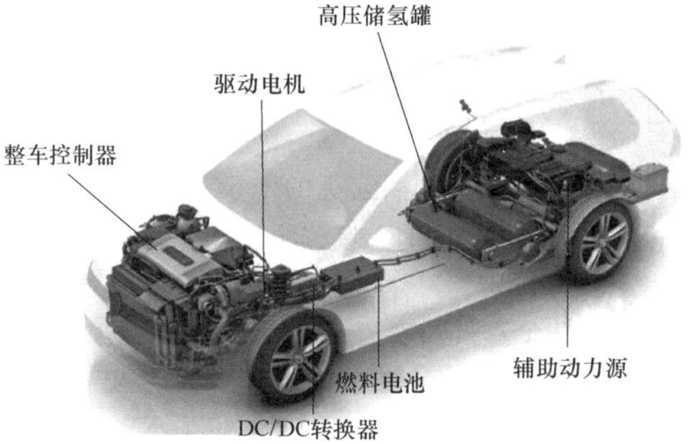

图4.39 燃料电池电动汽车的结构

图4.39 彩图

（1）燃料电池。燃料电池是燃料电池电动汽车的核心动力来源，它通过电化学反应直接将燃料的化学能高效地转化为电能，而无须通过燃烧过程。

（2）高压储氢罐。高压储氢罐是用于存储气态氢的装置，其主要功能是为燃料电池提供氢气燃料。为了确保燃料电池电动汽车在单次加氢后能够拥有足够的行驶距离，通常需要配备多个这样的储氢罐。

（3）辅助动力源。根据燃料电池电动汽车的具体设计，辅助动力源会有所不同，可以是由蓄电池组、飞轮储能装置或超级电容器等组成的双电源系统。其中，蓄电池可以选择镍氢电池或锂离子电池。

(4) DC/DC 转换器。在燃料电池电动汽车中，燃料电池通常配备单向的 DC/DC 转换器，而蓄电池和超级电容器则使用双向的 DC/DC 转换器。DC/DC 转换器的主要作用包括调整燃料电池的输出电压，使其能够提升至 650 V，调控整个车辆的能量分配，并维持车辆直流总线电压的稳定性。

(5) 驱动电机。燃料电池电动汽车使用的驱动电机类型包括直流电机、交流电机、永磁同步电机以及开关磁阻电机等，具体选择哪种类型的电机需根据整车的开发目标，并综合考量各种电机的技术特性来决定。

(6) 整车控制器。整车控制器堪称燃料电池电动汽车的“中枢”，它集成了燃料电池管理系统、电池管理系统和驱动电机控制器等功能。一方面，它接收来自驾驶员的操作指令，以实现对车辆运行状态的控制；另一方面，它根据实时获取的车辆实际运行参数以及动力系统的工作状态，依据预设的多能源管理策略来进行能量分配和调节控制[3]。

4.5.2.2 燃料电池电动汽车的工作原理

燃料电池电动汽车的运行机制为：从高压氢气罐释放的氢气与来自大气的氧气，在车载的燃料电池内进行化学反应（即氧化还原过程），从而生成电能。如图 4.40 所示，此电能随后被用于驱动电动机，电动机产生的动力通过变速器及传动系统传递至车轮，进而推动车辆前进。

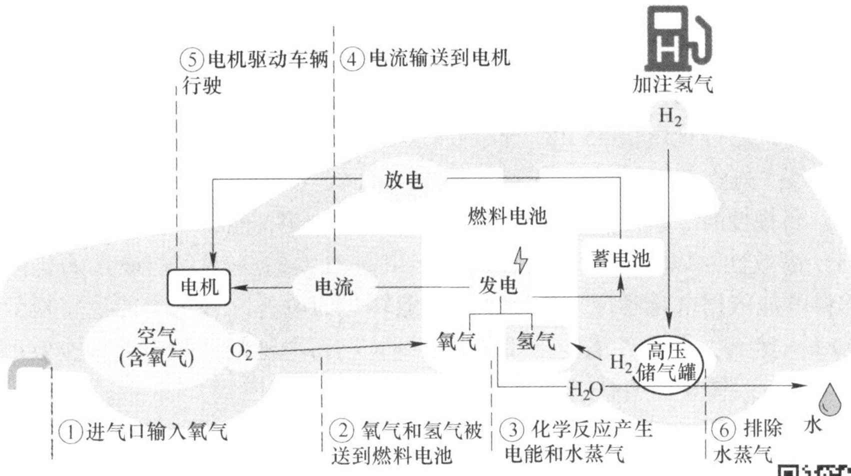

图 4.40 燃料电池电动汽车的工作原理

图 4.40 彩图

燃料电池电动汽车的运行状态可以分为启动、正常行驶、加速以及减速四种。

(1) 车辆启动阶段。无论采用哪种动力组合形式，在车辆启动阶段通常都是由车载的辅助电池或超级电容供电。这是因为它们能够快速响应并提供启动所需的瞬时高功率，而燃料电池需要一定的时间来达到最佳工作温度和效率。

（2）正常行驶状态。进入正常行驶状态后，高压储氢罐内的氢气经由高压管道传输到燃料电池中，与此同时，空气压缩机提供的氧气也被送入燃料电池。在燃料电池内部，氢气和氧气在质子交换膜的作用下发生电化学反应，生成水和电能。产生的电能经过 DC/DC 转换器调整电压后，再由动力控制单元转换成适合驱动电机使用的交流电，电机利用这些电能驱动车轮旋转。

（3）加速过程。当车辆需要加速时，除了燃料电池持续供电外，辅助电池或超级电容也会根据实际需求提供额外的电力支持。这种混合供电方式可以在短时间内提供更高的功率输出，满足车辆加速的需求。

（4）减速及能量回收阶段。当车辆减速时，驱动电机转换为发电机模式，利用车辆减速时的动能进行发电。通过动力控制单元，这部分电能被转换成直流电，并存储回车载的辅助电池或超级电容中，实现能量回收。这样做不仅有助于提高整车的能量利用效率，还能减少对辅助电池或超级电容的依赖，延长其使用寿命[18, 21]。

4.5.2.3 燃料电池汽车的特点

燃料电池汽车是一种新概念汽车，它与传统的燃油内燃机汽车相比，具有以下优点。

（1）生态友好型。燃料电池汽车需对燃料气体进行预脱硫处理，其发电过程基于催化反应而非燃烧，仅排放水蒸气，不产生 SO_2、NO_x 等污染物。纯氢燃料车辆完全无 CO_2 排放；当氢气源自化石燃料时，制氢过程 CO_2 排放较传统内燃机减少 40%以上；若采用可再生能源制氢，则实现全周期零排放。燃料电池系统无运动部件，运行噪声仅 55 dB（低于内燃机 20 dB 以上）。相比传统汽车，该技术兼具环境友好性与经济性优势。

（2）可控性高。燃料电池汽车具有强大的驱动力矩，能够满足迅速加速的需求。

（3）高效性。以氢为燃料，它的比能值是汽油的 3 倍，是最大的比能值之一。燃料电池依据电化学原理直接将化学能转化为电能，理论上能量转换效率可超过 90%。然而，由于各类极化效应的限制，燃料电池的实际电能转换效率通常在 40%~60%，其效率远高于其他类型的内燃机。

（4）节约空间。采用燃料电池发动机作为汽车的动力之后，燃料电池组、功率控制单元和电机安装在汽车前部，储氢罐安装在后部地板下面，辅助电池放在行李箱地板下面，结构更加紧凑，因而车内的空间更为宽敞，体积小、速度快，也具有广泛的运行功率能力。

尽管燃料电池汽车拥有上述优点，但它也存在以下缺点。

（1）氢的危险性。对氢气的生产、储存、运输和供应都要求较高的技术水平，以确保使用的安全性。

（2）密封要求高。为了防止氢气泄漏到燃料电池堆外部导致燃料电池发动机效率下降并带来安全风险，单个燃料电池之间的连接必须进行严格的密封。这使得其制造工艺变得复杂，并且给使用和维护带来了诸多挑战。

（3）氢气的生产、储存和运输成本较高，目前最具应用潜力的质子交换膜燃料电池使用了贵金属铂作为催化剂，这也导致了燃料电池的价格维持在较高水平。

（4）低温启动性差。燃料系统在0 ℃以下无法发电，因此，燃料电池汽车在冬季使用时的最大问题是如何使燃料电池堆在-20～-4 ℃的温度下长时间浸泡之后，能够迅速恢复活性。此外，凝固性也是燃料电池的一个弱点。当汽车停驶之后，如果没有去除燃料电池中产生的水分，就会出现低温结冰现象，将损伤聚合物薄膜。

（5）需要配备辅助蓄电池系统。燃料电池发动机能持续发电，但无法充电及回收燃料电池车制动能量。因此，它需要配备辅助蓄电池系统来存储燃料电池的富余电能，并回收燃料电池车减速时的再生制动能量[18,21]。

4.5.2.4 影响氢燃料电池电动汽车推广使用的主要因素

氢燃料电池电动汽车在大规模推广使用中面临着多个关键挑战，包括核心技术亟待突破、成本高、氢的储运难题以及加氢站缺乏等。

（1）核心技术亟待突破。氢燃料电池电动汽车的核心技术主要集中在氢燃料电池堆，尤其是电催化剂、质子交换膜和碳纸这“三大材料”，以及双极板和膜电极这“两大部件”。当前，这些领域的核心技术亟须突破，以加快实现国产化。

（2）成本高。当前，氢气的制取主要依赖化石燃料，如天然气和煤油，这种方法不仅资源不可持续，而且碳排放量高。电解水制氢虽然具有资源和环保的双重可持续性，但制氢过程中需要消耗大量电能，成本较高。

（3）氢的储运难以保障。氢气的储运问题是制约氢燃料电池汽车全面应用的关键，氢气主要以高压气态、低温液态和固态材料三种形式进行存储和运输，但每种形式都有一定的局限性。高压气态储氢存在泄漏和爆炸的风险，且运输效率不高；低温液态储运对存储容器的绝热性要求高，液态氢会吸收金属容器中的金属生成氢化物，降低氢气纯度；固态材料储氢的物理吸附储氢在常温常压下作用力弱，氢气容易逃逸；化学吸附储氢存在吸氢温度高、可逆性差等缺点。目前，我国氢气的储运量和运输里程相对较少，未来随着氢燃料电池电动汽车保有量的增加，氢能在地区间的分布不平衡将带来大规模氢气储运和调配的问题。

（4）加氢站缺乏。全球范围内，氢燃料电池电动汽车的规模还很小，因此加氢站的建设也非常有限。在中国，氢燃料电池电动汽车的普及率较低，导致加氢站数量非常有限，给用户的出行带来了极大的不便。建设加氢站需要巨大的投资，目前市场规模不够大，资本难以承担这样的投资风险。因此，政府需要提供更多的支持和优惠政策，加快加氢站等基础设施的建设步伐。

尽管面临诸多挑战，氢燃料电池电动汽车在大载重、长续航、高强度的应用场景中具有显著优势。特别是在重载车辆、专用车辆、商用车辆和储能等领域，氢燃料电池电动汽车表现出色，有望带动全产业链的发展[2]。

4.5.2.5 应用现状

氢燃料电池车结构简单，目前已广泛应用于多种车型。对于乘用车而言，氢燃料电池车已经具备商业化应用的条件，由于加氢基础设施不足和车辆购置成本高，当前的普及率仍然较低。在商用车领域，叉车、公交车、轻型和中型卡车一直是燃料电池商用车应用的先锋。

A 氢燃料电池乘用车

首款商业量产的氢燃料电池乘用车是丰田公司在2014年推出的Mirai，这款车型只需要几分钟即可完成氢燃料的加注，行驶里程与传统燃油车相当，见表4.3。图4.41所示为荣威950插电式混合动力版和丰田Mirai二代。

表4.3 氢燃料电池乘用车应用现状[18]

代表氢燃料电池乘用车主要发展国家	中国	日本	欧洲	美国
代表产品	上汽集团2016年推出荣威950插电式混合动力版 2020年10月—2021年3月，上汽大通EUNIQ7、广汽Aion LX Fuel Cell、东风风神、长安汽车CS75、一汽红旗H5	丰田Mirai一代和二代 本田Clarity	本田Mirai一代和二代 本田Clarity 现代途胜 现代NEXO	本田Mirai一代和二代 本田Clarity 现代途胜 现代NEXO

(a)

(b)

图4.41 荣威950插电式混合动力版（a）和丰田Mirai二代（b）

图4.41彩图

B 氢燃料电池公交车

目前，氢燃料电池公交车是应用最广泛的燃料电池车型之一。公交车的典型特征是行驶路线有规律且可预测，因此只需要少数几个加氢站，这使得公交车成为燃料电池技术早期应用的理想选择，见表4.4。图4.42所示为氢燃料电池公交车。

表4.4　氢燃料公交车应用现状[18]

项目	中国	日本	欧洲	美国
应用现状及案例	（1）2003年，3辆奔驰氢燃料电池公交车在北京进行首次测试； （2）2017年，首条商业化运营的氢燃料电池公交路线由飞驰巴士在佛山云浮运营； （3）截至2018年，在上海、佛山、张家口、成都等城市运营的氢燃料电池公交车已超过200辆； （4）2022年，冬奥会运营福田氢燃料电池公交车515辆、宇通客车185辆、吉利星际客车80辆	2018年丰田推出第一款氢燃料电池公交车Sore	（1）2010—2016年在8个国家部署了60辆氢燃料电池公交车； （2）2017年起，欧洲氢动力汽车联合开发计划（第一阶段）在5个国家部署139辆氢燃料电池公交车，并得到巴拉德和其他合作伙伴的技术支持； （3）欧洲氢动力汽车联合开发计划（第二阶段）将部署近300辆燃料电池公交车	截至2019年4月，在国家燃料电池客车项目、美国交通运输部项目和其他政府项目的资助下，35辆燃料电池公交车正在进行积极试点，以确定燃料电池公交车的可靠性和耐久性的优化改进
主要制造商	福田欧辉客车 宇通客车 中通客车	丰田	范胡尔公司 索拉瑞斯巴士客车 怀特客车	加拿大New Flyer ENC集团

图4.42　氢燃料电池公交车

图4.42彩图

C 轻型和中型氢燃料电池卡车

氢燃料电池卡车在同城及城际物流领域展现出显著的竞争优势。首先，这类卡车的续航能力通常超过 150 km，足以应对大多数同城及城际间的货物配送需求。此外，氢燃料电池卡车能更好地符合城市区域对环保和噪声控制的严格标准，这促进了政府机构和物流企业加快引入此类车辆。再者，相较于纯电动汽车，氢燃料电池车的加氢过程更为迅速，有助于提升物流操作的整体效率。

鉴于货运量占据了城市交通流的重要部分，氢燃料电池技术正逐渐成为减少城市污染的关键手段之一。展望未来，预计轻型和中型氢燃料电池卡车将在同城及城际物流中的应用持续扩大，特别是在中国，随着商业基础设施的快速建设和发展，这一趋势将更加明显，见表 4.5。图 4.43 所示为轻中型氢燃料电池卡车。

表 4.5 轻型和中型氢燃料电池卡车应用现状[19]

项目	中国	日本	欧洲	美国
应用现状及案例	（1）中国最大的氢燃料电池车运营商氢车熟路公司目前运营约 500 辆燃料电池车，服务于京东和上海申通快递等物流和电子商务公司； （2）2018 年，500 辆有效载荷 3.5 t、续航里程 330 km 的燃料电池卡车在上海部署，客车由东风公司生产，采用巴拉德燃料电池堆技术；另有 600 辆燃料电池客车于 2019 年 4 月部署	2017 年，丰田和 711 便利店达成协议，从 2019 年开始测试和部署燃料电池中型送货卡车	（1）德国快递 2020 年部署 100 辆氢能源板车，该款货车是一种 4.25 t 的商用燃料电池货车，最大行驶里程可达 500 km，由卡车制造商 Street Scooter 生产； （2）欧洲氢能交通 H2ME 项目是支持氢燃料电池车载欧盟应用的主要力量，2021 年雷诺燃料电池车部署约 900 辆用于车队和商业运营	（1）氢燃料电池混合动力货车项目是由美国能源部领导的一个试点项目，旨在提高电动中型卡车的商业可行性； （2）联邦快递于 2014 年开始在加州和田纳西州测试 20 辆燃料电池增程货车，并于 2018 年启动了另一个与工马集团和普拉格能源合作的燃料电池货车测试项目
主要制造商	上汽大通 飞驰客车 东风客车 中通客车 福田汽车 奥新新能源	丰田	雷诺 Street Scooter	工马集团 美国联合包裹运送服务公司 联邦快递

图 4.43 轻中型氢燃料电池卡车

图 4.43 彩图

D 重载氢燃料电池卡车

鉴于高污染和温室气体排放问题，重载卡车领域被视为开发零排放车辆的重要方向，如图 4.44 所示。然而，重载氢燃料电池卡车的发展步伐相对较慢，多数车型仍处于研发阶段，这主要是由于车辆购置成本高昂、燃料费用偏高以及加氢站基础设施不足所致，见表 4.6。

图 4.44 重载氢燃料电池卡车

图 4.44 彩图

不过，随着燃料电池技术的不断进步及其对重型车辆应用的适应性增强，氢燃料电池卡车正逐渐展现出其独特优势。相较于纯电动卡车，氢燃料电池卡车不仅拥有更短的加氢时间和更长的续航能力，还能显著提升运营效率。

E 氢燃料电池叉车

燃料电池技术在叉车领域的应用处于领先地位，见表 4.7。首先，叉车所需

表 4.6 重载氢燃料电池卡车应用现状[19]

项目	中国	日本	欧洲	美国
应用现状及案例	（1）2017年，中国重汽发布中国第一辆燃料电池重型卡车——燃料电池港口重卡； （2）福田汽车集团正在开发燃料电池重型卡车的车型	2017年丰田推出一款港口重型卡车	（1）2017年，ESORO推出全球首款34 t级燃料电池卡车； （2）2017—2020年，H_2-Share项目建造和测试由荷兰VDL在欧洲开发的27 t卡车； （3）2018年，现代公司宣布2019—2023年向瑞士氢能公司提供1000辆燃料电池重型卡车	（1）燃料电池卡车快速通道项目和洛杉矶港“从海岸到仓库”运输项目是美国推动燃料电池重型卡车应用的两个代表性项目，分别部署了10辆和5辆燃料电池卡车； （2）美国初创卡车公司尼古拉汽车计划推出一款氢燃料半挂卡车Nikola Trevor，在2023年投入量产
主要制造商	中国重汽 福田汽车	丰田	E-Truck ESORO 荷兰VDL 现代	肯沃斯 尼古拉 丰田

表 4.7 氢燃料电池叉车应用现状[19]

项目	中国	日本	欧洲	美国
应用现状及案例	广东省佛山市政府在2025年前引进5000台氢燃料电池叉车，潍柴动力已与巴拉德建立合资企业，开发用于叉车的燃料电池	2018年，丰田在日本元町工厂部署了20辆燃料电池叉车，并在该工厂建设了一个加氢站	2013年，供暖系统制造商菲斯曼宣布采用氢燃料电池叉车承担日常仓库操作；法国维埃尔河畔的家乐福从STILL购买137部氢燃料电池叉车用于物流基地运营	（1）2014—2018年沃尔玛仓库燃料电池叉车数量从1700台增加到8000台； （2）2017年4月，亚马逊宣布与普拉格能源公司合作并计划将其11个仓库中的纯电动叉车替换为氢燃料电池叉车
主要制造商		丰田	STILL 林德	STILL 林德

的最高功率仅为乘用车的十分之一，因此在技术实现上更加容易；其次，由于叉车通常在仓库等限定区域内工作，对于加氢站的需求量不大；再次，氢燃料电池叉车不会因为长时间使用而出现电池容量衰减的问题，能够保持稳定的工作性能；最后，这种叉车无污染排放，特别适合用于对环境清洁度要求较高的场所，如食品和饮料行业的仓库。图4.45所示为氢燃料电池叉车。

图 4.45 彩图

图 4.45 氢燃料电池叉车

F 氢燃料电池采矿车

与传统的柴油和纯电动矿车相比，氢燃料电池采矿车具备多项优势（见图 4.46）：它们能够提供与柴油车相匹配的机动性、动力表现、安全性以及清洁度，同时拥有较长的续航里程；更重要的是，在地下作业时不会排放有害气体，从而降低了对矿工健康的潜在威胁。

图 4.46 彩图

图 4.46 氢燃料电池采矿车

G 氢能环卫车

氢能环卫车是指采用氢能作为动力源的环卫车辆，如图 4.47 所示。这类车辆是氢燃料电池技术应用的关键领域之一，涵盖垃圾收集车、洒水车、多功能抑尘车、清洁车、吸粪车、洗扫车及扫路车等多种类型。由于城市对环境保护的要求较高，且环卫车通常沿较为固定的路线行驶，这有利于加氢站的布局与建设，因此氢能环卫车已经进入了商业化示范应用阶段[3,19]。

图 4.47 氢能环卫车

图 4.47 彩图

4.5.3 其他交通应用

4.5.3.1 氢燃料动力船舶

海洋产业是导致气候变化的温室气体排放的重要来源，随着海上运输需求的增长，其环境影响预计将进一步加剧。氢燃料电池作为一项核心的零排放技术，将在当前及未来的海洋产业脱碳进程中发挥关键作用。

燃料电池船依赖于一个混合电力系统，该系统要求燃料电池与动力电池紧密协作，以提供高效且零排放的动力。这种混合动力设计的目的在于让燃料电池在稳定状态下运作，从而实现最高的燃料效率，同时电池的大小足以应对瞬时功率需求。燃料电池通过电化学反应高效地产生电力，而氢燃料则独立储存为其能量来源。这意味着，只要有燃料供应，燃料电池就能持续发电。其唯一的副产品是水、蒸气和热量，如果使用来自可再生能源的氢气作为燃料，那么燃料电池便能提供真正意义上的零排放能源。

长期以来，燃料电池被视为海洋产业中一个潜力巨大的解决方案。随着技术的成熟与可靠性增强，越来越多的燃料电池制造商正专注于为航运业打造专门的产品。例如，2020 年，加拿大巴拉德动力系统公司推出了专为船舶设计的 200 kW燃料电池，并在 2022 年 4 月获得了全球首个挪威船级社的型式认证。2023 年 3 月 17 日，中国首艘获得中国船级社认证的 500 kW 级氢燃料电池动力工作船“三峡氢舟 1 号”在广东中山成功下水，如图 4.48 所示。这一事件标志着中国在氢燃料电池船舶领域取得了重要进展[3]。

4.5.3.2 氢能轨道列车

近年来，我国燃料电池在多个下游应用领域迅速扩展。在轨道交通行业中，氢能源有轨电车已在河北唐山和佛山高明等多个地方启动了示范运营项目。氢燃料电池混合动力机车也已在锦白铁路的大板东站投入使用。

图 4.48 “三峡氢舟 1 号”氢燃料电池动力工作船

图 4.48 彩图

锦白铁路大板东站的氢燃料电池混合动力机车于 2021 年 10 月 29 日正式上线运营，主要承担调车和取送车任务。这款氢能机车采用了国家电投氢能公司的“氢腾”燃料电池系统，设计最高时速为 80 km，充满氢气后可单机连续运行 24.5 h，在平直道上的最大牵引质量超过 5000 t。从 2021 年 7 月至年底，该机车每天平均工作时间超过 12 h，累计运行里程超过 130 km。

目前，轨道交通领域的氢能列车主要应用于功率要求较低的交通工具（见图 4.49），比如低地板电车、小型调车机车、市域轻轨或特殊用途的机械车辆等，与大规模商用还有一定的差距[22]。

图 4.49 氢能燃料列车

图 4.49 彩图

4.5.3.3 氢能电动自行车

电动自行车是我国市民日常出行的重要工具之一，以其经济实惠、携带方便和易于操控的特点受到广泛欢迎。当前市场上，电动自行车主要依赖铅酸电池和锂离子电池作为动力源，这两种电池提供的续航里程一般在 40~60 km，充电速度较慢，且充电过程中存在一定的安全隐患。在国家“双碳”目标的背景下，我国对氢能产业的发展给予了高度关注，通过推广氢能应用来优化能源结构，已成为我国能源转型的关键路径之一。在此背景下，燃料电池电动自行车应运而生。

与传统的电动自行车相比，燃料电池电动自行车具备更快的补能速度、零污染排放和更高的能量转换效率等优势（见图 4.50），同时在低温条件下的表现更为优异，有效解决了传统电动自行车在寒冷天气中续航能力下降的问题。然而，由于成本、电池体积、电池寿命、储氢密度等限制，燃料电池电动自行车要想普及到普通家庭，仍然需要一段时间[23]。

图 4.50 氢能电动自行车

图 4.50 彩图

4.5.3.4 氢燃料飞机

氢能源在航空领域的应用取得了显著进展。2009 年 7 月，德国航空中心研发的 Antares DLR-H_2 型燃料电池驱动电动滑翔机在德国汉堡机场成功完成了首次飞行，这标志着世界上首款仅依靠燃料电池作为动力源的载人飞机诞生了，如图 4.51 所示。2017 年，中国科学院大连化学物理研究所与辽宁通用航空研究院合作，成功试飞了中国首架有人驾驶的氢燃料电池飞机。该项目基于辽宁通用航空研究院的 RX1E 电动飞机改造而成，采用中国科学院大连化学物理研究所开发的

图 4.51 氢燃料飞机

图 4.51 彩图

20 kW 氢燃料电池作为主动力源，并配备了一组辅助锂电池。该飞机的储氢方式为机载 35 MPa 的氢气罐。在起飞和快速爬升阶段，飞机的动力由燃料电池和锂电池组共同提供；在巡航阶段，则完全依赖燃料电池供电，并同时给锂电池组充电[2]。

课后习题

4-1　燃料电池的基本工作原理是什么？

4-2　碱性燃料电池（AFC）的主要缺点有哪些？

4-3　氢能在合成氨生产中的应用步骤包括哪些？

4-4　天然气管道掺氢的主要优势是什么？

4-5　燃料电池汽车相比传统内燃机汽车有哪些优点？

4-6　熔融碳酸盐燃料电池（MCFC）的显著特点是什么？

4-7　氢冶金技术的核心优势是什么？

4-8　氢储能发电技术在电网侧的应用价值体现在哪些方面？

4-9　质子交换膜燃料电池（PEMFC）的关键组件有哪些？

参 考 文 献

[1] 王明华．国内氢能应用场景分析及发展前景预测［J］．石油炼制与化工，2023，54（9）：18-23.

[2] 李星国．氢与氢能［M］．2 版．北京：科学出版社，2022.

[3] 崔胜民．氢能技术　制备、储运与应用［M］．北京：化学工业出版社，2024.

[4] CARRETTE L，FRIEDRICH K A，STIMMING U. Fuel cells：Principles，types，fuels，and applications［J］. Chemphyschem，2000，1（4）：162-193.

[5] 衣宝廉，俞红梅，侯明．氢燃料电池［J］．国企管理，2021（14）：18-25.

[6] 吴朝玲．氢能与燃料电池［M］．北京：化学工业出版社，2022.

[7] 赵庆，李海霞，陈军．新能源科学与工程教学丛书　氢能科学与技术［M］．北京：科学出版社，2024.

[8] 熊亚林，刘玮，高鹏博，等．"双碳"目标下氢能在我国合成氨行业的需求与减碳路径［J］．储能科学与技术，2022，11（12）：4048-4058.

[9] ELSHAFIE M，KAMBARA S. Recent advances in ammonia synthesis technologies：Toward future zero carbon emissions［J］. International Journal of Hydrogen Energy，2023，48（30）：11237-11273.

[10] ATSBHA T A，YOON T，SEONGHO P，et al. A review on the catalytic conversion of CO₂ using H₂ for synthesis of CO，methanol，and hydrocarbons［J］. Journal of CO_2 Utilization，2021，44.

[11] OKOLIE J A，PATRA B R，MUKHERJEE A，et al. Futuristic applications of hydrogen in energy，biorefining，aerospace，pharmaceuticals and metallurgy［J］. International Journal of

Hydrogen Energy，2021，46（13）：8885-8905.

[12] LIU W，ZUO H，WANG J，et al. The production and application of hydrogen in steel industry [J]. International Journal of Hydrogen Energy，2021，46（17）：10548-10569.

[13] 林圣华．氢能在钢铁冶金中的应用及发展趋势研究［J］．中国煤炭，2022，48（10）：95-102.

[14] ACAR C，ERTURK E，FIRTINA-ERTIS I. Performance analysis of a stand-alone integrated solar hydrogen energy system for zero energy buildings [J]. International Journal of Hydrogen Energy，2023，48（5）：1664-1684.

[15] 吴文清．国内质子交换膜燃料电池热电联供系统的发展［J］．上海电气技术，2023，16（2）：58-61.

[16] 李星国．氢燃料燃气轮机与大规模氢能发电［J］．自然杂志，2023，45（2）：113-118.

[17] VERHELST S，WALLNER T. Hydrogen-fueled internal combustion engines [J]. Progress in Energy and Combustion Science，2009，35（6）：490-527.

[18] 李星国．氢燃烧特性对氢内燃机性能的影响［J］．自然杂志，2023，45（1）：57-67.

[19] 彭苏萍，陈立泉．中国科协碳达峰碳中和系列丛书 氢能与储能导论［M］．北京：中国科学技术出版社，2023.

[20] 王明昇．氢能源汽车与纯电动汽车发展现状探究［J］．内燃机与配件，2022（1）：232-234.

[21] AMINUDIN M A，KAMARUDIN S K，LIM B H，et al. An overview：Current progress on hydrogen fuel cell vehicles [J]. International Journal of Hydrogen Energy，2023，48（11）：4371-4388.

[22] 王娇，张擘，齐洪峰，等．我国氢能源列车发展研究［J］．铁道运输与经济，2023，45（9）：162-168.

[23] 支新省．我国燃料电池电动自行车技术发展趋势研究［J］．江苏科技信息，2024，41（14）：9-12.

5 氢安全

在全球积极推动能源转型、努力实现可持续发展的时代浪潮中，氢能作为一种极具潜力的清洁能源，正逐渐在能源领域占据重要地位。然而，随着氢作为能量载体的大规模引入，其安全特性成为我们必须高度重视的关键问题，这不仅关系到人民群众的生命财产安全，更与国家能源战略的稳步推进以及人类社会的可持续发展紧密相连。

从泄漏特性来看，氢在容器和管道内的泄漏量为甲烷气体泄漏量的 1.3~2.8 倍，约为空气泄漏量的 4 倍。这一数据警示我们，在氢能的全产业链中，任何一个细微的环节出现疏忽，都可能引发氢气泄漏事故，进而威胁到人民的生命与财产安全。面对如此严峻的挑战，科研工作者和工程技术人员肩负着不可推卸的社会责任。他们需要以严谨的科学态度、精益求精的工匠精神以及高度的使命感，全身心投入到技术研发与创新中。这让我们联想到我国航天事业的发展历程，航天科研人员为了确保航天器的安全与成功发射，对每一个零部件都进行了无数次的严格测试和精心优化，不放过任何一个潜在的安全隐患。在氢能领域，我们同样需要这种对技术的执着追求和对安全的高度负责精神。每一次技术改进、每一项新材料的研发，都承载着对社会和人民的责任，旨在为氢能的广泛应用筑牢坚实的安全防线，这是科技工作者对国家和人民的庄严承诺，也是践行“为人民服务”宗旨的具体体现。

氢气是无色、无味、无毒的，在常温下基本无腐蚀性，只有在较高温（大于 260 ℃）高压状态下，将侵蚀碳钢一类的金属，与这些金属中的碳起作用，使金属材料变脆，称为“氢脆”现象。这会使管道及设备的塑性和强度急剧下降，后期更易引起泄漏。因此，氢气高压存储以及液态存储具有高压和高温的危险。

氢气属于甲类易燃、易爆物质，是高能量可燃性气体，与空气和氧气混合在很大范围易燃易爆，而且是低自燃温度、爆炸范围广、无气味（不像汽油）难以察觉、容易扩散泄漏、容易在高空处富集。氢气与氧化剂结合，也会发生剧烈反应。表 5.1 为氢气、甲烷和汽油的特性参数对比。

表 5.1　氢、甲烷和汽油的特性参数对比[1]

特性	H_2	CH_4	汽油
相对分子质量	2.016	16.043	约 107.0

续表 5.1

特性	H_2	CH_4	汽油
熔点/K	14.1	90.68	213
沸点/K	20.268	111.632	310~478
临界温度/K	32.97~33.1	190	—
临界压力/atm	1.8	4.6	—
沸点时蒸汽密度/kg·m^{-3}	1.338	73.4	—
沸点时液体密度/kg·m^{-3}	70.78	423.8	745（标态）
沸点时气体密度/g·m^{-3}	82（300 K） 83.764	717 651.19	5110 约 4400
标态时气体密度/g·m^{-3}	84 89.87	650 657（298.2 K）	4400
14.1 K 时的熔化热/kJ·kg^{-1}	58	0.94 kJ·mol^{-1}	—
汽化热/kJ·kg^{-1}	445.6 447	509.9	250~400
燃烧热（低）/kJ·g^{-1}	119.93 119.7	50.02 46.72	44.5 44.79
燃烧热（高）/kJ·g^{-1}	141.86 141.8 141.7	55.53 55.3 52.68	48 48.29 —
常态下空气中燃烧极限（体积分数）/%	4.0~75.0 —	5.3~15 —	1.0~7.6 1.2~6.0 1.4~7.6
常态下氧气中燃烧极限（体积分数）/%	4.1~94.0		
常态下空气中爆轰极限（体积分数）/%	18.3~59.0 13.5~70	6.3~13.5	1.1~3.3 —
常态下氧气中爆轰极限（体积分数）/%	15~90	—	—
空气中化学计量成分（体积分数）/%	29.53	9.48	1.76
空气中最小点火能/mJ	0.017 0.02 0.14	0.29 0.28 —	0.24 0.25 0.024
自点火温度/K	858	813	501~744 500~750
空气中绝热火焰温度/K	2318 —	2148 2190	约 2470
火焰辐射分数/%	17~25	23~33	30~42

续表 5.1

特性	H_2	CH_4	汽油
在常态空气中燃烧速度/cm·s^{-1}	265~325	37~45	37~43
在标态空气中燃烧速度/cm·s^{-1}	346	45	176
在常态空气中爆炸速度/cm·s^{-1}	1.48~2.15	1.39~1.64	1.4~1.7
在标态空气中爆炸速度/cm·s^{-1}	1.48~2.15	1.4~1.64	1.4~1.7
在常态空气中化学计量混合物的能量/MJ·m^{-3}	3.58	3.58	3.91
蒸汽的当地声速/m·s^{-1}	305	—	—
液态的当地声速/m·s^{-1}	73	—	
在常态空气中的扩散系数/cm^2·s^{-1}	0.61	0.16	0.05
在标态空气中的扩散系数/cm^2·s^{-1}	0.61	0.16	0.05
在常态空气中的浮升速度/m·s^{-1}	1.2~9	0.8~6	无浮力
极限氧指数（体积分数）/%	5.0	12.1	11.6
在常态空气中的最大实验安全距离/cm	0.008	0.12	0.07
在常态空气中的灭火距离/cm	0.064	0.203	0.2
在常态空气中的引导起爆距离/m	L(长度)/D(直径)~100	—	—

注：1 atm=101.325 kPa。

除此之外，氢气因高压作用而从管口、缝隙处泄漏，会产生静电，静电荷的大小与流速成正比，当达到一定值时就会引起着火爆炸。氢气具有带电性质，这也会使输气管道处、储罐出口处较容易产生静电积聚放电现象，这将是氢气安全事故的导火线，在接地装置有故障时甚至会有火灾或爆炸出现。

5.1 氢安全的基本特性

泄漏：随着氢作为能量载体的大规模引入，氢在容器和管道内的泄漏量为甲烷气体泄漏量的1.3~2.8倍，约为空气泄漏量的4倍。任何泄漏的氢气通过质量扩散、湍流对流和浮力的作用迅速在大气中弥散，从而大大减少了氢危险区的存在。

飘浮：氢气的密度约为空气的1/14，即氢泄漏后迅速向上扩散，从而减少了点火危险。然而，饱和氢蒸气比空气重，它会一直靠近地面扩散。一旦温度上升，密度减小，就会增加向上扩散的可能性。氢气在常态空气中的飘浮速度为1.2~9 m/s，具体速度大小取决于空气和氢蒸气密度的差异。因此，液氢泄漏产生冷的高密度蒸气，最初在地面附近扩散，其上升速度比标态燃料气体慢。

火焰可见性：氢-空气火焰主要辐射光谱在红外线和紫外线区域，在白天几乎看不见。任何白天能看到的氢火焰都是由空气中的杂质（如水分或颗粒）引起的。在黑暗中容易看到氢火焰，但在白天可以感知到氢火焰对皮肤的热辐射。低压下氢火焰为淡蓝色或紫色。暴露在泄漏的氢火焰中的人员可能会受到严重烧伤，十分危险。

火焰温度：可燃气体在氧化剂（如空气、氧气等）中燃烧时产生的火焰温度，如空气中19.6%氢的火焰温度测量值为2318 K。如果发生爆燃或爆轰，其火焰温度可能会更高。

燃烧速度：这里指可燃气体-空气混合物的层流燃烧速度。氢的层流燃烧速度为2.65~3.46 m/s，具体取决于压力、温度和混合气体当量比。氢的层流燃烧速度比甲烷高一个数量级（甲烷在空气中的最大层流燃烧速度约为0.45 m/s）。

火焰热辐射：暴露在氢火焰热辐射中会导致严重损伤，火焰热辐射很大程度上取决于大气中的水蒸气量。事实上，大气中的湿空气吸收了从火灾中辐射出来的热能，并能大大降低热量。

极限氧指数：极限氧指数是能维持燃料蒸气和空气混合物中火焰传播的最低氧浓度。对于氢，如果混合物中的氧气体积分数小于5%，则标态下不能观察到火焰传播。

焦耳-汤姆孙效应（J-T效应）：当气体通过多孔物质、小孔或喷嘴从高压到低压膨胀时，通常温度会降低。然而，有些真实气体在超过焦耳-汤姆孙不可逆膨胀曲线定义的临界温度和压力下膨胀时，它们的温度会升高。绝对压力为零时氢的最高转化温度为202 K，当温度和压力大于它时，氢的温度会随着膨胀而升高。就安全性而言，焦耳-汤姆孙效应导致的温度升高通常不足以点燃氢-空气混合物。例如，当氢从100 MPa的压力膨胀到0.1 MPa时，氢的温度从300 K上升到346 K。温度的升高不足以点燃氢，因为氢的自燃温度在1个大气压（101.325 kPa）时为858 K，在低压下为620 K。

5.1.1 点火源

5.1.1.1 火花

电火花可能是不同电势的物体之间放电导致的结果，如电路断开或静电放电。静电火花可以点燃氢气或氢氧混合物。静电可由许多常见物品产生，例如梳理或抚摸头发或毛皮，或操作传送带。当人们在合成纤维地毯或干燥的地面上行走、穿着合成纤维衣服运动、在汽车座椅上滑动或梳理头发时，人体可以自行产生高压静电。与任何其他非导电液体或气体一样，容器中的GH_2（气态氢）或LH_2（液态氢）流，或容器中的湍流会产生静电电荷。此外，在电风暴中可能也会产生静电。

剪切接触的硬物体会产生摩擦火花，如金属撞击金属、金属撞击石头或石头撞击石头等情况。摩擦火花是燃烧材料的颗粒，最初由摩擦和碰撞的机械能加热，这些机械能由于接触而减小。手动工具产生的火花通常能量较低，钻头和气动凿子等机械工具可产生高能量火花。最小点火能定义为：能够引起氢气-空气或氢气-氧气燃烧的最小火花能量。如：氢-空气在 101.325 kPa（1 atm）时最小点火能为 0.019 mJ，5.1 kPa（0.05 atm）时最小点火能为 0.09 mJ，在 2.03 kPa（0.02 atm）时最小点火能为 0.56 mJ。氢气在空气中最小点火能比甲烷(0.2 mJ)或汽油（0.24 mJ）要小得多，即：只要存在任何弱点火源（如火花、火柴、热表面、明火等），甚至是由人体静电释放引起的微弱火花都会点燃氢气。

5.1.1.2 热物体和火焰

773~854 K（500~581 ℃）的物体可在 1 个大气压（101.325 kPa）下点燃氢气-空气或氢气-氧气混合物。低于 1 个大气压时，基本上较低温的物体［约 590 K（317 ℃）］在长时间接触后，也可以点燃这些混合物，明火很容易点燃氢气混合物。表 5.2 为氢系统的潜在点火源。

表 5.2 氢系统的潜在点火源[2]

电源	机械源	热源	化学源
静电放电	机械冲击	明火	催化剂
静电弧	拉伸断裂	热表面	反应物
闪电	摩擦和磨损	烟头	
电荷积累	机械振动	焊接	
设备运行产生的电荷	金属断裂	燃机排气	
电气短路		谐振点火	
电火花		炸药	
衣物静电		高速喷射加热	
		油罐破裂产生的冲击波、破舱碎片	

注：此表为不完整列表，可能存在其他点火源。

5.1.2 氢燃烧极限

氢与空气、氧气或其他氧化剂混合的可燃极限取决于点火能量、温度、压力、是否存在稀释剂以及设备、设施或装置的尺寸和配置。这种混合物可以用其任何一种成分稀释，直到其浓度低于燃烧极限下限（LFL）或高于燃烧极限上限（UFL）。氢-空气或氢-氧气混合物的燃烧极限随着火焰向上传播而增大，随着火焰向下传播而减小。

液氢（LH_2）和作为氧化剂的液氧（LOX）或固体氧的混合物是不会自燃的。这些混合物点火能量非常小，易发生火灾。如果激波点火，LH_2 和液态或固态氧的混合物可能会爆炸。

在 101.325 kPa 和环境温度下，氢在干燥空气管道中向上传播的燃烧极限为 4.1%~74.8%；在 101.325 kPa 和环境温度下，氢在氧气中向上传播的燃烧极限为 4.1%~94%；当压力在 101.325 kPa 以下时，可燃极限的范围将会减小，见表 5.3 和表 5.4。

表 5.3 氢-空气混合物和氢氧混合物的燃烧极限[2] （%）

条件		氢含量					
		上传播		下传播		水平传播	
		LFL	UFL	LFL	UFL	LFL	UFL
101.325 kPa 下空气和氧气中氢含量							
空气中	管道	4.1	74.8	8.9	74.5	6.2	71.3
	球形容器	4.6	75.5				
氧气中		4.1	94	4.1	92		
101.325 kPa 下的氢气和惰性气体混合物							
氢气+He+21%（体积分数）O_2		7.7	75.7	8.7	75.7		
氢气+CO_2+21%（体积分数）O_2		5.3	69.8	13.1	69.8		
氢气+N_2+21%（体积分数）O_2		4.2	74.6	9.0	74.6		

表 5.4 低压空气中采用 45 mJ 点火源的氢燃烧极限[2] （%）

压力/kPa	25 cm 管道		2 L 球	
	LFL	UFL	UFL	UFL
20	约 4	约 56	约 5	约 52
10	约 10	约 42	约 11	约 35
7	约 15	约 33	约 16	约 27
6	20~30		20~25（6.5 kPa）	

5.1.3 氢安全通则

5.1.3.1 氢环境安全通则

（1）消除火源，严禁吸烟和明火。

（2）必须使用防爆工具。

(3) 不要穿合成纤维(尼龙等)衣服,应穿防静电的衣服。

(4) 避免氢气在天花板处聚集,封闭区域需顶部通风。

(5) 将所有仪器、拖车和气瓶组等接地。

(6) 所有电气设备必须防爆。

(7) 安装雷电保护设备。

5.1.3.2 氢气泄漏或积聚时安全通则

(1) 应及时切断气源,并迅速撤离泄漏污染区人员至上风处。

(2) 对泄漏污染区进行通风,对已泄漏的氢气进行稀释。若不能及时切断,应采用惰性气体进行稀释,防止氢气积聚形成爆炸性气体混合物。

(3) 若泄漏发生在室内,宜使用吸风系统或将泄漏的气瓶移至室外,以避免泄漏的氢气四处扩散。

(4) 高浓度氢气会使人窒息,应及时将窒息人员移至良好通风处,进行人工呼吸,并迅速就医。

(5) 氢气瓶、储存罐和管状拖车等的储氢压力为十几兆帕至上百兆帕,不要靠近压力释放装置的排气出口。

(6) 液氢温度约为 20 K,应防止液氢引起的冻伤或其他严重伤害。

5.1.3.3 氢气发生泄漏并着火时安全通则

(1) 应及时切断气源。若不能立即切断气源,不得熄灭正在燃烧的气体,并用水强制冷却着火设备。此外,氢气系统应保持正压状态,防止氢气系统回火发生。

(2) 采取措施,防止火灾扩大,如采用大量消防水雾喷射其他引燃物质和相邻设备。如有可能,可将燃烧设备从火场移至空旷处。

(3) 氢火焰肉眼不易察觉,消防人员应佩戴自给式呼吸器,穿防静电服进入现场,注意防止外露皮肤烧伤。

5.1.4 氢一般的安全对策

根据 NASA 的资料,氢气事故引发燃烧和爆炸的原因可分为三大类:高热(吸烟、火、焊接、内燃机排气),机械因素(容器或钢瓶等破坏产生的冲击波、容器等的破碎片、摩擦、机械振动或流体系统的共鸣振动),电气因素(电气回路的短路、粉体或二相流中的静电、雷电)。为了避免这些危害,在氢气的制备、运输、存储、使用环节中必须遵守"防漏、通风、消除火源"用氢安全三原则。表 5.5 给出了氢气安全使用的一些最基本措施。

表 5.5 氢气安全使用的基本措施

防漏	(1) 建立氢气安全系统的主要焦点是使泄漏降低到最小程度,需要定期进行载氢系统的气密性检测,对管路进行定期的保压特性实验;

续表 5.5

防漏	(2) 氢气制造、分离和提纯装置内的管道和反应容器使用前需要进行强制性的换气，防止空气混入； (3) 因为氢气比空气轻很多，扩散很快，所以容易通过氢气检测器检测到，是防止氢气泄漏的一个有效途径； (4) 氢气制造、分离、提纯和存储装置的温度、压力的监控、机械运动或地震等引起的振动监测系统
通风	(1) 氢作业区尽可能设在空旷地区，加强通风，不使氢气积聚，液氢储存场地尽量建在开阔场地，避免在封闭或房间内储存或排放液氢，并要远离居民区； (2) 在室内操作时，屋顶尽可能采用轻型或活动屋顶，操作时屋顶打开或升起，安装足够量的通风系统； (3) 在大量排放氢气时，采用高管（高出建筑物 5~8 m）排放，排放速度要小，防止氢气爆炸和氢的窒息作用
防高热源	(1) 禁止吸烟、灯笼、加热明火、焊接、内燃机排气； (2) 金属物体碰撞产生的火花； (3) 氢作业区地面采用不易燃材料制成，如水泥地面、铝板铺设等； (4) 给汽车加氢时需要让车子熄火，拔出钥匙
静	(1) 氢作业区容器、车辆、设备和相关系统必须接地，防止静电的产生和积聚、电器开关产生的电火花； (2) 液氢和气氢的操作人员必须穿棉布或防静电工作服、防静电工作鞋，禁止穿柞丝、呢子、皮毛、尼龙、腈纶等工作服； (3) 严禁穿脱衣服、梳头发，严禁携带皮毛动物进入； (4) 操作场所及库房必须设有避雷设施，并要避免在高压线下排放氢气； (5) 雷雨天禁止加氢
灭火措施	(1) 为防万一，氢作业区需要备有足够的消防器材，如消防栓、灭火器等； (2) 氢气使用场所可装设干粉灭火机、氮气灭火系统、局部水消防系统； (3) 存储场所可装设水喷淋消防系统，一旦失火，用干粉、水和氮气进行消防，效果良好； (4) 大型储氢站或燃料电池车试车台应备有充足的水源，一般可建一个 100~200 m^3 水池，专供消防之用
自动保护系统	(1) 报警和紧急停止系统的安装； (2) 加氢设施的联锁系统； (3) 火警、安全阀、紧急停止开关的安装
安全距离	(1) 高压储氢设施之间、液体储氢设施之间保持一定距离； (2) 防爆墙的设置
安全培训	(1) 对操作人员进行安全培训教育，对使用高压或液氢的操作人员进行业务培训； (2) 熟知高压或液氢的性质与特点、急救与自救的基本知识，以及操作安全细则； (3) 掌握事故处理措施，熟悉设备的安装和使用技术、各种安全装置的使用方法； (4) 经过考核合格后，才能独立上岗操作

5.2 氢安全的基本准则

5.2.1 氢压力容器安全

氢压力容器主要包括固定式压力储罐和车载轻质高压氢气瓶。其中，固定式压力储罐依据结构的不同又可分为无缝压缩氢气储罐和全多层高压氢气储罐，车载轻质高压氢气瓶依据储氢方式的不同可分为普通高压气瓶和低温高压复合气瓶。

5.2.2 氢脆

氢脆是指溶于钢中的氢，聚合为氢分子，造成应力集中，超过钢的强度极限，在钢内部形成细小的裂纹，又称白点。氢脆只可防，不可治。氢脆一经产生，就消除不了。在材料的冶炼过程和零件的制造与装配过程（如电镀、焊接）中，进入钢材内部的微量氢（10^{-6}量级）在内部残余的或外加的应力作用下导致材料脆化甚至开裂。在尚未出现开裂的情况下可以通过脱氢处理（如加热到 200 ℃以上数小时，可使材料内部的氢减少）恢复钢材的性能。

由于零件内部的氢向应力集中的部位扩散聚集，应力集中部位的金属缺陷多(原子点阵错位、空穴等)。氢扩散到这些缺陷处，氢原子变成氢分子，产生巨大的压力，这个压力与材料内部的残留应力及材料受的外加应力组成一个合力，当这个合力超过材料的屈服强度时就会导致断裂发生。氢脆既然与氢原子的扩散有关，扩散是需要时间的，扩散的速度与浓度梯度、温度和材料种类有关，因此，氢脆通常表现为延迟断裂。

氢脆的机理尚不完全清楚，但很多因素会影响氢脆速度，如压力和环境温度，氢的纯度、浓度和暴露时间，以及材料的应力状态、物理和力学性能、微观结构、表面条件和裂纹前端的性质等。

5.2.2.1 影响氢脆的因素

(1) 表面和表面薄膜的影响。亚稳态奥氏体不锈钢（如 SS 型 304）的氢相容性在很大程度上取决于金属表面光洁度。通过去除机械加工层，可以最小化表面开裂和延展性损失。在金属表面上天然形成的氧化物限制了氢的吸收是由于它们的渗透性低于金属而影响氢脆程度。用于降低氢吸收的合成表面膜应在其工作温度下进行。铜和金仍然在较宽的温度范围内保持延展性，通常推荐使用。

(2) 电火花加工的影响。临氢设备或零部件通常采用电火花加工孔、异形孔、深槽、窄缝和切割薄片等，可能增加氢脆。在这种方式中，氢是通过放电电离使用的介电流体（通常是植物油或煤油）分解产生的。

（3）氢捕获点的影响。氢可能被捕获在金属结构内的各种位置，包括位错处、晶粒和相界、间隙或空位群、空隙或气泡、氧或氧化物夹杂物、碳化物颗粒和其他材料缺陷。捕获在低温下最明显，不同环境温度中氢脆程度也是不同的。

5.2.2.2 氢脆的预防

材料的氢脆敏感性可以通过高温真空定氢技术评估，该技术用于测定金属中的氢含量和氢在金属中的渗透率。此外，通过断面收缩测试可以计算氢脆系数（范围为0~1），数值越小表示氢脆敏感性越低。为了预防氢脆，目前有多种措施可供选择，主要包括以下几种。

更换材料：使用强度较低的钢和合金可以降低氢脆的风险。不过，在特殊情况下，仍需确保所选材料能够在整个过程中承受施加的载荷。如果高强度钢和合金是最佳选择，可以通过热处理来降低可能导致脆化的硬度和残余应力。

真空脱氢：该方法通常用于工业中，以有效去除钢材中的氢。

焊接后热处理：焊接后热处理通常在焊接完成后不久进行，旨在消除残余应力，并调节操作条件与焊接程序之间的温度变化。

通过采取这些措施，可以有效降低材料的氢脆敏感性，从而提高其安全性和可靠性。

5.2.3 氢气储存

固定式高压氢气储存设备主要应用于固定场所储存高压氢气，如加氢站、制氢站或电厂内的储气罐等，其特点是压力高，固定式使用；但是质量的限制不严，一般都采用较大容量的钢制压力容器。容器内氢气的储存量大，一旦发生泄漏爆炸事故，有可能造成严重损失和人员伤亡。

目前，高压氢气加氢站所用的储罐多为无缝压缩氢气储罐。常用材料为CrMo钢、SA372Gr. J CL65、SA372FGr. J CL70和SA372Gr. M CL A等，主要力学性能为：抗拉强度不小于724 MPa、屈服强度不小于448 MPa、伸长率（50 mm）不小于18%。无缝压缩氢气储罐的特点是制造过程中不需要焊接，整个储罐为统一的无缝整体，最大的优点是避免了焊接引起的裂纹、气孔、夹渣等缺陷；但有以下不足。

（1）单台设备的容积小。按美国机械工程师学会锅炉压力容器规范第Ⅷ篇第1册附录22“整体锻造容器”的规定，容器的内直径不得超过610 mm，再加上无缝钢管长度的限制（一般在9 m以内），无缝压缩氢气储罐的最大容积为2577 L。当氢气储存量大时，往往需要多台容器通过用钢板或工字型钢制成的可拆卸的固定管架组合后并联使用，增加了氢气的泄漏点。

（2）无抑爆抗爆功能。无缝压缩氢气储罐通常采用高强度无缝钢管，提高材料的抗拉强度和屈服强度，有利于减薄储罐壁厚、降低质量，但韧性往往下降。若因腐蚀、疲劳及材料性能劣化（如氢脆）等原因导致储罐突然破裂，会导致所储存的氢气快速排到周围环境中，引起中毒、窒息或燃烧爆炸，造成严重损失。

(3) 健康状态检测困难。无缝压缩氢气储罐的单层结构，决定了其只能靠定期检验来确定气罐是否健康。

5.2.4 氢气管道安全

氢气管道包括长距离高压输送管道和短距离低压配送管道。截至 2016 年，欧洲氢气管道总里程约 1598 km[3]，美国氢气管道总里程约 2575 km[4]，输氢压力为 2~10 MPa，管道直径为 0.3~1.0 m[5]。我国氢气管线较少，气态输氢发展较为缓慢。据初步统计，截至 2017 年底，我国氢气管道总里程约 400 km，主要分布在环渤海湾、长三角等地，位于河南省的济源市工业园区与洛阳市吉利区之间的输氢管道是我国目前里程最长、管径最大、输氢压力最高、输氢量最大的输氢管，其管道里程为 25 km，管道直径为 508 m，输氢压力为 4 MPa，年输氢量达到 10.04 万吨[6]。按照《中国氢能产业基础设施发展蓝皮书（2016）》[7] 预计，到 2030 年，我国氢气长输管道将达到 3000 km。

目前而言，世界范围内氢气管道的建设较少，随着氢能的发展，氢气管道的需求量预计在未来几十年会出现大幅的增长。Tzimas 等[8] 针对氢能未来可能出现的三种不同发展模式（快速发展、中速发展和慢速发展），对世界范围内长距离高压氢气输送管道和短距离低压氢气配送管道的需求量进行了预估，见表 5.6。

表 5.6 2025 年世界范围输氢管道需求量[8]

管道类型	快速发展	中速发展	慢速发展
长距离高压氢气输送管道	435000 m	75000 m	10000 m
短距离低压氢气配送管道	4000000 m	1000000 m	250000 m

5.2.5 氢设备风险

风险评价以危险源辨识为基础，对于氢储运设备，其运行过程中的危险源主要包括：

(1) 氢气的易泄漏性、易燃性和易爆性。由于氢气的密度很小，高压氢气储运设备中的氢气极易泄漏。如果在开放空间，对安全有利；但是，一旦散逸受阻，大量氢气积聚，可能造成人员窒息。泄漏氢气在空间中扩散，达到一定浓度的时候遇火就会燃烧，甚至爆炸。此外，氢气是一种无色、无味、无毒的气体，人体一般不能自动感知到氢气的存在，燃烧的氢气在白天是不可见的。

（2）压力危险。高压氢气储运设备一般都在几十兆帕下使用，储存着大量的能量。因超温、充装过量等原因，设备有可能强度不足而发生超压爆炸。车用储氢容器和高压氢气运输设备，需要频繁重复充装，不但原有的裂纹类缺陷有可能扩展，而且可能在使用过程中出现新的裂纹，导致疲劳破坏。

（3）充装危险。高压氢气储运设备在充装气体的时候，气体介质在压力降低时会放出大量的热量，通过热的传递过程，使得设备的各连接部分温度升高。温度过高可能会使充装气体的人员受到损害，同时也改变了设备承压材料的本构关系，影响到承压能力。此外，高压氢气储运设备的管理、人员培训以及设备使用的环境都给设备带来风险。

5.2.5.1 氢气事故

A 韩国企业储氢罐爆炸

2019 年 5 月 23 日，在韩国江原道江陵市大田洞科技园区的一家利用太阳能制氢的中小型企业里，存放光解水产生氢气的一个 400 m^3、10 Pa 储氢罐发生爆炸，总共造成 2 人死亡、6 人受伤。爆炸时该罐碎屑扩散到 100 m 外，没有引发火灾。由于爆炸，该机构的太阳能电池板剥落，邻近工厂的玻璃窗被打破。事故导致了工厂和管理等 3 栋楼的破损，建筑物上方的玻璃窗破碎并倾泻而下，附近建筑物也出现了玻璃窗破碎等大大小小的损失，附近一处建筑物倒塌，钢筋像麦芽糖一样弯曲，不仅是工业园，附近的商店也成了一片废墟。据称，爆炸的氢气罐残骸从事故点起飞到距离 300 m 远的地方。爆炸声很大，以至于可以在爆炸点外 10 km 处听到。

B 挪威奥斯陆加氢站发生爆炸

2019 年 6 月 10 日，在挪威奥斯陆 Sandvika 地铁站附近的加氢站发生爆炸，虽然没有直接造成人员伤亡，但导致附近一辆非燃料电池车的安全气囊弹出，造成两名乘客震伤。此后，加氢站系统提供方 Nel ASA 公司暂时关闭了在挪威的所有加氢站和德国的 4 座加氢站，在挪威有燃料电池销售的日本丰田公司和韩国现代公司也暂停了燃料电池车在挪威的销售。爆炸的原因是高压储氢单元插头的接口处，4 个螺栓中有 2 个螺栓因为装配误差造成扭力不足，导致氢气从密封区域逐渐泄漏。随着漏气加剧，泄漏的氢气量超过了泄气孔的容量，造成内部密封区域气压增大；压力增大而螺栓的预紧扭力不足，造成了螺栓塞翘起，最终导致密封失效，氢气大量扩散泄漏并着火爆炸。

C 某企业氢气罐发生爆燃

2021 年 8 月 4 日，某经济技术开发区内一企业发生了氢气罐爆燃事故。该事故主要由于加氢站内卸车柱上的软管破裂。据调查，软管的破裂可能是由于日常使用中维护不当引起的。事故发生时，氢气罐爆燃并引发了现场浓烟，情况较为严重。事故的具体经过是：在卸车过程中，软管突然破裂，导致氢气泄漏并遇到火源发生爆炸。消防部门迅速赶到现场并进行了紧急处理，现场无人员伤亡。

近年来，氢能在交通、储能、工业等领域的应用规模逐步扩大，加之我国加氢站建设数量位居全球第一，氢能安全问题备受重视。氢气球、氢气飞船、氢气容器、氢气热处理炉的爆炸事故是我们常常熟知的，在锂金属提纯、氨气合成、半导体加工、氢燃料电池汽车等领域也常常发生氢气的各种事故。图5.1所示为工业和半导体产业领域与氢相关的事故统计，只有13%是由于氢能源系统的问题，87%是由计划、设计、过程、操作方面的过失引起的。

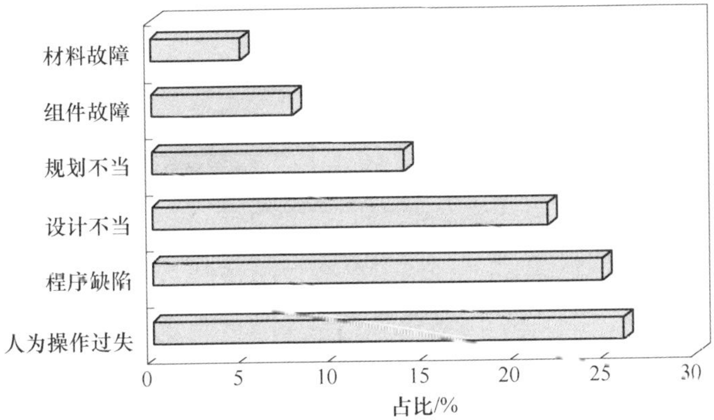

图5.1 载氢系统事故分析[9]

5.2.5.2 高压氢气的危险性

高压储氢是目前较为广泛使用的一种氢气存储方式，氢气设施的安全性与氢气的压力和温度等因素密切相关，不同国家管理方法不一样。对于压力在0.98 MPa以上的氢气、装入容器中的液态氢气和1个大气压（101.325 kPa）下的低温氢气气体温度达到35 ℃的都视为是高压气体。

高压氢气储存和运输过程中存在的风险主要包括以下几个方面。

（1）氢气易燃易爆。氢气是一种易燃易爆气体，其在高压下具有更高的危险性。一旦氢气泄漏或发生泄压，可能引起爆炸和火灾。

（2）氢气容器损伤风险。高压氢气储存和运输设备中的氢气容器可能因容器中的氢导致容器材料力学性能下降、塑性下降、开裂或损伤的“氢脆”现象，从而造成容器损伤或开裂，导致氢气泄漏或爆炸。

（3）氢气对材料的影响。高压氢气对常规材料的腐蚀性较强，可能导致氢气储存和运输设备的损坏和泄漏。

（4）设备的机械强度和安全性。高压氢气储存和运输设备必须具有足够的机械强度和安全性，以确保在高压下设备不会出现破裂、爆炸等安全事故。

（5）操作人员的安全意识和技能。高压氢气储存和运输操作涉及高压气体的处理和运输，需要操作人员具备相关的安全意识和技能，避免操作过程中发生安全事故。

（6）车辆碰撞和损坏风险。在高压氢气储存和运输过程中，如果氢气容器所处的车辆发生碰撞和损坏，也有可能发生氢气泄漏和火灾等安全事故。

无论是高压制氢、高压储氢还是高压运氢环节，如遇到高温、氢脆破坏或外部撞击等，极易引发高压氢气的泄漏和扩散，甚至更为严重的火灾和爆炸事故灾害。根据高压氢气的泄漏行为，可将事故总体分为无燃烧泄漏扩散和有燃烧泄漏两种，如图 5.2 所示。

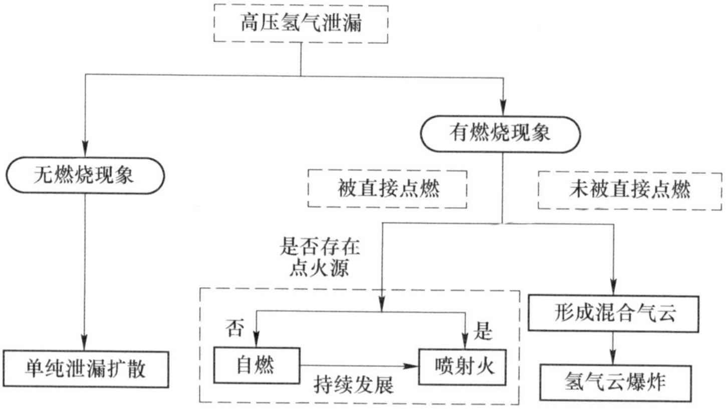

图 5.2　高压氢气泄漏事故类型

无燃烧泄漏扩散，即高压氢气只发生单纯的泄漏扩散，未遇点火源或发生自燃。有燃烧泄漏则可分为三种情形：一是当氢气泄漏形成射流后，遇到点火源引发喷射火；二是虽无外部点火源，但高压氢气发生了自燃，并且可能发展为喷射火；三是氢气泄漏后，先是在一定空间内与空气混合形成气云，此时若遇到点火源，则极易发生氢气云爆炸。

5.2.5.3　液态氢气的危险性

A　液氢的低温危险

液态氢气存在多种危险性。首先，液氢溅到皮肤上或与裸露皮肤、较薄衣物接触时会导致严重冻伤，包括低温蒸气也会对操作人员造成伤害。因此，操作液氢时，人员必须穿戴棉织防护衣物，并尽量减少裸露皮肤。液氢温度极低，使得各种金属材料在低温下变脆，增加应力集中和泄漏风险。其次，液氢汽化会导致体积膨胀 780 多倍，可能引发超压、爆炸和冻伤等危害。因此，液氢储箱需严格控制充装系数，并在设计和使用设备时注意避免“盲区”的形成，必要时增设安全阀或爆破薄膜装置。最后，液氢中的固态气体杂质可能导致设备故障，空气或杂质混入液氢中会产生类似炸药的易爆混合物，因此需要定期升温排空液氢储存容器中的固态氧和空气。

B 液氢的泄漏、火灾和爆炸危险

液氢因其低分子量和极低黏度，极易泄漏，其泄漏速度比烃类燃料大100倍，比水大50倍，比液氮大10倍。泄漏的液氢迅速蒸发，形成易燃易爆的混合物，但这种混合物也会快速扩散。例如，溢出500加仑（1892.71 L）液氢，1 min后就扩散成不可燃混合物。少量液氢泄漏不常见，因为液氢的沸点和临界温度很低且范围窄，少量液氢在系统中往往已汽化。当设备破裂或阀件损坏时，大量液氢会突然泄漏，一部分迅速蒸发；另一部分在地面形成“液氢塘”，以30~170 mm/min的速度蒸发干涸。

液氢泄漏并着火时，释放的热量会破坏设备，液氢储槽或管路破裂可能导致整个装置被毁。在宇航动力系统中，液氢泄漏严重威胁研制试验和发射初期的安全。因此，氢气的检漏和监测至关重要，通常需要安装多路氢气浓度监测与自动报警系统，以保障生产、使用中的人身和设备安全。

C 液氢的储存量和安全距离

大量的液氢溢出或汽化会产生超压现象，所以液氢存储需要考虑安全距离。表5.7是关于液氢储存区和液氢-液体氧化剂一起储存（试验区）的安全距离数据，这是美国采用的参考数据。安全储存距离与环境以及有无保护墙有关系，如果有液体氧化剂，也要和液体氧化剂保持一定的安全距离。

表5.7 存储液体氢气的安全距离

LH_2 量/kg		与居住建筑、公路、铁路及其他不相容存储区的距离/m		与另一个液氢存储区的距离/m
超过	不超过	无防护	有防护	
0.5	45	0.9	1.2	1.5
45	225	182	1.2	9.1
225	450	182	24	15.2
450	4535	182	40	18
4535	22600	182	75	27
22600	45360		97	36.5
45360	136000		111	41
136000	226800		134	50
226800	453600		141	54
453600	500000		167	62

注：1. 第1列和第2列分别为 LH_2 的最小和最大储量。
2. 第3列为防护爆炸碎片需要的距离。
3. 第4列为防止因红外辐射引起过热需要的距离。
4. 第5列为考虑 LH_2 存储区建筑物的类型后确定的距离（小于第4列的距离）。

课后习题

5-1 简述氢气易燃易爆的特性对氢安全构成的主要威胁。

5-2 氢安全管理中，预防氢气泄漏的主要措施有哪些？

5-3 氢泄漏应急处理时应遵循哪些关键原则？

参考文献

[1] American National Standards Institute, American Institute of Aeronautics and Astronautics. Guide to safety of hydrogen and hydrogen systems: ANSI/AIAA G-095-2004 [S]. Reston, VA: AIAA, 2004.

[2] 黄宁. 钢制无缝高压容器的设计和制造 [J]. 压力容器，1999 (4): 57-59.

[3] USDRIVE. Hydrogen delivery technical team roadmap [R]. California: Hydrogen Delivery Technical Team (HDTT), 2017.

[4] FEKETE J R, SOWARDS J W, AMARO R L. Economic impact of applying high strength steels in hydrogen gas pipelines [J]. International Journal of Hydrogen Energy, 2015, 40 (33): 10547-10558.

[5] 毛宗强. 将氢气输送给用户 [J]. 太阳能，2007 (4): 18-20.

[6] 中国标准化研究院，全国氢能标准化技术委员会. 中国氢能产业基础设施发展蓝皮书 [M]. 北京：中国质检出版社，中国标准出版社，2016.

[7] TZIMAS E, CASTELLO P, PETEVES S. The evolution of size and cost of a hydrogen delivery infrastructure in Europe in the medium and long term [J]. International Journal of Hydrogen Energy, 2007, 32 (10): 1369-1380.

[8] TZIMAS, EVANGELOS, et al. Enhanced oil recovery using carbon dioxide in the European energy system [J]. Report EUR, 2005 (6): 21895.

[9] 沈晓波，章雪凝，刘海峰. 高压氢气泄漏相关安全问题研究与进展 [J]. 化工学报，2021, 72 (3): 1217-1229.